BERICHTE UND ABHANDLUNGEN

der Wissenschaftlichen Gesellschaft für Luftfahrt

(Beihefte zur „Zeitschrift für Flugtechnik und Motorluftschiffahrt")

SCHRIFTLEITUNG:	WISSENSCHAFTLICHE LEITUNG:
Wissenschaftliche Gesellschaft f. Luftfahrt	Dr.-Ing. Dr. **L. Prandtl** und Dr.-Ing. **Wilh. Hoff**
vertreten durch den Geschäftsführer Hauptmann a. D. G. KRUPP Berlin W 35, Blumeshof 17 pt.	Professor a. d. Universität Göttingen · Direktor d. Deutschen Versuchsanstalt, Adlershof

10. Heft · **April 1923**

Jahrbuch der
Wissenschaftlichen Gesellschaft für Luftfahrt 1922

(Ordentliche Mitglieder-Versammlung in Bremen)

INHALT:

Verlag von R. Oldenbourg / München und Berlin / 1923

GESCHÄFTLICHES

I. Mitgliederverzeichnis.

1. Vorstand und Vorstandsrat.

[Nach dem Stande vom 1. März 1923.]

Ehrenvorsitzender:

Seine Königliche Hoheit, Heinrich Prinz von Preußen, Dr.-Ing. e. h.

Vorstand:

Vorsitzender: Schütte, Geh. Reg.-Rat, Prof. Dr.-Ing. e. h., Zeesen b. Königswusterhausen, Schütte-Lanz-Straße.

Stellv. Vorsitzender: Wagenführ, Oberstlt. a. D., Berlin W 10, Friedrich-Wilhelmstr. 18.

Stellv. Vorsitzender: Prandtl, Prof., Dr. Dr.-Ing. e. h., Göttingen, Bergstr. 15.

Vorstandsrat:

Baeumker, Adolf, Rittm., Berlin-Steglitz, Fichtestr. 29.

Baumann, A., Prof., Stuttgart, Danneckerstr. 39a.

Berson, A., Prof., Berlin-Lichterfelde-West, Fontanestr. 2b.

Bleistein, Dir., Dipl.-Ing., Königswusterhausen, Bahnhofstr.

Dieckmann, Prof. Dr., Gräfelfing b. München, Bergstr. 42.

Dorner, H., Dir., Dipl.-Ing., Hannover, Hindenburgstr. 25.

Dornier, Dir., Dipl.-Ing., Friedrichshafen a. B., Königsweg 55.

Dörr, Dipl.-Ing., Überlingen a. B.

Dröseler, Reg.-Baurat, Berlin SW 11, Halleschestr. 19.

Emden, Prof., München, Habsburgerstr. 4.

Engberding, Marinebaurat, Berlin W 50, Pragerstr. 4.

Everling, Emil, Dr. phil., Berlin-Cöpenick, Lindenstr. 10.

Gradenwitz, Dr.-Ing., Berlin-Grunewald, Winklerstr. 6.

Hahn, Willy, Justizrat, Dr., Rechtsanwalt und Notar, Berlin W62, Lützowplatz 2.

Hoff, Wilh., Dr.-Ing., Direktor der Deutschen Versuchsanstalt für Luftfahrt, Adlershof.

Hopf, Prof., Dr., Techn. Hochschule, Aachen, Lochnerstr. 26.

Junkers, Prof., Dr.-Ing. e h, Dessau, Kaiser-Platz 21.

Kármán v., Prof. Dr. a. d. Techn. Hochschule Aachen, Aerodynamisches Institut.

Kasinger, Dir. des Verbandes Deutscher Luftfahrzeug-Industrieller, Berlin W 35, Blumeshof 17.

Klemperer, Dipl.-Ing., Luftschiffbau Friedrichshafen a. B., Friedrichshafen a. B., Friedrichstr. 41/42.

Kober, Dipl.-Ing., Friedrichshafen a. B., Werastr. 15.

Koschel, Oberstabsarzt a. D., Dr. med. et. phil., Berlin W 57, Mansteinstr. 5.

Linke, Prof., Dr., Frankfurt a. M., Mendelssohnstr. 77.

Mader, Dr.-Ing., Dessau, Kaiserplatz 23.

Maybach, Direktor, Friedrichshafen a. B., Zeppelinstr. 11.

Müller-Breslau, Geh. Reg.-Rat, Prof., Dr.-Ing., Berlin-Grunewald, Kurmärkerstr. 8.

Naatz, Hermann, Dipl.-Ing., Charlottenburg, Witzlebenstr. 12.

Parseval, v., Prof., Dr., Dr.-Ing., Charlottenburg, Niebuhrstr. 6.

Pröll, Prof., Dr.-Ing., Hannover, Welfengarten 1.

Rasch, Direktor der Aero-Union G. m. b. H., Berlin NW 7, Sommerstr. 4.

Reißner, Prof., Dr.-Ing., Berlin-Charlottenburg 9, Ortelsburgallee 8.

Rumpler, Edmund, Dr.-Ing., Generaldirektor der Rumplerwerke A.-G., Berlin-Johannisthal.

Schwager, Otto, Dipl.-Ing., Charlottenburg, Friedbergstr. 24.

Süring, Geh. Reg.-Rat, Prof., Dr., Potsdam, Telegraphenberg.

Wegener, Kurt, Prof., Dr., Flugstelle des Observatoriums Lindenberg, Staaken b. Spandau, Flugplatz.

Kommissare der Behörden: Geh. Reg.-Rat und Ministerialrat Prof. Dr.-Ing. F. Bendemann-Berlin (Reichsverkehrsministerium, Abteilung für Luft- und Kraftfahrwesen), Ministerialrat Thilo-Berlin (Reichspostministerium).

2. Geschäftsführender Vorstand.

Schütte, Geh. Reg.-Rat, Prof., Dr.-Ing. e. h., Zeesen b. Königswusterhausen, Schütte-Lanz-Straße.

Wagenführ, Oberstlt. a. D., Berlin W, Friedrich-Wilhelmstraße 18, zugleich Schatzmeister.

Prandtl, Prof., Dr. phil., Dr.-Ing. e. h., Göttingen, Bergstr. 15.

Geschäftsführer:

Krupp, Hauptmann a. D.

Geschäftsstelle: Berlin W 35, Blumeshof 17 pt., Flugverbandhaus.

Bankkonto: Deutsche Bank, Rohstoff-Abtlg. Berlin W 8, Behrenstr. 12/17.

Postscheckkonto Berlin Nr. 22844; Telephon: Amt Lützow Nr. 6508.

Telegrammadresse: Flugwissen.

3. Mitglieder.

a) Ehrenmitglieder:

Müller-Breslau, H., Geh. Reg.-Rat, Prof., Dr.-Ing. e. h., Berlin-Grunewald, Kurmärkerstr. 8.

b) Lebenslängliche Mitglieder:

Bassus, Konrad Frhr. von, München, Steinsdorfstr. 14.

Biermann, Leopold O. H., Bremen, Blumenthalstr. 15.

Hagen, Karl, Bankier, Berlin W 35, Derfflingerstr. 12.

Krupp, Georg, Hauptmann a. D., Geschäftsführer der WGL, Charlottenburg, Kaiserdamm 23.

Madelung, Georg, Dr.-Ing., New York, 720 Bryn Maior Road, Cleveland, Ohio.

Moeller, E., Dr.-Ing., Friedrichshafen a. B., Jettenhauserstraße 8.

Reissner, H., Prof. Dr.-Ing., Charlottenburg 9, Ortelsburgallee 8.

Selve, Walter v., Dr.-Ing. e. h., Fabrik- und Rittergutsbesitzer, Altena i. W.

Schütte, Geh. Reg.-Rat, Prof. Dr.-Ing. e. h., Zeesen b. Königswusterhausen, Schütte-Lanz-Straße.

Wilberg, Major im Reichswehrministerium, Berlin-Wilmersdorf, Prinzregentenstr. 84.

Deutsche Versuchsanstalt für Luftfahrt E. V., Adlershof.

Sächs. Automobil-Klub E. V., Dresden-A., Waisenhausstraße 29 I.

Siemens-Schuckert-Werke G. m. b. H., Siemensstadt b. Berlin.

c) Ordentliche Mitglieder:

Abercron, Hugo von, Oberst a. D., Dr. phil., Charlottenburg, Dahlmannstr. 34.

Abthoff, Ludwig, Breslau, Hohenzollernstr. 47/49.

Achenbach, W., Dr.-Ing., Berlin W 50, Culmbacherstr. 3.

Ackeret, Jakob, Göttingen, Geismarlandstr. 10.

Ackermann-Teubner, Alfred, Hofrat, Dr.-Ing., Leipzig, Poststr. 3/5.

1*

Adami, Hauptmann a.D., Berlin-Friedenau, Offenbacherstr. 5.

Ahlborn, Friedrich, Prof. Dr., Hamburg, Uferstr. 23.

Alberti, Hermann, Kartograph bei der Landesaufnahme, Berlin NW 40, Moltkestr. 4.

Albrecht, Fritz, Korv.-Kap. a. D, Direktor der Fritz Albrecht-Komm.-Ges., Berlin W 15, Duisburgerstr. 8.

Amstutz, Eduard, stud. ing., Zürich, Plattenstr. 46.

Apfel, Hermann, Kaufmann, Leipzig, Brühl 62.

Arco, Georg, Graf, Dr. phil. h. c., Berlin-Tempelhof, Albrechtstraße 49/50.

Arnstein, Karl, Dr., Friedrichshafen a. B., Klosterstr. 4.

Aumer, Hermann, Fabrikdir., München, Pettenkoferstr. 23.

Baatz, Gotthold, Marinebaumeister a. D., Chefkonstrukteur d. L. F. G. Stralsund, Frankendamm 99 e.

Bader, Hans Georg, Dr.-Ing., Ludwigshafen, Gebr. Sulzer.

Balaban, Karl, Dipl.-Ing., Wien V, Margarethenstr. 146, T. 5

Balgé, Hermann, Rostock i. M., Hopfenmarkt 4, Postfach 21.

Barkhausen, Ernst, Dr., Berlin, In den Zelten 19.

Bartels, Friedrich, Obering., Königswusterhausen, Storkowerstraße 17.

Barth, Heinrich Th., Großkaufmann, Nürnberg, Gut Weigelshof.

Basenach, Nikolaus, Direktor, Potsdam, Marienstr. 9.

Baßler, Kurt, Direktor der Allgemeinen Elektrizitäts-Gesellschaft, Lokomotivfabrik, Hennigsdorf b. Berlin.

Baeumker, Adolf, Rittmeister, Berlin-Steglitz, Fichtestr. 29.

Bauch, Kurt, cand. ing., Friedrichshafen a. B., Luftschiffbau Zeppelin.

Bauer, M. H., Direktor, Berlin-Friedrichshagen, Hahnsmühle.

Bauer, Richard, Ing., Travemünde, Flugzeugwerft.

Bauersfeld, W., Dr.-Ing., Jena, Sonnenbergstr. 1.

Baumann, A., Prof., Stuttgart, Danneckerstr. 39a.

Baumbach, Wilhelm, Oberlt, Güstrow i. M., Schwerinerstr. 16.

Baumeister, Hans, Ing., Friedrichshafen a. B., Friedrichstr.15.

Baumgart, Max, Ing., Berlin W 57, Winterfeldstr. 15.

Baur de Betaz, Wilhelm, Major a. D., Berlin W 15, Sächsischestraße 9.

Beck, I. G., Ing., Bonn a. Rh., Kronprinzenstr. 20

Becker, Eduard, 1. Fa. Fueß, Berlin-Steglitz, Düntherstr. 8.

Becker, Gabriel, Dr.-Ing. Prof. a. d. Techn. Hochschule Charlottenburg, Charlottenburg, Stülpnagelstr. 20.

Bendemann, F., Prof. Dr.-Ing., Geh. Reg.-Rat, Ministerialrat im Reichsverkehrsministerium, Abteilung für Luft- und Kraftfahrwesen, Berlin W 8, Wilhelmstr. 72.

Berndt, Geh. Baurat, Prof. a. d. Techn. Hochschule Darmstadt, Darmstadt, Martinstr. 50.

Bernhardt, C. H., Fabrikbesitzer, Dresden-N., Alaunstr. 21.

Berson, A, Prof, Berlin-Lichterfelde-West, Fontanestr. 2b.

Berthold, Korv.-Kap. a. D., Berlin, Rüdesheimerplatz 5.

Bertrab, v., Exz., General d. Inf. a. D., Dr., Berlin-Halensee, Kurfürstendamm 136.

Bertram, Kapitänleutnant a. D., Warnemünde, Diedrichshäger Landweg 11.

Besch, Marinebaurat, Friedrichshafen a. B., Luftschiffbau Zeppelin.

Bethge, Richard, Dipl.-Ing., Charlottenburg, Küstrinerstr. 12a

Betz, Albert, Dipl.-Ing., Dr. phil., Abteilungsleiter der Modell-Versuchsanstalt, Göttingen, Böttingerstr 8

Beyer, Hermann, Dresden, Pragerstr. 47.

Bienen, Theodor, Hptm. a. D, cand. ing., Aachen, Melatenerstr. 44.

Birnbaum, Walter, Dr. phil., Charlottenburg, Herderstr. 3/4.

Bischoff, Lt., Dresden, Bucherhaus, Kaserne 177.

Blankenstein, Walter, Direktor der Lloyd-Ostflug G m. b H., Charlottenburg, Sophie-Charlottestr. 67/68.

Bleistein, Walter, Direktor, Dipl.-Ing., Königswusterhausen, Bahnhofstr. 11/12.

Blume, Walter, Dipl.-Ing., Berlin-Johannisthal, Kaiser Wilhelmstr. 49.

Blumenthal, Otto, Prof a. d. Techn Hochschule Aachen, Aachen, Rütscherstr. 38.

Bock, Ernst, Prof., Dr.-Ing., Chemnitz, Würzburgerstr. 52.

Bocklewsky, Constantin, Prof. und Dekan der Schiffsbau-Abt. 1. Polytechnikum, Petrograd-Jasnovka (Rußland), Polytechnikum Nr. 22.

Böhning, Hans, Mannheim, O. 7. 5.

Bolle, Oberlt., Berlin W 10, Viktoriastr. 2.

Bongards, H., Dr. phil., wiss. Mitarbeiter der Deutschen Seewarte, Hamburg-Großborstel, Borsteler Chaussee 138.

Borchers, Max, Hauptmann a. D., Berlin-Pankow, Binzstraße 2.

Borck, Hermann, Dr. phil., Berlin NW 23, Händelstr. 5.

Borsig, Conrad v., Geh. Kommerzienrat, Berlin N 4, Chausseestraße 13.

Borsig, Ernst v., Geh. Kommerzienrat, Berlin-Tegel, Reiherwerder.

Botsch, Albert, Darmstadt, Pankratiusstr. 15.

Boykow, Hans, Korv.-Kap. a. D., Berlin-Schöneberg, Hauptstraße 85.

Braun, Carl, Rittmeister a. D., Prien a. Chiemsee, Haus Bucheneck.

Brenner, Paul, Dipl.-Ing., Deutsche Versuchsanstalt für Luftfahrt, Adlershof, Flugplatz.

Brickenstein, Oscar, Kaufmann, Düsseldorf-Oberkassel, Düsseldorferstr. 15.

Bröking, Marinebaurat. Kiel. Blücherstr. 31.

Brümmer, Wilh., Charlottenburg, Windscheidstr. 40.

Bruns, Walter, Hptm. a. D., Berlin-Friedenau, Stierstr. 18.

Bucherer, Max, Ziviling., Berlin-Reinickendorf-West, Scharnweberstr. 108.

Budig, Friedrich, Ing, Falkenberg b. Grünau-Mark, Schirnerstraße 15.

Büll, Willy, Dipl.-Ing., Hannover, Asternstr. 7/II.

Busch, Hermann, Ministerialrat, Berlin-Südende, Seestr. 8.

Buttlar, v, Hptm. a. D., Friedrichshafen a. B., Maybach-Motorenbau

Canter, Ernst, Berlin, Kronenstr. 6.

Carganico, Major a. D., Berlin-Südende, Berlinerstr. 16.

Christmann, Carl, Kaufmann, Frankfurt a. M., Söeilpalast 123.

Colsmann, Alfred, Kommerzienrat, Generaldirektor des Luftschiffbau Zeppelin, Friedrichshafen a. B.

Cornides, Wilhelm von, Verlagsbuchhändler, München, Glückstr. 8.

Coulmann, W, Marinebaurat, Hamburg, Wandsbecker Chaussee 76.

Cramer, C. R., Kamrer, Göteborg (Schweden), Gustav Adolfstorg 3.

Decker, Georg, Ing., Fürth i. B, Schwabacherstr 71

Degn, P. F., Dipl.-Ing., Neumühlen-Dietrichsdorf, Katharinenstr. 3.

Delliehausen, Karl, Dipl.-Ing., Berlin-Schöneberg, Innsbruckerstr. 54

Denninghoff, Paul, Geh Reg.-Rat, Mitglied des Reichspatentamtes, Berlin-Dahlem, Parkstr. 76.

Dettmer, K., Obering. d. Lloyd-Luftdienstes, Bremen, Rolandstr. 26.

Deutrich, Johann, Dipl.-Ing., Minden i. W, Karlstr. 24.

Dewitz, Ottfried v., Oberlt. z S. a D, Berlin W 10, Bendlerstr. 18.

Dick, Admiral a.D, Exzellenz, Berlin-Schmargendorf, Marienbaderstr. 1.

Dickhuth-Harrach, v., Major a. D, Berlin W 15, Duisburgerstraße 18.

Dieckmann, Max, Prof. Dr, Privatdozent, Gräfelfing bei München, Bergstr. 42.

Doepp, Philipp v., Dipl.-Ing., Dessau, Kaiserstr. 20.

Döring, Hermann, Dr. jur., Berlin-Wilmersdorf, Markgraf-Albrechtstr. 13.

Dorner, H., Dipl.-Ing., Direktor, Hannover, Hindenburgstraße 25.

Dornier, Claude, Dipl.-Ing., Friedrichshafen a. B., Königsweg 55.

Dörr, W. E., Dipl.-Ing., Direktor des Luftschiffbau Zeppelin, Überlingen a. B., Bahnhofstr. 29.

Dreisch, Th., cand. phys., Bonn, Lessingstr. 20.

Drexler, Franz, Ingenieur, Berlin-Friedenau, Kaiser-Allee 118.

Dröseler, Regierungsbaurat, Berlin SW 11, Hallesche-Str. 19.

Duckert, Paul, Dr. phil., Berlin-Lichterfelde-Ost, Berlinerstraße 129a.

Dürr, Oberingenieur, Direktor, Dr.-Ing. e. h., Friedrichshafen a. B., Luftschiffbau Zeppelin-G. m. b. H.

Eberhardt, C., Prof. a. d. Techn. Hochschule Darmstadt,
Darmstadt, Inselstr. 43.
Eberhardt, Walter v., Generallt. a. D., Exzellenz, Werni-
gerode a. Harz, Hillebergstr. 1.
Ebert, Kurt, Nordhausen a. Harz, Halleschestr. 3.
Eddelbüttel, Walter, Kaufmann, Hamburg 13, Mittelweg 121.
Ehlers, Otto, Bankier, Hildesheim, Humboldtstr. 16.
Eichberg, Friedrich, Dr., Breslau 3, Grundstr 12
Eisenlohr, Roland, Dr.-Ing., Karlsruhe i. Baden, Jahnstr 8.
Elias, Dr., Berlin-Westend, Stormstr. 7.
Emden, Prof. Dr., München, Habsburgerstr 4
Endras, Clemens, Dipl.-Ing., Augsburg, Steingasse 264 III.
Engberding, Marinebaurat, Direktor des Luftfahrzeugbau
Schütte-Lanz, Berlin W 50, Pragerstr 4.
Enoch, Otto, Dr.-Ing., Berlin-Friedenau, Laubacherstr. 3.
Entz, Curt, Marine-Ing., Ministerialamtmann, Berlin - Frie-
denau, Südwestkorso 12
Eppinger, Curt, Ing., Berlin W 35, Blumeshof 17.
Eppinger, Erich, Ing., Berlin-Friedenau, Bornstr. 7
Essers, Ernst L., cand mach., Aachen, Rutscherstr. 35
Everling, Emil, Dr. phil., Privatdozent, Berlin-Cöpenick,
Lindenstr. 10.
Ewald, Erich, Regierungsbaumeister, Dr.-Ing., Oberlehrer an
der Baugewerkschule Neukölln, Berlin-Charlottenburg,
Goethestraße 62.

Faber, Walther, Kaplt., Berlin-Grunewald, Charlottenbrunner-
straße 4.
Fehlert, C., Patentanwalt, Dipl.-Ing., Berlin SW 61, Belle-
Alliance-Platz 17.
Feige, Rudolf, Meteorologe, Direktor, Krietern b. Breslau.
Fetting, Dipl.-Ing., Adlershof, Adlergestell 18.
Finsterwalder, Geh. Reg.-Rat, Prof., Dr., München-Neu-
wittelsbach, Flüggenstr 4.
Fischer, C. A., Betriebsleiter der Nederlandsche Vliegtuigen-
fabriek, Amsterdam, Papaverweg.
Fischer, Ernst, Gora pow. Jarocin (Polen).
Fischer, Willy, Geschäftsführer des Ostpreuß. Vereins für
Luftfahrt E. V., Königsberg i. Pr., Mitteltragheim 23.
Fleischer, Alex. Friedr., Kaufmann, Berlin-Treptow-Süd,
Scheiblerstr. 4.
Florig, Fritz, Dipl.-Ing., Beiersdorf, O.-L., Nr 88.
Focke, Henrich, Dipl.-Ing., Bremen, Vasmerstr 25.
Förster, Hermann, Breslau 17, Frankfurterstr. 91.
Föttinger, Prof., Dr.-Ing., Zoppot, Bädekerweg 13.
Foulois, B. D., Oberstlt., Air Service U. S. Army, Asst.
Military Attache, Berlin W 10, Tiergartenstr. 30.
Franken, Regierungsbaumeister, i. Fa. Stern & Sonneborn,
Berlin-Wilmersdorf, Wittelsbacherstr. 22
Frantz, Max, Bad Tölz, Bahnhofstr. 7.
Fremery, Hermann v., Direktor, Stuttgart, Renisburgstr. 39.
Freudenreich, Walter, Ing., Charlottenburg 4, Pestalozzi-
straße 35.
Freyberg-Eisenberg-Allmendingen, Frhr. v., Haupt-
mann, Wünsdorf b. Zossen, Inf.-Reg. 9.
Friedensburg, Walter, Kaplt. a. D., Direktor der Imex
Kommandit-Ges. Friedensburg & Co., Berlin W 15, Knese-
beckstr. 54/55.
Fritsch, Georg, Kaufmann, Hildesheim, Hornemannstr. 10.
Fritsch, Walter, Aachen, Liebfrauenstr. 4.
Fröbus, Walter, Direktor der Roland-Werke, Biesenthal i. M.,
Ruhlsdorferstr. 4 c.
Froehlich, Generaldirektor a. D., Berlin-Wannsee, Tristan-
straße 11.
Fromm, Dr.-Ing., Kiel, Scharnhorststr. 6.
Fuchs, Richard, Dr. phil., Prof. a. d. Techn. Hochschule
Charlottenburg, Berlin-Halensee, Ringbahnstr. 7.
Fueß, Paul, Fabrikant, Berlin-Steglitz, Fichtestr. 45.

Galbas, P. A., Dr., Berlin-Köpenick, Grünauerstr. 33 a.
Gebauer, Curt, Regbmstr., Charlottenburg, Schlüterstr. 80.
Gebers, Fr., Dr.-Ing., Direktor der Schiffbautechn. Ver-
suchsanstalt, Wien, Brigittenauerlände 256.

Geerdtz, Franz, Hptm. a. D., Berlin-Wilmersdorf, Wag-
häuselerstr. 19.
Gehlen, K., Dr.-Ing., Villingen, Waldstr. 31.
Geiger, Harold, Major U. S. Army, Berlin W 10, Tiergarten-
straße 30.
Gener, Josef, Ing., Barmen-Wichlinghausen, Wichlinghauser-
straße 117.
Georgii, Walter, Dr., Privatdozent an der Universität, Frank-
furt a. M., Robert Mayerstr. 2.
Gerdien, Hans, Prof. Dr. phil., Berlin-Grunewald, Franzens-
baderstr. 5.
Gerhards, Wilhelm, Marine-Oberingenieur, Kiel, Lübecker
Chaussee 2.
Gettwart, Klaus, Dr., Berlin W 10, Kaiserin Augustastr. 72.
Geyer, Hugo, Major a. D., Charlottenburg 9, Kastanienallee 23.
Giesecke, Ernst, Ökonomierat, Klein-Wanzleben, Bezirk
Magdeburg.
Glaser, J. Ferdinand, Ing., Frankfurt a. M., Liebigstr. 33.
Gohlke, Gerhard, Ing., Regierungsrat im Reichspatentamt,
Berlin-Steglitz, Ahornstr. 3.
Goldfarb, Hans, Dr., Düsseldorf, Lindemannstr. 110.
Goldschmidt, Hans, Prof. Dr., Berlin W 9, Bellevuestr. 13.
Goldstein, Karl, Dipl.-Ing., Frankfurt a M., Danneckerstr. 2.
Goltz, Curt Frhr. von der, Major a. D., Hamburg, Alster-
damm 25. (Hapag)
Görlich, Curt, prakt. Zahnarzt, Breslau V, Tauentzien-
platz 11.
Götte, Carl, Direktor der Dinos-Werke, Berlin W 35, Pots-
damerstr. 75.
Götze, Richard, Fabrikbesitzer, Schloß Unterlind b. Sonne-
berg, S.-M.
Grade, Hans, Ing., Bork, Post Brück i. d. Mark.
Gradenwitz, Richard, Dr.-Ing. e. h., Fabrikbesitzer, Berlin-
Grunewald, Winklerstr. 6.
Grammel, R., Prof. Dr., Stuttgart, Techn. Hochschule.
Gretz, Heinz, Oblt. a. D., Leiter des Flughafens Stettin.
Stettin, Derfflingerstr. 6.
Griensteidl, Friedrich, Wien 3, Ungargasse 48.
Gries, Aloys van, Dr.-Ing., Cöln, Venloerstr. 22.
Grod, C. M., Dipl.-Ing. b. d. Kondor-Flugzeugwerken, Essen,
Postfach 276.
Gröger, Bankdirektor, Liegnitz, Dresdner Bank.
Grosse, Prof. Dr., Vorsteher des Meteorologischen Obser-
vatoriums, Bremen, Freihafen 1.
Grude, Eberhard, Oberlt. a. D., Emden, Olivenstr. 9.
Grulich, Karl, Dipl.-Ing., Charlottenburg, Kantstr. 111a.
Gsell, Robert, Dipl.-Ing., Eidgenössisches Luftamt, Bern
(Schweiz), Eigerplatz 8.
Guita, Eugen, Berlin, Gleditschstr. 15.
Gümbel, Prof. Dr.-Ing., Charlottenburg, Schloßstr. 66.
Günther, Siegfried, cand. mach., Hannover, Königsworther-
straße 29.
Günther, Walter, stud. mach., Hannover, Gustav Adolf-
straße 15 II.
Gürtler, Karl, Dr.-Ing., München, Georgenstr. 51.
Gutbier, Walther, Direktor d. Fahrzeugwerke Rex G. m. b. H.,
Köln, Antwerpenerstr. 18.
Gutermuth, Ludwig, Dipl.-Ing., Stralsund, Frankenstr. 60.
Gutke, Fritz, cand. ing., Berlin-Steglitz, Schloßstr. 26.

Haber, Fritz, Geh. Reg.-Rat Prof. Dr., Direktor d. Kaiser
Wilhelm-Instituts f. Chemie und Elektrochemie, Berlin-
Dahlem, Faradayweg 8.
Hackmack, Hans, Dipl.-Ing., Dessau, Körnerstr. 9.
Hahn, Willy, Justizrat Dr., Rechtsanwalt und Notar, Berlin
W 62, Lützowplatz 2.
Haehnelt, Oberstlt. a. D., Berlin W 50, Neue Ansbacher-
straße 12a.
Hailer, Hauptmann a. D., Deruluft, Königsberg i. Pr., Flug-
hafen Devau.
Hall, Paul I., Luftfahrzeuging., Amsterdam, Laanweg 35.
Hallström, Erik, Hauptmann a. D., Berlin-Wilmersdorf,
Helmstädterstr. 15.
Hamel, Georg, Hochschulprof., Dr., Berlin W 30, Eisenacher-
straße 35.
Hammel, Ernst, Kaufmann, Direktor, Berlin-Schöneberg,
Martin Lutherstr. 13

Hammer, Fritz, Ing., Berlin-Lichterfelde-West, Steglitzerstraße 39.

Hanfland, Kurt, Ing., Berlin W, Bayreutherstr. 7.

Harlan, Wolfgang, Kfm. techn. Direktor, Charlottenburg-Neuwestend, Mecklenburgallee 2.

Harmsen, Conrad, Dipl.-Ing., Berlin-Köpenick-Wendenschloß, Fontanestr. 12.

Haw, Jakob, Ing., Berlin-Friedenau, Stierstr. 16.

Heidelberg, Viktor, Dipl.-Ing., Bensberg bei Köln, Kol. Frankenforst.

Heimann, Heinrich Hugo, Dr. phil., Dipl.-Ing., Berlin-Schöneberg, Martin Lutherstr. 51.

Heine, Fritz, Fabrikdirektor, Dipl.-Ing., Breslau-Kleinburg 18, Ebereschenallee 17.

Heine, Hugo, Fabrikbesitzer, Berlin-Waidmannslust, Dianastraße 46.

Heinkel, Ernst, Direktor, Ingenieur, Warnemünde, Flugplatz.

Heinrich, Hermann, Ingenieur, Berlin SW 29, Fidicinstr. 18 I.

Heinrich, Prinz von Preußen, Dr.-Ing. e. h., Herrenhaus Hemmelmark, Post Eckernförde.

Heis, Leonhard, Dr., München, Pettenkoferstr. 26.

Helffrich, Josef, Dr. phil., Heidelberg, Mittelstr. 26.

Heller, Dr., Vertreter des Vereins deutscher Ingenieure, Berlin NW 7, Sommerstr. 4 a.

Helmbold, Heinrich, Dipl.-Ing., Assistent an der Modellversuchsanstalt Göttingen, Göttingen, Wiesenstr. 15.

Henninger, Albert Berthold, Referent b. Reichsbeauftragten, Berlin W, Pfalzburgerstr. 72.

Hentzen, Friedrich Heinrich, Dipl.-Ing., Berlin-Johannisthal, Kaiser Wilhelmstr. 48/II r.

Hering, Max, Fregattenkapitän a. D., Berlin-Grunewald, Franzensbaderstr. 2.

Herr, Hans, Kontreadmiral a. D., Geestemünde, Rheinstr. 81.

Herrmann, Ernst, Ing., Halle a. S., Gr. Bräuhausstr. 3.

Herrmann, Hans, Ing., München-Ramersdorf, Udet-Flugzeugbau.

Hesse, Hans, Hauptmann a. D., Oranienbaum b. Dessau, Franzstr. 12.

Heumann, Rudolf, Dipl.-Ing., Charlottenburg, Kaiserdamm 44.

Heydenreich, Eugen, Obering., Berlin W 15, Konstanzerstraße 60.

Heylandt, Paul, Berlin-Südende, Lindenstr. 10.

Heymann, Ernst, Hauptmann a. D., Berlin W 50, Tauentzienstr. 14.

Heyrowsky, Adolf, Hauptmann a. D., Berlin NW 7, Dorotheenstr. 43.

Hiedemann, Hans, Fabrikbesitzer, Köln a. Rh., Mauritiussteinweg 27.

Hiehle, K., Obering., Direktor der Rhemag, Berlin W, Hohenzollernstr. 5 a.

Hildebrandt, Walter, Fabrikdirektor, Freiberg i. Sa., Leipzigerstr. 7.

Hinniger, Werner, cand. ing., Charlottenburg, Cauerstr. 12.

Hintze, Adolf, Ing. b. d. Junkers-Werken, Dessau, Askanischestraße 56.

Hirschfeld, Willi, Dipl.-Ing., Neubabelsberg b. Potsdam, Berlinerstr. 148.

Hirth, Hellmuth, Obering., Cannstatt b. Stuttgart, Pragstr. 34.

Hjelt, Paul, Oblt., Helsingfors (Finnland), Flygstaben, Sandhamn.

Hoff, Wilh., Dr.-Ing., Direktor der Deutschen Versuchsanstalt für Luftfahrt, Adlershof.

Hoffmann, Ludwig, cand. mach., Dessau, Zerbsterst. 38.

Hoffmann, Dipl.-Ing., Direktor, Leipzig, Weinligstr. 7.

Hofmann, Albert, Dipl.-Ing., München-Freimann, Föhringerallee 1.

Hohenemser, M. W., Bankier, Frankfurt a. M., Neue Mainzerstraße 25.

Holtmann, Anton, Dipl.-Ing., Oppeln, Hippelstr. 8 b. Okon.

Homburg, Oblt. a. D., Berlin W 15, Hohenzollerndamm 206.

Hönsch, Walter, Dr., Breslau 18, Scharnhorststr. 12/14.

Hopf, L., Prof., Dr. phil., Aachen, Lochnerstr. 26.

Höpken, F., Regbmstr. a. D., Berlin-Südende, Stephanstr. 18.

Hormel, Walter, Kaplt. a. D., Warnemünde, Diedrichshäger Chaussee 8.

Horstmann, Marinebmstr., Rüstringen i. Oldenburg, Ulmenstraße 1 c.

Hromadnik, Lt. a. D., Ing., Frankfurt a. M.-Ost, Rückertstraße 50.

Hübener, Wilhelm, Dr. med., Tübingen, Kaiserstr. 8.

Hug, A., Hauptmann a. D., Prokurist d. Zimmermann-Werke A.-G., Chemnitz, Rochlitzerstr. 21.

Huppert, Prof., Direktor des Kyffhäuser Technikums, Frankenhausen a. Kyffhäuser.

Huth, Erich F., Dr.-Ing., Berlin W 30, Landshuterstr. 9.

Huth, Fritz, Prof. Dr., Gr. Köries b. Teupitz.

Huth, W., Dr., Berlin-Dahlem, Bitterstr. 9.

Hüttig, Bruno, Hauptmann a. D., Rudersberg i. Württbg.

Hüttmann, Waldemar, Krietern b. Breslau, Observatorium.

Jablonsky, Bruno, Berlin W 15, Kurfürstendamm 18.

Jaeschke, Rudolf, stud. ing., Breslau XVI, Borsigstr. 22.

Jaray, Paul, Ing., Friedrichshafen a. B., Meisterhofenerstr. 22.

Jaretzky, Ing., Wildau, Kr. Teltow, Schwarzkopfstr. 111.

Joachimczyk, Alfred Marcel, Dipl.-Ing., Berlin W, Courbièrestr. 9 b.

Joly, Hauptmann a. D., Klein-Wittenberg a. d. Elbe.

Jordan, Direktor d. Lloyd-Luftdienstes, Bremen, Bismarckstraße 63.

Junkers, Hugo, Prof. Dr.-Ing. e. h., Dessau, Albrechtstr. 47.

Kamm, Wunibald, Dipl.-Ing., Cannstatt, Schillerstr. 26.

Kämmerling, Fritz, Oberstlt. a. D., Berlin W 62, Bayreutherstraße 11.

Kämpny, Hugo, Rechtsanwalt Dr., Berlin W 57, Potsdamerstraße 76 a.

Kann, Heinrich, Obering., Charlottenburg, Ilsenburgerstr. 2.

Karle, Direktor, München, Marienplatz.

Kármàn, Th. v., Prof. Dr., Aachen, Technische Hochschule, Aerodynamisches Institut.

Kasinger, Felix, Direktor, Berlin W 35, Blumeshof 17 III.

Kastner, Gustav, Major a. D., Sonnenhof a. B., Post Hemigkofen (Württemberg).

Kastner, Hermann, Major a. D., Charlottenburg, Niebuhrstraße 58.

Kaestner, Franz, Polizeihauptmann, Buchholz-Friedewald b. Dresden, Moltkestr. 72.

Katzmayr, Richard, Ing., Wien IV/18, Apfelgasse 3.

Kaumann, Gottfried, Dr., Berlin-Wilmersdorf, Nikolsburgerplatz 3.

Kehler, Richard v., Major a. D., Charlottenburg, Dernburgstraße 49.

Keitel, Fred, Ing., Zürich (Schweiz), Weinbergstr. 95.

Kempf, Günther, Direktor der Hamburgischen Schiffbau-Versuchsanstalt, Hamburg 33, Schlickweg 21.

Kercher, Rudolf, cand. mach., Darmstadt, Schloßgartenstraße 51.

Kiefer, Theodor, Direktor, Seddin, Posthilfsstelle Jeseritz, Kreis Stolp i. Pomm.

Kiffner, Erich, stud. rer. techn., Breslau, Herderstr. 24.

Kindling, Paul, Ing., Friedrichshafen a. B., Luftschiffbau.

King, Oblt. a. D., cand. mach., Dessau, Akenschestr. 8.

Kirchhoff, Frido, Dipl.-Ing., Bremen, Graf Moltkestr. 54.

Kirste, Leo, Dipl.-Ing., Wien IV, Karlspl. 13. Aerodynam. Laboratorium.

Kjellson, Henry, Ziviling., Flygingeniör vid Svenska Armens Flygkompani, Malmslätt (Schweden).

Klefeker, Siegfried, Oberstlt. a. D., Prof. und Direktor der Deutschen Heeresbücherei, Berlin NW 7, Unter den Linden 74.

Kleffel, Walther, Berlin W 30, Heilbronnerstr. 8.

Kleinschmidt, E., Prof. Dr., Friedrichshafen a. B., Drachenstation.

Klemm, Hanns, Regbmstr., Direktor der Daimler Motorenwerke, Sindelfingen, Bahnhofstr. 148.

Klemperer, Wolfgang, Dipl.-Ing., Friedrichshafen a. B., Friedrichstr. 41/2.

Klingenberg, G., Geh. Reg.-Rat, Prof. Dr.-Ing. e. h., Dr. phil., Direktor der AEG, Charlottenburg, Neue Kantstr. 21.

Kloth, Hans, Regierungsbaumeister, I. Vorsitzender d. Kölner Bez.-Vereins deutscher Ingenieure, Köln-Marienburg, Marienburgerstr. 102.

Kloetzel, Hanns, Dr., prakt. Zahnarzt, Breslau, Schweidnitzer Stadtgraben 17.
Kneer, Franz, Chefpilot, München, Maximilianstr. 5.
Knipfer, Kurt, Hauptmann a. D., Charlottenburg, Windscheidstr. 3.
Knobloch, Gert v., Breslau 13, Hohenzollernstr. 43.
Knöfel, Fritz, Kaufmann, Freiberg Sa., Ludwigstr. 33.
Knoller, R., Prof., Wien VI, Röstlergasse 6.
Kober, Th., Direktor, Dipl.-Ing., Friedrichshafen a. B., Werastraße 15.
Koch, Alfred, Breslau, Lehmdamm 7a.
Koch, Erich, Dipl.-Ing., Charlottenburg, Neue Kantstr. 25.
Kölzer, Joseph, Dr., Berlin W 30, Nollendorfplatz 29/30.
König, Georg, Obering., Berlin-Dahlem, Podbielsky-Allee 61.
Könitz, Hans Frhr. v., Major a. D., Ising am Chiemsee (Oberbayern).
Kook, E., Dipl.-Ing., Köln-Ehrenfeld, Gutenbergstr. 130.
Koppe, Heinrich, Dr. phil., Abteilungsleiter der Deutschen Versuchsanstalt für Luftfahrt Adlershof, Flugplatz.
Köppen, Joachim v., Oblt. a. D., Berlin-Charlottenburg, Grolmannstr. 29.
Koschel, Ernst, Oberstabsarzt a. D., Dr. med. et phil., Berlin W 57, Mansteinstr. 5.
Kotzenberg, Karl, Generalkonsul, Dr. jur. h. c., Frankfurt a. M., Roßmarkt 11.
Kracke, Gustav, Ing.-Kfm., München, Agnesstr. 16.
Krahmer, Eckart, Hptm. a. D., Berlin-Charlottenburg, Dernburgstr. 27.
Krause, Max, Fabrikbesitzer, Berlin-Steglitz, Grunewaldstr. 44.
Krauss, Julius, Dipl.-Ing., München, Gollierstr. 14.
Krell, Otto, Prof., Direktor der Siemens-Schuckert-Werke, Berlin-Dahlem, Cronbergstr. 26.
Krey, H., Regierungsbaurat, Leiter der Versuchsanstalt für Wasserbau u. Schiffbau, Berlin NW 23, Schleuseninsel im Tiergarten.
Krieger, Ernst, Hptm. a. D., Gotha, Eisenacherstr. 38.
Krogmann jr., Adolf, Kaufmann, Wandsbeck, Jüthornstr. 17.
Kroll, Willy, Verlagsbuchhändler, Leipzig-Schönefeld, Traubestr. 16.
Kromer, Ing., Leiter d. Abt. Luftfahrzeugbau d. Polytechnikums Frankenhausen, Frankenhausen a. Kyffhäuser.
Kruckenberg, Fr., Direktor, Dipl.-Ing., Heidelberg, Unter der Schanz 1.
Krüger, Karl, Ing., Mehlem, Rhld., Haus »Schlägel und Eisen«.
Krupp, Curt, Gutsbesitzer, Domäne Bienau b. Liebemühl, Ostpreußen.
Ksoll, Joseph, Kaufmann, Breslau X, Enderstr. 22.
Kuhnen, Fritz, cand. ing., Dessau, Heidestr. 89/II.
Kutin, Josef, cand. ing., Charlottenburg, Philippistr. 3.
Kutta, Wilhelm, Prof. Dr., Stuttgart-Degerloch, Römerstr. 138.
Kutzbach, K., Prof., Direktor des Versuchs- und Materialprüfungsamtes der Techn. Hochschule Dresden, Dresden-A. 24, Liebigstr. 22.

Lachmann, G., Dr.-Ing., Göttingen, Herzbergerlandstr. 33.
Lachmann, K. E., i. Fa. C. A. Fischer & Co., Berlin W 15, Olivaerplatz 9.
Lampe, Hanns, Dipl.-Ing., Frankfurt a. M., Friedrichstr. 45.
Landmann, Werner, Landwirt, Berlin W 15, Bayerischestraße 31 b. Kraatz.
Lanz, K., Dipl.-Ing., Frankfurt a. M. Rappstr. 12.
Laudahn, Wilhelm, Marine-Oberbaurat, Berlin-Lankwitz, Meyer-Waldeckstr. 2 pt.
Lentz, Dietrich Frhr. v., Berlin W 35, Potsdamer Privatstraße 121 c.
Leonhardy, Leo, Major a. D., Berlin, Prinzessinnenstr. 1.
Lepel, Egbert v., Rittm. a. D., Ing., Berlin-Wilmersdorf, Weimarischestr. 4.
Lerbs, Hermann, cand. mach., Hannover, Vahrenwalderstraße 10.
Lewe, Viktor, Dr.-Ing., Dr., Berlin NW 87, Ufenaustr. 2.
Leyensetter, Walther, Dr.-Ing., Cannstatt, Hohenstaufenstr. 3.
Linde, C. v., Geh. Reg.-Rat, Prof. Dr., München, Heilmannstraße 17.
Lindenberg, Carl, Ministerialrat im Reichsschatzministerium, Charlottenburg, Knesebeckstr. 26.

Link, Regierungsbaumeister, Rio de Janeiro, Nictheroyroá Oswaldo Cruz 36.
Linke, F., Prof. Dr., Frankfurt a. M., Mendelssohnstr. 77.
Lipfert, Alfred, Ing., Berlin N 30, Kötzschenbrodaerstr. 76.
Listemann, Fritz, Hauptmann a. D., Berlin-Wilmersdorf, Kaiserallee 41.
Lohmann, Walter, cand. techn. phys., Aachen, Techn. Hochschule.
Lorenz, Geh. Reg.-Rat Prof. Dr.-Ing. Dr., Danzig-Langfuhr, Johannisburg.
Lorenzen, C., Ing., Fabrikant, Berlin, Treptower Chaussee 2.
Lößl, Ernst v., Dr.-Ing., Casparwerke, Lübeck-Travemünde.
Löwe, W., Berlin W 62, Landgrafenstr. 3.
Lüdemann, Karl, wiss. Mitarbeiter, Freiberg i. Sa., Albertstraße 26.
Ludowici, Wilhelm, Dipl.-Ing., München, Sternwartstr. 9.
Lürken, M., Obering., Dessau, Ringstr. 23.
Lüttwitz, Ernst Frhr. v., Frankenhausen a. Kyffhäuser, »Frankenburg«.
Lutz, Kurt, Direktor, Mannheim, C. 4. 11.
Lutz, R., Prof. Dr.-Ing., Trondhjem, Techn. Hochschule.

Mackenthun, Hauptmann a. D., Berlin W 10, Tiergartenstraße 22.
Mader, O., Dr.-Ing., Dessau, Kaiserplatz 23.
Mades, Rudolf, Dr.-Ing., Berlin-Schöneberg, Kaiser-Friedrichstr. 6.
Malmer, Ivar, Dr. phil., Privatdozent an der Techn. Hochschule Stockholm, Ingenieur bei dem Flugwesen der schwedischen Armee, Malmslätt [Schweden].
Mann, Willy, Ing., Suhl-Neundorf i. Thüringen.
Martens, Arthur, Dipl.-Ing., Hannover, Brühl 6.
Martenson, Bertel, Major, Helsingfors (Finnland), Mariegatan 23.
Marx, Otto, Direktor, Berlin-Wilmersdorf, Landhausstr. 47.
Maschke, Georg, Rentier, Berlin-Wannsee, Kleine Seestr. 31.
Maurer, Ludwig, Dipl.-Ing., Obering., Berlin-Karlshorst, Heiligenbergerstr. 9.
Maybach, Karl, Direktor, Friedrichshafen am Bodensee, Zeppelinstr. 11.
Meckel, Paul A., Bankier, Berlin NW, In den Zelten 13.
Mederer, Robert, Direktor, Berlin-Friedenau, Goßlerstr. 10.
Meer, ter, Geh. Kommerzienrat Dr., Uerdingen a. Niederrh.
Melsbach, Erich, Dr., Oberregierungsrat im Reichsarbeitsministerium, Berlin-Grunewald, Hohenzollerndamm 86.
Mendrzyk, Ernst, Reg.-Rat, Breslau, Güntherstr. 9.
Merkel, Otto Julius, Aero-Loyd, Berlin NW 7, Sommerstr. 4.
Mertens, Walter, Hannover, Engelborstelerdamm 20.
Messerschmitt, Willy, cand. ing., München, Odeonsplatz 5.
Messter, Oskar, Tegernsee, Haus 129.
Meycke, Ing., Techn. Leiter der Fa. Max Baermann, Köln-Poll, Siegburgerstr. 186.
Meyer, Eugen, Geh. Reg.-Rat Prof. Dr., Charlottenburg, Neue Kantstr. 15.
Meyer, Otto, Direktor, München-Freimann.
Meyer, P., Prof., Delft, Heemskerkstraat 19.
Meyer-Cassel, Hannover, Kellerstr. 49.
Miethe, Geh. Reg.-Rat Prof. Dr., Berlin-Halensee, Halberstädterstr. 7.
Milch, Erhard, Hauptmann a. D., Zoppot, Collathstr. 12.
Miller, Oskar v., Exz., Geh. Baurat, Reichsrat Dr., Direktor d. Deutschen Museums, München, Ferdinand-Miller-Platz 3.
Mises, v., Prof. Dr., Berlin W 30, Barbarossastr. 14.
Moll, Hermann, Warnemünde, Dinoswerft.
Möller, Harry, Major a. D., Berlin NW 87, Wullenweberstraße 8.
Morell, Wilhelm, Leipzig, Apelstr. 4.
Morgen, Hans Georg von, Geschäftsleiter der Schweriner Industrie-Werke G. m. b. H., Schwerin i. Mecklbg., Marstall.
Morin, Max, Patentanwalt, Dipl.-Ing., Berlin W 57, Yorkstr. 46.
Mühle, Bruno, Madrid, Calle de Ternel 3.
Mühlig-Hofmann, Polizeimajor, Stettin, Linsingenstr. 61.
Müller, Arthur, Fabrikbesitzer, Berlin SW 68, Friedrichstr. 209.
Müller, Friedrich Karl, Ing., Monschau (Eifel).
Müller, Fritz, Dr.-Ing., Berlin-Halensee, Küstrinerstr. 4.
Muttray, Horst, cand. ing., Dresden-A., Nürnbergstr. 31.

Naatz, Hermann, Dipl.-Ing., Obering., Charlottenburg, Witzlebenstr. 12.

Nagel, Felix, cand. ing., Hannover, Kleine Pfahlstr. 5 I.

Nägele, Karl Fr., Ing., Berlin-Neukölln, Saalestr. 38.

Neuber, Dr., Frhr. v. Neuberg, Charlottenburg, Kaiserdamm 99.

Neumann, Emil, Kaufmann, Meiningen, Sedanstr. 14.

Neumann, Georg Paul, Major a. D., Berlin-Wilmersdorf, Trautenaustr. 11.

Nickisch, Kurt v., Liegnitz, Jahmannstr. 6.

Nicolaus, Friedrich, Stuttgart-Cannstatt, Paulinenstr. 11.

Niemann, Erich, Hauptmann a. D., Direktor, Charlottenburg, Dernburgstr. 49.

Noack, W., Dipl.-Ing., Ing. i. Fa. Brown, Boveri & Co., Baden b. Zürich (Schweiz), Hotel Waage.

Noltenius, Friedrich, Dr. med., Bremen, Roonstr. 41.

Nostiz, Otto Ernst v., Oblt. a. D., Berlin, Hektorstr. 6.

Nusselt, W., Prof. Dr.-Ing., Privatdozent a. d. Techn. Hochschule, Karlsruhe.

Offermann, Erich, Ing., Charlottenburg, Berlinerstr. 157 III.

Ohmstede, Franz, Dipl.-Ing., Regierungsbaumeister, Charlottenburg, Am Lützow 6.

Oppenheimer, M. J., Fabrikbesitzer, Frankfurt a. M., Rheinstr. 29.

Oesterlen, Fritz, Prof. Dr.-Ing. a. d. Techn. Hochschule Hannover, Hannover, Callinstr. 11.

Ostwald, Walter, Chemiker, Tanndorf-Mulde.

Oxé, Werner, Polizei-Oblt., Magdeburg, Falkenbergstr. 7 I.

Pank, Paul Eduard, stud. ing., Berlin W 50, Schaperstr. 30.

Parseval, A. v., Prof., Dr.-Ing., Charlottenburg, Niebuhrstraße 6.

Persu, Aurel, Prof., Dipl.-Ing., Direktor, Berlin W, Paulsbornerstr. 90 I.

Pfister, Edmund, cand. ing., Berlin-Pankow, Mendelstr. 51 II.

Platen, Horst v., Obering., Berlin-Wilmersdorf, Deidesheimerstr. 11.

Plauth, Karl, Dipl.-Ing., Dessau, Wilhelmstr. 36/II.

Pohlhausen, Ernst, Dr., Privatdozent für Mathematik u. Mechanik a. d. Universität Rostock, Rostock i. Mecklbg., Augustenstr. 25.

Pohlhausen, Karl, Göttingen, Bergstr. 9.

Pohlmann, Joh., cand. ing., Charlottenburg I, Kirchplatz 5 a II.

Polis, P. H., Prof. Dr., Aachen, Monsheimsallee 62.

Poppe, Leopold, Kaufmann, Bergwerksdirektor, Dresden-A., Winkelmannstr. 2.

Prandtl, L., Prof. Dr.-Ing., Dr., Göttingen, Bergstr. 15.

Prill, Paul, Ziviling., Flugzeuging., München, Cuvilliesstraße 1.

Prochazka, Joseph, Flugzeugführer, Wien VII, Mariahilferstraße 48/III.

Pröll, Arthur, Prof. Dr.-Ing., Hannover, Welfengarten 1.

Prondzynski, Stephan v., Kaptlt. a. D., Dessau, Karlstr. 14 a.

Puhača, Alexander, Major a. D., wiss. Mitarbeiter d. Opt. Anstalt C. P. Goerz, Berlin W 15, Bayerische Str. 29 II.

Quittner, Viktor, Dr. Dipl.-Ing., Wien I, Hohenstaufengasse 10.

Ramatschi, Max, Dipl.-Ing., Breslau IX, Paulstr. 16/18.

Rathjen, Arnold, Dr. chem., Berlin-Wilmersdorf, Jenaerstraße 17 II.

Rasch, F., Direktor der Aero-Union A.-G., Berlin NW 7, Sommerstr. 4.

Rau, Fritz, Obering. i. Fa. Fafnir-Werke, Aachen.

Redlin, Johannes, Syndikus, Gerichtsassessor a. D., Charlottenburg, Berlinerstr. 97 II.

Regelin, Hans, Ing., Berlin NW 87, Wickinger Ufer 6.

Reichel, W., Prof. Dr.-Ing., Geh. Reg.-Rat, Direktor d. Siemens-Schuckert-Werke, Berlin-Lankwitz, Beethovenstraße 14.

Reinhardt, Fr., Ing., Hennigsdorf b. Berlin, Parkstr. 2.

Reininger, Paul, Dipl.-Ing., Oberregierungsrat und Mitglied des Reichspatentamtes, Berlin-Friedrichshagen, Steinplatz.

Rieben, v., Dr. jur., Berlin NW 7, Sommerstr. 4.

Rieppel, Paul, Prof. Dr.-Ing., München, Montenstr. 2.

Rinne, Albert, Dipl.-Ing., Pappenheim i. Bayern.

Ritter, Vorstandsmitglied der Hamburg-Amerika-Linie, Hamburg, Alsterdamm 25.

Rohrbach, Adolf K., Dr.-Ing., Charlottenburg, Wielandstr. 18.

Roi, W. de le, Major a. D., Berlin W, Kurfürstendamm 186.

Romberg, Friedrich, Geh. Reg.-Rat Prof., Berlin-Nikolassee, Teutonenstr. 20.

Rosenbaum, B., Dipl.-Ing. i. Fa. Erich F. Huth G. m. b. H., Berlin SW 48, Wilhelmstr. 130.

Rostin, Walter, Kaufmann, Charlottenburg I, Holtzendorffstraße 14.

Roth, H., Dr. phil. nat., Frankfurt a. M., Gr. Gallusstr. 7.

Rothgießer, Georg, Ing., Berlin W 30, Martin Lutherstr. 91.

Rothkirch und Panten, Jarry v., Schloß Massel, Kr. Trebnitz, Bez. Breslau.

Rottgardt, Karl, Dr. phil., Direktor i. Fa. Erich F. Huth G. m. b. H., Berlin SW 48, Wilhelmstr. 130.

Roux, Max, Geschäftsleiter und Mitinhaber d. Fa. Carl Bamberg, Berlin-Friedenau, Kaiserallee 87/88.

Rumpler, Edmund, Dr.-Ing. Generaldirektor d. Rumplerwerke, Berlin-Johannisthal.

Ruppel, Carl, Ziviling., Charlottenburg, Dernburgstr. 24.

Rynin, Nikolaus, Prof., Petrograd (Rußland) Kolomenskaja 37, Wohn. 25.

Salzer, W. E., Dipl.-Ing., München, Destouchesstr. 38.

Sander, Siegfried, Obering., Charlottenburg, Tegelerweg 102 II.

Scelzo, Luigi, Oberstlt., Charlottenburg, Bismarckstr. 91/III.

Seddig, Dr., Privatdozent f. Physik a. d. Akademie Frankfurt a. M., Buchschlag b. Frankfurt a. M.

Seehase, Dr.-Ing., Berlin SO 36, Elsenstr. 1.

Seiferth, Reinhold, cand. ing., Dresden 27, Würzburgerstraße 42 b. Hochmuth.

Seppeler, Arnold, Ing., Stuttgart, Stitzenburgerstr. 4.

Seppeler, Ed., Dipl.-Ing., Neukölln-Berlin, Saalestr. 38.

Serno, Major a. D., Charlottenburg, Leonhardtstr. 5 II.

Siegert, Oberstlt. a. D., Charlottenburg 9, Bundesallee 12.

Siegroth, Eugen W. E., Düsseldorf-Oberkassel, Düsseldorferstraße 55.

Silverberg, P., Generaldirektor, Dr., Köln, Worringerstr. 18.

Simon, Aug. Th., Kirn a. d. Nahe.

Simon, H., Prof. Dr., Oberbibliothekar der Techn. Hochschule Charlottenburg, Berlinerstr. 171/2.

Simon, Robert Th., Kirn a. d. Nahe.

Simon, Th., Kirn a. d. Nahe.

Soden-Fraunhofen, Frhr. v., Dipl.-Ing., Friedrichshafen a. B., Zeppelinstr. 10.

Solff, Karl, Major a. D., Direktor d. Ges. »Telefunken«, Berlin-Wilmersdorf, Kaiserallee 156.

Somersalo, Arne, Major, Kommandeur der finnischen Luftstreitkräfte, Helsingfors (Finnland), »Brandö«.

Sommer, Robert, Ziviling., Charlottenburg, Waitzstr. 12.

Sommerfeldt, Korvettenkapitän a. D., Charlottenburg, Schlüterstr. 50.

Sonntag, Richard, Dr.-Ing., Privatdozent, Regierungsbaumeister a. D., Oberingenieur a. D., Beratender Ingenieur V. B. I., Friedrichshagen b. Berlin, Cöpenickerstr. 25.

Spiegel, Julius, Dipl.-Ing., Charlottenburg, Fredericiastr. 32.

Spieß, Rudolf, Darmstadt, Roßdorferstr. 78 II.

Spieweck, Bruno, Dr. phil., Grube Ilse (Nieder-Lausitz).

Springsfeld, Carl, Fabrikdirektor, Dipl.-Ing., Aachen, Fafnirwerke, A.-G.

Sprungmann, Fritz, Hauptmann a. D., Kaufmann, Charlottenburg, Suarezstr. 44.

Sultan, Martin, Dr. med. dent., Zahnarzt, Berlin-Schöneberg, Innsbruckerstr. 54.

Süring, R., Geh. Reg.-Rat, Prof. Dr., Vorsteher d. Meteorologischen Observatoriums, Potsdam, Telegrafenberg.

Schaffran, Karl, Dr.-Ing., Versuchsanstalt f. Wasser- und Schiffbau, Berlin NW 23, Schleuseninsel i. Tiergarten.

Schapira, Carl, Dr.-Ing., Direktor d. Ges. »Telefunken«, Berlin-Schöneberg, Innsbruckerstr. 38.

Schatzki, Erich, cand. ing., Darmstadt, Riedeselstr. 42 I.

Scheel, Ernst, Ziviling., Bremen, Häfen 64.

Scheffels, Ing., Geschäftsleiter d. Deutschen Flugtechnischen Vereinigung, Buenos-Aires, Casilla de Correo 1766.

Schellenberg, R., Dr.-Ing., Berlin W 50, Pragerstr. 27.

Scherle, Joh., Kommerzienrat, Direktor der Ballonfabrik Riedinger, Augsburg, Prinzregentenstr. 2.

Scherschevsky, Alexander, stud. ing. et phil., Berlin-Schöneberg, Stübbenstraße 10.

Scherz, Walter, Ing., Friedrichshafen a. B., Seestr. 75.

Scheubel, N., stud. ing., Techn. Hochschule Aachen, Aerodynamisches Institut.

Scheuermann, Erich, Dipl.-Ing., Geschäftsführer der Udet-Flugzeugbau G. m. b. H., München, Rosenheimerstr. 249.

Scheurlen, Heinz, Polizeihauptmann, Stettin, Birkenallee 19 I.

Scheve, Götz v., Hauptmann a. D., Berlin-Lankwitz, Alsheimerstr. 4.

Schilhansl, Max, Dipl.-Ing., München, Schleißheimerstr. 87 II.

Schiller, Ludwig, Dr., Leipzig, Linnéstr. 5.

Schinzinger, Reginald, Junkerswerke, Dessau.

Schleinitz, Hans Frhr. v., Dr.-Ing., Berlin-Schlachtensee, Heinrichstr. 9a.

Schleusner, Arno, Dipl.-Ing., Köln, Herzogstr. 9.

Schließler, A., Ing., Charlottenburg, Droysenstr. 2.

Schlink, Prof. Dr.-Ing., Darmstadt, Olbrichsweg 10.

Schlotter, Franz, Ing., Dessau, Friedenskenstr. 55c.

Schlotter, Fr., München, Kaiserstr. 47.

Schmid, C., Dr.-Ing., Friedrichshafen a. B., Geigerstr. 3.

Schmiedel, Dr.-Ing., Berlin W 62, Lutherstr. 18.

Schmidt, Arthur, Lt., Magdeburg, Bötticherstr. 28 III.

Schmidt, Georg, Ing., Berlin-Johannisthal, Moltkestr. 22.

Schmidt, K., Prof. Dr., Halle a. S., Am Kirchtor 7.

Schmidt, Richard Carl, Verlagsbuchhändler, Berlin W 62, Lutherstr 14.

Schmidt, Werner, Dipl.-Ing., Dozent f. Flugzeugbau a. Kyffh. Technikum, Frankenhausen a. Kyffh., Minna Hankelstr. 15.

Schneider, Franz, Direktor der Franz Schneider Flugmaschinenwerke, Berlin-Wilmersdorf, Konstanzerstr 7.

Schneider, Helmut, cand. ing., Pforzheim, westl. Karl Friedrichstr. 29.

Scholler, Karl, Dipl.-Ing., Hannover, Heinrichstr. 52.

Schoeller, Arthur, Hauptmann a. D., Berlin-Schöneberg, Bayer. Platz 4 III.

Schramm, Hans, Ing., Dessau/Ziebigk, Marienstr. 5.

Schreiner, Friedrich W., Ing., Köln-Deutz, Karlstr. 46.

Schrenk, Martin, Dipl.-Ing., Sindelfingen, Wttbg., Daimlerwerke.

Schroeder, Joachim v., Polizeimajor und Chef der Ordnungspolizei, Kommandeur der Luftaufsicht, Hamburg, Hasselbrookstr. 19 I.

Schröder, Joseph, Oberingenieur, Erfurt.

Schroer, A., Ing., Charlottenburg, Stuttgarterplatz 10 a.

Schrüffer, Alexander, Rechtsanwalt Dr., Berlin-Neutempelhof, Mussehlstr. 22.

Schubart, Erich, Amtsgerichtsrat, Dr., Berlin-Charlottenburg, Fredericiastr. 7.

Schubert, Rudolf, Dipl.-Ing., Berlin-Friedrichshagen, Seestraße 63.

Schüler, Max, Ing., Osnabrück-Netterheide.

Schultz, Ortwin v., Kaufmann, Hamburg, An der Alster 1.

Schumann, Herbert, Versicherungsbeamter, Leipzig-R., Oststr. 2.

Schurig, R., Bremen, Contrescarpestr. 162.

Schüttler, Paul, Direktor der Pallas-Zenith-Gesellschaft, Charlottenburg, Wilmersdorferstr. 85.

Schwager, Otto, Dipl.-Ing., Charlottenburg, Friedbergstr. 24.

Schwartzenfeldt, Ottokar Kracker v., Techn. Postinspektor im Reichspostministerium, Berlin-Lichterfelde, Berlinerstraße 175.

Schwarz, Robert, Dipl.-Ing., Dessau, Marienstr. 18.

Schwarz, Walter, Leutnant, Görlitz, Trotzendorffstr. 10.

Schwarzenberger, Hauptmann a. D., i. Fa. Vermos A.-G., Cassel-Rettenhausen.

Schwengler, Johannes, Obering., Berlin-Friedenau, Hertelstraße 11.

Schwerin, Edwin, Dr.-Ing., Privatdozent, Berlin-Halensee, Paulsbornerstraße 10.

Stadie, Alfons, Dipl.-Ing., Obering., Düsseldorf, Hotel Germania, Bismarckstraße.

Stahl, Friedrich, Hauptmann, Cassel, Nebelthaustr. 12.

Stahl, Karl, Obering., Friedrichshafen a. B., Seestr. 37.

Staiger, Ludwig, Ing., Spandau, Beyerstr. 3.

Starke, Rudolf, Oblt. z. S. a. D., stud. ing., Dresden, Nürnbergerstr. 28.

Steffen, Major a. D., Berlin W 50, Tauentzienstr. 14.

Steigenberger, Otto, Dipl.-Ing., München, Arcisstr. 39.

Steinen, Carl von den, Marinebaurat, Dipl.-Ing., Hamburg, Erlenkamp 8.

Steinmetz, Alexander, Kaufmann, Baden-Baden, Langestraße 144.

Stempel, Friedrich, Oberstleutnant a. D., Schachen/Bodensee, Landhaus Giebelberg.

Stieber, W., Dr.-Ing., Amberg (Oberpfalz).

Stoeckicht, Wilh., Dipl.-Ing., München-Solln, Erikastr. 3.

Stöhr, Werner, Dipl.-Ing., Leipzig, Plösnerweg 2.

Straubel, Prof. Dr. med. et phil. h. c., Jena, Botzstr. 10.

Stuchtey, Karl, Dr., Universität Marburg, Savignystr. 11 I.

Stuckhardt, Herbert, Oblt. a. D., Berlin W 15, Pfalzburgerstraße 12.

Student, Kurt, Hauptmann, Berlin-Pankow, Florastr. 89.

Stumpf, Paul, Obering., Breslau, Kaiser Wilhelmstr. 161 II.

Tempel, Heinz, Dipl.-Ing., Charlottenburg, Schillerstr. 37/38.

Tetens, Otto, Prof. Dr., Observator, Lindenberg, Kreis Beeskow, Observatorium.

Theis, Karl, Dipl.-Ing., Halberstadt, Hohenzollernstr. 19 II.

Thelen, Robert, Dipl.-Ing., Hirschgarten b. Friedrichshagen-Berlin, Eschenallee 5.

Thierauf, Adam, Ing., Fabrikbesitzer, Hof i. Bayern, Vorstadt 20.

Thilo, Daniel, Ministerialrat, Berlin-Halensee, Halberstädterstraße 4/5.

Thoma, Dieter, Prof. Dr.-Ing., München, Prinzregentenstr. 10.

Thomas, Hauptmann a. D., Breslau, Kleinburgstr. 28.

Thomas, Erik, cand. mach., Darmstadt, Landwehrstr. 4 pt.

Thomsen, Otto, Dipl.-Ing., Ziebigk b. Dessau, Luisenstr. 21 I.

Thüna, Frhr. v., Daimler Motoren-Ges., Berlin NW 7, Unter den Linden 50/51.

Tischbein, Willy, Direktor d. Continental-Caoutchouc und Guttapercha Comp., Hannover, Vahrenwalderstr. 100.

Töpfer, Carl, Ing., Dessau, Bismarckstr. 13.

Törppe, Ernst, Ing., Berlin SW 29, Zossenerstr. 53.

Trefftz, E., Prof. Dr., Dresden, Nürnbergerstr. 31 I.

Tritschler jr., Eugen, Kaufmann, Liegnitz, Dovestr. 29.

Tschoeltsch, Leutnant, Dresden-N., Waldschlößchenstr. 8.

Tschudi, Georg v., Major a. D., Berlin-Schöneberg, Apostel Paulusstr. 16.

Udet, Ernst, Oblt. a. D., München, Wiedenmayerstr. 46.

Unger, Willy, Dipl.-Ing., Berlin O 17, Gr. Frankfurterstr. 6.

Ursinus, Oskar, Ziviling., Frankfurt a. M., Bahnhofsplatz 8.

Veiel, Georg Ernst, Dr. jur. et rer. pol., Rittm. a. D., Dessau, Kaiserplatz 21.

Vietinghoff-Scheel, Karl Baron v., Berlin W 10, Tiergartenstr. 16.

Vogt, Richard, Dr.-Ing., Einsingen b. Ulm a. Donau.

Voigt, Eduard, cand. mach., Hannover, Gr. Packhofstr. 38/II.

Voß, Rudolf, Bremen, Hornerstr. 78.

Wagenführ, Felix, Oberstlt. a. D., Dir. d. Automobil-Verkehrs-u. Übungsstr. A.-G., Berlin W 10, Friedrich Wilhelmstr. 18.

Wagner Edler v. Florheim, Nikolaus, Major, Krems a. d. Donau, N.-Österr., Austr. 13.

Wagner, Reinhold, stud. mach., Darmstadt, Ballonplatz 10/III.

Wagner, Rud., Dr., Hamburg, Bismarckstr. 105.

Waitz, Hans, Generalmajor a. D., Frankfurt a. M., Robert Mayerstr. 2.

Walter, M., Direktor des Norddeutschen Lloyd, Bremen, Lothringerstr. 47.

Wankmüller, Romeo, Direktor, Berlin W 15, Kurfürstendamm 74.

Wassermann, B., Patentanwalt, Dipl.-Ing., Berlin SW 68, Alexandrinenstr. 1 b.

Weber, M., Prof. a. d. Techn. Hochschule Charlottenburg, Berlin-Nikolassee, Lückhoffstr. 19.

Wegener, Kurt, Prof. Dr., Staaken b. Spandau, Flugplatz, Flugstelle des Observatoriums Lindenberg.

Weidner, Generalleutnant a. D., Chef des Reichsamtes für Landesaufnahme, Berlin NW 40, Moltkestr. 4.

Weinschenk, Helmuth, Oberlt., Berlin NW 7, Prinz Louis Ferdinandstr. 2/II.

Welß, Alfred, Kaufmann, Breslau, Ernststr. 9.

Wendt, Fritz, Dipl.-Ing., Berlin-Neukölln, Thiemannstr. 15.

Wenke, Helmuth, Ing., Dessau, Boelckestr. 1/II.

Wentscher, Bruno, Hauptm. a. D., Redakteur a. Berl. Lokalanzeiger, Berlin W 62, Courbierestr. 4 bei Möllhausen.

Werner, Fritz, Kaufmann, Breslau 13, Sadowastr. 35.

Westphal, Paul, Ing., Berlin-Dahlem, Altensteinstr. 33.

Weyl, Alfred Richard, Ing. der Deutschen Versuchsanstalt für Luftfahrt-Adlershof, Charlottenburg, Kaiserdamm 4.

Wiechert E., Geheimrat Prof. Dr., Göttingen, Herzberger Landstr. 180.

Wiener, Otto, Prot. Dr., Direktor des Physik. Instituts der Universität Leipzig, Linnéstr. 5.

Wieselsberger, C., Dr.-Ing., Abteilungsleiter der Modell-Versuchsanstalt Göttingen, Reinhäuser Landstr. 53.

Wigand, Albert, Dr., Prof. a. d. Universität Halle, Halle a. S., Kohlschütterstr. 9.

Wilamowitz-Moellendorf, Hermann v., Hauptm. a. D., Charlottenburg, Eichenallee 12.

Willmann, Paul, Fabrikbesitzer, Berlin SW 61, Blücherstr. 12.

Winter, Hermann, cand. ing., Charlottenburg, Nehringstr. 5.

Wirsching, Jakob, Ing., Stuttgart-Gablenberg, Gaishämmerstr. 14.

Wischer, Marinebaumeister, Zehlendorf Wsb.-Mitte, Neuestraße 27.

Wolf, Heinrich, Kaufmann, Leipzig, Löhostr. 21.

Wolff, E. B., Direktor, Dr., Amsterdam, Marinewerft.

Wolff, Ernst, Major a. D., Dipl.-Ing., Direktor, Berlin-Lichterfelde-Ost, Bismarckstr. 7.

Wolff, Hans, Dr. phil., Breslau VIII, Rotkretscham.

Wolff, Harald, Obering. d. Siemens-Schuckert-Werke, Charlottenburg, Niebuhrstr. 57.

Wolff, Jakob, Hamburg, Gr. Bleichen 23/IV.

Worobieff, B., Ing., Moskau, Strastnoy, Boulevard Nr. 6, Wohn. 1.

Wronsky, Prokurist, Berlin-Lankwitz, Bruchwitzstr. 4.

Wulffen, Joachim v., stud. ing., Rittergut Walbruch, Macheim, Bez. Köslin.

Wüst, Wilhelm, Major a. D., Charlottenburg, Niebuhrstr. 58.

Zabel, Werner, cand. mach., Heidelberg, Schlierbach.

Zahn, Werner, Hauptmann a. D., Berlin W 15, Uhlandstr. 14/I.

Zehring, Arno, Dipl.-Kfm., Dessau, Junkerswerke, Hauptbureau Kaiserplatz 21.

Zeyssig, Hans, Dipl.-Ing., Potsdam, Viktoriaallee 62.

Zimmer-Vorhaus, Major, Führer der Luftpolizei Breslau, Breslau, Palmstr. 28.

Zindel, Ernst, Dipl.-Ing., Dessau, Ruststr. 3, bei Ahrendt.

Zinke, Konrad, Fabrikbesitzer, Meißen 3 i. Sa., Zündschnurfabrik.

Zoller, Johann, Oberbaurat, Wien IX/2, Severingasse 7.

d) Außerordentliche Mitglieder:

Aero-Club von Deutschland, Berlin W 35, Blumeshof 17.

Albatros-Gesellschaft für Flugzeugunternehmungen m. b. H., Berlin-Johannisthal, Flugplatz.

Argentinischer Verein Deutscher Ingenieure, Buenos-Aires, Moreno 1059.

Argus-Motoren-Gesellschaft m. b. H., Berlin-Reinickendorf.

Bahnbedarf Aktiengesellschaft, Darmstadt.

Bayerische Motoren-Werke A.-G., München, Schleißheimerstraße 288.

Bayerische Rumpler-Werke A.-G., Augsburg.

Bayrischer Fliegerclub E. V., München, Residenzstr. 27.

Benz & Cie., Mannheim.

Berliner Verein für Luftschiffahrt E. V., Berlin W 30, Nollendorfplatz 3.

Bremer Verein für Luftfahrt E. V., Bremen, Bahnhofstr. 35.

Casparwerke m. b. H., Travemünde. (Berlin-Schöneberg, Meranerstr. 2.)

Chemische Fabrik Griesheim-Elektron, Frankfurt a. M.

Chemisch-Technologische Reichsanstalt, Berlin, Postamt Plötzensee.

Danziger Verein für Luftfahrt, Danzig, Danzig-Langfuhr, Hermannshöferweg 5.

Deutsche Flugtechnische Vereinigung, Buenos-Aires, Calle Samiento 643, Postfach: Casilla de Correo 1766.

Deutsche Luft-Reederei, Berlin NW 7, Sommerstr. 4.

Deutsche Versuchsanstalt für Luftfahrt E. V., Adlershof.

Deutscher Lloyd-Flugzeugwerke G. m. b. H., Berlin-Johannisthal, Sternstr. 4.

Deutscher Luftfahrt-Verband, Ortsgruppe Hof E. V., Hof i. B.

Dornier-Metallbauten G. m. b. H., Friedrichshafen a. B.-Seemoos.

Drustvo Jugoslavenski Technicara, Praha, Prag, Stepanska 40, C. S. R.

Fahrzeugwerke Rex G. m. b. H., Köln-Bickendorf.

Fick & Menzel, Bootswerft, Herrsching a. Ammersee.

Flensburg, Stadtgemeinde Flensburg.

Flugverein Münster E. V., Münster i. W., Eisenbahnstr. 9.

Gandenbergersche Maschinenfabrik Georg Goebel, Darmstadt, Mornewegstr. 77.

Gesellschaft für drahtlose Telegraphie m. b. H. (Telefunken), Berlin SW 11, Hallesches Ufer 12/14.

Hamburg-Amerika-Linie, Hamburg.

Hannoversche Waggonfabrik A.-G., Hannover-Linden.

Erich F. Huth, G. m. b. H., Berlin SW 48, Wilhelmstr. 130.

»Inag«, Internationale Aerogeodätische Gesellschaft, Danzig-Langfuhr, frühere Telegraphenkaserne, Kleinplatz.

Luftbild G. m. b. H. und Stereographik G. m. b. H., München, Sendlingertorplatz 1.

Luftfahrtsektion d. Königl. Ungarischen Handelsministeriums, Budapest I, Besci capu ter 4.

Luftfahrzeugbau Schütte-Lanz, Mannheim-Rheinau.

Luftfahrzeugbau Schütte-Lanz, Zeesen b. Königswusterhausen.

Luft-Fahrzeug-Gesellschaft m. b. H., Berlin W 62, Kleiststr. 8.

Luft-Verkehrs-Gesellschaft, Arthur Müller, Komm.-Ges., Berlin-Johannisthal, Großberliner Damm 102/104.

Maschinenfabrik Augsburg-Nürnberg A.-G., Augsburg.

Maybach-Motorenbau G. m. b. H., Friedrichshafen a. B.

Mehlig, J., Akt.-Ges., Zweigwerk Leipzig-Heiterblick vorm. Automobil-Aviatik A.-G., Leipzig-Heiterblick.

Mittelrheinischer Verein für Luftfahrt, Wiesbaden, Gutenbergplatz 3.

Nationale Automobil-Gesellschaft A.-G., Berlin-Oberschöneweide.

Optikon G. m. b. H., Berlin W 9, Leipzigerstr. 110/111.

Oertzwerke m. b. H., Hamburg 14, Freihafen.

Ostpreußischer Verein für Luftfahrt E. V., Königsberg i. Pr., Mitteltragheim 23.

Reichsamt für Landesaufnahme, Berlin NW 40, Moltkestr. 4.

Rohrbach-Metallflugzeugbau G. m. b. H., Berlin SW 68, Friedrichstraße 203.

Sablatnig-Flugzeugbau G. m. b. H., Berlin W 9, Bellevuestr. 5a.

Sächsischer Verein für Luftfahrt, Dresden, Seestr. 14.

Segelflugsektion der Technischen Hochschule, Wien IV, Karlsplatz 13.

Segelflugzeugwerke G. m. b. H., Baden-Baden, Langestr. 114.

Siemens & Halske A.-G., Blockwerk, Siemensstadt bei Berlin.

Società Anonima per lo Sviluppo dell'Aviazione in Italia, Mailand (Italien), Casella Postale 12—19.

Schiffbauabt. im Polytechnikum Petrograd Jasnovka (Rußland), Polytechnikum.

Stahlwerk Mark, Abteilung Breslau II, Teichstr. 21.

Verband Deutscher Flieger, Ortsgruppe Mähr.-Schönberg.

Verein Deutscher Motorfahrzeug-Industrieller, Berlin NW, Unter den Linden 12/13.

II. Satzung.

Neudruck nach den Beschlüssen der XI. Ordentlichen Mitglieder-Versammlung vom 17. bis 21. Juni 1922.

I. Name und Sitz der Gesellschaft.

§ 1.

Die am 3. April 1912 gegründete Gesellschaft führt den Namen »Wissenschaftliche Gesellschaft für Luftfahrt E. V.«. Sie hat ihren Sitz in Berlin und ist in das Vereinsregister des Amtsgerichtes Berlin-Mitte eingetragen unter dem Namen: »Wissenschaftliche Gesellschaft für Luftfahrt. Eingetragener Verein.«

II. Zweck der Gesellschaft.

§ 2.

Zweck der Gesellschaft ist die Förderung der Luftfahrt auf allen Gebieten der Theorie und Praxis, insbesondere durch folgende Mittel:

1. Mitgliederversammlungen und Sprechabende, an denen Vorträge gehalten und Fachangelegenheiten besprochen werden.
2. Herausgabe einer Zeitschrift sowie von Forschungsarbeiten, Vorträgen und Besprechungen auf dem Gebiete der Luftfahrt.
3. Stellung von Preisaufgaben, Anregung von Versuchen, Veranstaltung und Unterstützung von Wettbewerben.

§ 3.

Die Gesellschaft soll Ortsgruppen bilden und mit anderen Vereinigungen, die verwandte Bestrebungen verfolgen, zusammenarbeiten.

Sie kann zur Bearbeitung wichtiger Fragen Sonderausschüsse einsetzen.

III. Mitgliedschaft.

§ 4.

Die Gesellschaft besteht aus:

ordentlichen Mitgliedern,
außerordentlichen Mitgliedern,
Ehrenmitgliedern.

§ 5.

Ordentliche Mitglieder können nur physische Personen werden, die in Luftfahrtwissenschaft oder -praxis tätig sind, oder von denen eine Förderung dieser Gebiete zu erwarten ist; die Aufnahme muß von zwei ordentlichen Mitgliedern der Gesellschaft befürwortet werden.

Das Gesuch um Aufnahme als ordentliches Mitglied ist an den Vorstand zu richten, der über die Aufnahme entscheidet. Wird von diesem die Aufnahme abgelehnt, so ist innerhalb 14 Tagen Berufung an den Vorstandsrat (§ 17) statthaft, der endgültig entscheidet.

§ 6.

Die ordentlichen Mitglieder können an den Versammlungen der Gesellschaft mit beschließender Stimme teilnehmen und Anträge stellen, sie haben das Recht, zu wählen und können gewählt werden; sie erhalten die Zeitschrift der Gesellschaft kostenlos geliefert.

§ 7.

Ordentliche Mitglieder, die das 30. Lebensjahr vollendet haben, zahlen einen Jahresbeitrag von 300 Reichsmark, die das 30. Lebensjahr noch nicht vollendet haben, 100 Reichsmark. Der Beitrag ist vor dem 1. Januar des Geschäftsjahres

zu entrichten. Mitglieder, die im Laufe des Jahres eintreten, zahlen den vollen Betrag innerhalb eines Monats nach der Aufnahme. Erfolgt die Beitragszahlung nicht in der vorgeschriebenen Zeit, so wird sie durch Postauftrag oder Postnachnahme auf Kosten der Säumigen eingezogen.

Mitglieder, die im Auslande ihren Wohnsitz haben, zahlen den Beitrag nach Vereinbarung mit der Geschäftsstelle.

Der Vorstand wird ermächtigt, auf Antrag in Ausnahmefällen die Beiträge auf 100 Reichsmark festzusetzen.

§ 8.

Ordentliche Mitglieder können durch einmalige Zahlung von M. 5000 lebenslängliche Mitglieder werden. Diese sind von der Zahlung der Jahresbeiträge befreit.

§ 9.

Außerordentliche Mitglieder können Körperschaften, Firmen usw. werden, von denen eine Förderung der Gesellschaft zu erwarten ist; sie sind gleichfalls mit einer Stimme stimmberechtigt. Bei nicht rechtsfähigen Gesellschaften erwirbt ihr satzungsmäßiger oder besonders bestellter Vertreter die außerordentliche Mitgliedschaft.

Das Gesuch um Aufnahme als außerordentliches Mitglied ist an den Vorstand zu richten, der über die Aufnahme endgültig entscheidet.

§ 10.

Die außerordentlichen Mitglieder können an den Veranstaltungen der Gesellschaft durch einen Vertreter, der jedoch nur beratende Stimme hat, teilnehmen und auch Anträge stellen. Sie erhalten die Zeitschrift kostenlos geliefert.

§ 11.

Außerordentliche Mitglieder zahlen für das Geschäftsjahr einen Beitrag von mindestens 2000 Reichsmark, der gemäß § 7, Absatz 1, zu entrichten ist. Sie können durch einmalige Zahlung von 30.000 Reichsmark auf 30 Jahre Mitglied werden.

Für außerordentliche Mitglieder, die ihren Sitz im Ausland haben, gelten in bezug auf die Höhe des Beitrages gleichfalls die Vorschriften des § 7, Absatz 2.

Der Vorstand wird ermächtigt, auf Antrag in Ausnahmefällen die Beiträge auf 500 Reichsmark festzusetzen.

§ 12.

Ehrenmitglieder können Personen werden, die sich um die Zwecke der Gesellschaft hervorragend verdient gemacht haben. Ihre Wahl erfolgt auf Vorschlag des Vorstandes durch die Hauptversammlung.

§ 13.

Ehrenmitglieder haben die Rechte der ordentlichen Mitglieder und gehören überzählig dem Vorstandsrat (§ 17) an. Sie sind von der Zahlung der Jahresbeiträge befreit.

§ 14.

Mitglieder können jederzeit aus der Gesellschaft austreten[1]. Der Austritt erfolgt durch schriftliche Anzeige an den Vorstand; die Verpflichtung zur Entrichtung des laufenden Jahresbei-

---

[1] Nach Beschluß des Vorstandsrats vom 8. Januar 1921 ist der Austritt von Mitgliedern bis spätestens 30. November des laufenden Jahres anzumelden, andernfalls der Beitrag auch noch für das nächste Jahr zu zahlen ist.

trages wird durch den Austritt nicht aufgehoben, jedoch erlischt damit jeder Anspruch an das Vermögen der Gesellschaft.

§ 15.

Mitglieder können auf Beschluß des Vorstandes und Vorstandsrates ausgeschlossen werden. Hierzu ist dreiviertel Mehrheit der anwesenden Stimmberechtigten erforderlich. Gegen einen derartigen Beschluß gibt es keine Berufung. Mit dem Ausschluß erlischt jeder Anspruch an das Vermögen der Gesellschaft.

§ 16.

Mitglieder, die trotz wiederholter Mahnung mit den Beiträgen in Verzug bleiben, können durch Beschluß des Vorstandes und Vorstandsrates von der Mitgliederliste gestrichen werden. Hiermit erlischt jeder Anspruch an das Vermögen der Gesellschaft.

IV. Vorstand und Vorstandsrat.

§ 17.

An der Spitze der Gesellschaft stehen:
  der Ehrenvorsitzende,
  der Vorstand,
  der Vorstandsrat.

§ 18.

Der Ehrenvorsitzende wird auf Vorschlag des Vorstandes von der Hauptversammlung auf Lebenszeit gewählt.

§ 19.

Der Vorstand besteht aus drei Personen, dem Vorsitzenden und zwei stellvertretenden Vorsitzenden. Ein Vorstandsmitglied verwaltet das Schatzmeisteramt.

Der Vorsitzende kann gleichzeitig das Amt des wissenschaftlichen Leiters oder des Schatzmeisters bekleiden. Dann ist das dritte Vorstandsmitglied stellvertretender Vorsitzender.

§ 20.

Der Vorstand besorgt selbständig alle Angelegenheiten der Gesellschaft, insoweit sie nicht der Mitwirkung des Vorstandsrates oder der Mitgliederversammlung bedürfen. Er hat das Recht, zu seiner Unterstützung einen Geschäftsführer und sonstiges Personal anzustellen.

Der Vorstand regelt die Verteilung seiner Geschäfte nach eigenem Ermessen.

Urkunden, die die Gesellschaft für längere Dauer oder in finanzieller Hinsicht erheblich verpflichten, sowie Vollmachten sind jedoch von mindestens zwei Vorstandsmitgliedern zu unterzeichnen. Welche Urkunden unter diese Bestimmung fallen, entscheidet der Vorstand selbständig.

§ 21.

Der Vorstandsrat besteht aus mindestens 30, höchstens 35 Mitgliedern. Er steht dem Vorstand mit Rat und Anregung zur Seite. Seiner Mitwirkung bedarf:
  1. die Entscheidung über die Aufnahme als ordentliches Mitglied, wenn sie vom Vorstand abgelehnt ist,
  2. der Ausschluß von Mitgliedern und das Streichen von der Mitgliederliste,
  3. die Zusammensetzung von Ausschüssen (§ 3),
  4. die Wahl von Ersatzmännern für Vorstand und Vorstandsrat (§ 23).

§ 22.

Die Sitzungen des Vorstandsrates finden unter der Leitung eines Vorstandsmitgliedes statt. Der Vorstand beruft den Vorstandsrat schriftlich, so oft es die Lage der Geschäfte erfordert, mindestens aber jährlich einmal, ebenso, wenn fünf Mitglieder des Vorstandsrates es schriftlich beantragen. Die Tagesordnung ist, wenn möglich, vorher mitzuteilen. Der Vorstandsrat hat das Recht, durch Beschluß seine Tagesordnung abzuändern. Er ist beschlußfähig, wenn ein Mitglied des Vorstandes und mindestens sieben Mitglieder anwesend sind, bzw. wenn er auf eine erneute Einberufung hin mit der gleichen Tagesordnung zusammentritt. Er beschließt mit einfacher Stimmenmehrheit. Bei Stimmengleichheit entscheidet die Stimme des Vorsitzenden, bei Wahlen jedoch das Los.

§ 23.

Der Vorsitzende, die beiden stellvertretenden Vorsitzenden, sowie der Vorstandsrat werden von den stimmberechtigten Mitgliedern der Gesellschaft auf die Dauer von drei Jahren gewählt. Nach Ablauf eines jeden Geschäftsjahres scheidet das dienstälteste Drittel des Vorstandsrates aus; bei gleichem Dienstalter entscheidet das Los. Eine Wiederwahl ist zulässig.

Scheidet ein Mitglied des Vorstandes während seiner Amtsdauer aus, so müssen Vorstand und Vorstandsrat einen Ersatzmann wählen, der das Amt bis zur nächsten ordentlichen Mitgliederversammlung führt. Für den Rest der Amtsdauer des ausgeschiedenen Vorstandsmitgliedes wählt die ordentliche Mitgliederversammlung ein neues Mitglied.

Wenn die Zahl des Vorstandsrates unter 30 sinkt, oder wenn besondere Gründe vorliegen, so hat der Vorstandsrat auf Vorschlag des Vorstandes das Recht der Zuwahl, die der Bestätigung der nächsten Mitgliederversammlung unterliegt.

§ 24.

Der Geschäftsführer der Gesellschaft hat seine Tätigkeit nach den Anweisungen des Vorstandes auszuüben, muß zu allen Sitzungen des Vorstandes und Vorstandsrates zugezogen werden und hat in ihnen beratende Stimme.

§ 25.

Das Geschäftsjahr ist das Kalenderjahr.

V. Mitgliederversammlungen.

§ 26.

Die Mitgliederversammlung ist das oberste Organ der Gesellschaft; ihre Beschlüsse sind für Vorstand und Vorstandsrat bindend.

Zu den ordentlichen Mitgliederversammlungen lädt der Vorstand mindestens drei Wochen vorher schriftlich unter Mitteilung der Tagesordnung ein.

Zu außerordentlichen Mitgliederversammlungen muß der Vorstand zehn Tage vorher schriftlich einladen.

§ 27.

Die ordentliche Mitgliederversammlung soll jährlich abgehalten werden. Auf derselben haben wissenschaftliche Vorträge und Besprechungen stattzufinden. Im besonderen unterliegen ihrer Beschlußfassung:
  1. Die Entlastung des Vorstandes und Vorstandsrates (§ 24).
  2. Die Wahl des Vorstandes und Vorstandsrates.
  3. Die Wahl von zwei Rechnungsprüfern für das nächste Jahr.
  4. Die Wahl des Ortes und der Zeit für die nächste ordentliche Mitgliederversammlung.

§ 28.

Außerordentliche Mitgliederversammlungen können vom Vorstand unter Bestimmung des Ortes anberaumt werden, wenn es die Lage der Geschäfte erfordert; eine solche Mitgliederversammlung muß innerhalb vier Wochen stattfinden, wenn mindestens 30 stimmberechtigte Mitglieder mit Angabe des Beratungsgegenstandes es schriftlich beantragen.

§ 29.

Anträge von Mitgliedern zur ordentlichen Mitgliederversammlung müssen der Geschäftsstelle mit Begründung 14 Tage, und soweit sie eine Satzungsänderung oder die Auflösung der Gesellschaft betreffen, vier Wochen vor der Versammlung durch eingeschriebenen Brief eingereicht werden.

§ 30.

Die Mitgliederversammlung beschließt, soweit nicht Änderungen der Satzung oder des Zweckes oder die Auflösung der Gesellschaft in Frage kommen, mit einfacher Stimmenmehrheit der anwesenden stimmberechtigten Mitglieder. Bei Stimmengleichheit entscheidet die Stimme des Vorsitzenden; bei Wahlen jedoch das Los.

§ 31.

Eine Abänderung der Satzung oder des Zweckes der Gesellschaft kann nur durch Mehrheitsbeschluß von drei Vierteln der in einer Mitgliederversammlung erschienenen Stimmberechtigten erfolgen.

§ 32.

Wenn nicht mindestens 20 anwesende stimmberechtigte Mitglieder namentliche Abstimmung verlangen, wird in allen Versammlungen durch Erheben der Hand abgestimmt. Wahlen erfolgen durch Stimmzettel oder durch Zuruf. Sie müssen durch Stimmzettel erfolgen, sobald der Wahl durch Zuruf auch nur von einem Mitglied widersprochen wird.

Ergibt sich bei einer Wahl nicht sofort die Mehrheit, so sind bei einem zweiten Wahlgange die beiden Kandidaten zur engeren Wahl zu bringen, für die vorher die meisten Stimmen abgegeben waren. Bei Stimmengleichheit kommen alle, welche die gleiche Stimmenzahl erhalten haben, in die engere Wahl. Wenn auch der zweite Wahlgang Stimmengleichheit ergibt, so entscheidet das Los darüber, wer nochmals in die engere Wahl zu kommen hat.

§ 33.

In allen Versammlungen führt der Geschäftsführer eine Niederschrift, die von ihm und dem Leiter der Versammlung unterzeichnet wird.

VI. Auflösung der Gesellschaft.

§ 34.

Die Auflösung der Gesellschaft muß von mindestens einem Drittel der stimmberechtigten Mitglieder beantragt werden.

Sie kann nur in einer Mitgliederversammlung durch eine Dreiviertel-Mehrheit aller stimmberechtigten Mitglieder beschlossen werden. Sind weniger als drei Viertel aller stimmberechtigten Mitglieder anwesend, so muß eine zweite Versammlung zu gleichem Zwecke einberufen werden, bei der eine Mehrheit von drei Vierteln der anwesenden stimmberechtigten Mitglieder über die Auflösung entscheidet.

§ 35.

Bei Auflösung der Gesellschaft ist auch über die Verwendung des Gesellschaftsvermögens zu beschließen; doch darf es nur zur Förderung der Luftfahrt verwendet werden.

III. Kurzer Bericht über den Verlauf der XI. Ordentlichen Mitglieder-Versammlung vom 17. bis 21. Juni 1922.

Die XI. Ordentliche Mitglieder-Versammlung der WGL, welche die Teilnehmer diesmal in die alte Hanseatenstadt Bremen führte, erbrachte durch ihre außerordentliche Teilnehmerzahl den stärksten Beweis der Lebensnotwendigkeit der WGL für die deutsche Luftfahrt. Neben den zahlreichen führenden Persönlichkeiten der Wissenschaft und der Luftfahrzeugindustrie sah man als Vertreter des Auswärtigen Amtes Geheimrat v. Lewinski, des Reichsverkehrsministeriums Geh. Reg.-Rat Dr. Müller, des Reichsschatzministeriums Reg.-Rat Hartmann, des Reichspostministeriums Ministerialrat Thilo und des Senats der Stadt Bremen Senator Meyer. Der Deutsche Luftfahrt-Verband war durch seinen Vorsitzenden, Bürgermeister Dr. Buff, vertreten, der Aero-Club von Deutschland durch seinen Präsidenten Dr. Gradenwitz, der Verband Deutscher Luftfahrzeug-Industrieller durch Direktor Kasinger. Es braucht wohl nicht erwähnt zu werden, daß der Bremer Verein für Luftfahrt, der in dankenswerter Bereitwilligkeit seine Arbeit und Organisation der Geschäftsführung der WGL zur Verfügung gestellt hatte, fast vollzählig vertreten war. Auch hatte es sich der Generaldirektor des Norddeutschen Lloyd, Geheimrat Stimming, auf der Fahrt nach Helgoland-Norderney nicht nehmen lassen, seine Gäste persönlich zu begrüßen. Es würde an dieser Stelle zu weit führen, die Namen aller derjenigen aufzuführen, die vermöge ihrer Stellung und ihrer Verdienste in der deutschen Luftfahrt einen Anspruch darauf haben, genannt zu werden. Sie waren alle da.

Bereits am Vormittage des 17. Juni hatte sich der Vorstandsrat der WGL zu einer Sitzung im Verwaltungsgebäude des Norddeutschen Lloyd zusammengefunden, während die Tagung selbst durch einen Begrüßungsabend im Bacchussaal des Bremer Ratskellers eingeleitet wurde. Hier nahmen Bürgermeister Dr. Buff für den Deutschen Luftfahrt-Verband und den Bremer Verein für Luftfahrt sowie Senator Meyer für den Senat der Stadt Bremen Gelegenheit, der Wissenschaftlichen Gesellschaft für Luftfahrt in Bremen ein herzliches Willkommen zu bieten, indem sie dem Wunsche Ausdruck gaben, daß die bedeutende Tagung den besten Verlauf nehme und die innige Verbindung der jungen Luftfahrt mit der alten Hansastadt eine Förderung ihrer Wünsche und Bestrebungen sein möge. Geh.-Rat Schütte dankte für die überaus liebenswürdige Aufnahme und Begrüßung. Der deutsche Geist, der sich jetzt wieder in hervorragendem Maße bei den Hanseaten im Wiederaufbau der Handelsflotte zeigt, wird auch der deutschen Luftfahrt zu ihrem Wiederaufbau helfen. Ein vom Senat der Stadt den Mitgliedern und Gästen der WGL gereichter Ehrentrunk schloß die würdevolle Begrüßung.

An nächsten Tage wurde um 9 Uhr die XI. Ordentliche Mitglieder-Versammlung durch den 1. Vorsitzenden, Geh. Reg.-Rat Prof. Dr.-Ing. e. h. Schütte in der »Union« eröffnet. Nachdem er in anerkennenden Worten der mühevollen Arbeit der Gründer der WGL gedacht hatte, sprach er den zahlreichen Vertretern der Staats- und Kommunalbehörden, sowie der Luftfahrtvereine und allen Gästen den wärmsten Dank der WGL für ihr Erscheinen und das damit begründete Interesse an der Förderung der Luftfahrtwissenschaft aus. Senator Meyer gab der Freude der Stadt Bremen Ausdruck, die führenden Männer der deutschen Luftfahrt in ihren Mauern begrüßen zu können; auf dem Boden einer Stadt, die schon frühzeitig die Bedeutung des Luftfahrtwesens erkannt und das

größte Interesse an seiner Entwicklung hat. Hat doch die Stadt in dieser Erkenntnis einen Flughafen geschaffen, der wohl allen Anforderungen der Jetztzeit genügen wird. Bürgermeister Dr. Buff sprach als Präsident des Deutschen Luftfahrtverbandes sowie als Vorsitzender des Bremer Vereins für Luftfahrt und gedachte besonders der Bedeutung der Wissenschaftlichen Gesellschaft für die Industrie. Er gab seiner Freude Ausdruck, daß jetzt auch der Versuch gemacht wird, eine engere Fühlung zwischen der WGL und dem Deutschen Luftfahrt-Verband herbeizuführen.

Darauf erhielt Dr.-Ing. Rohrbach das Wort zu seinem Vortrag:

»Die Vergrößerung der Flugzeuge.«

Der Vortragende führte aus, daß die bisher fast ausschließlich angewendete alte Art der Vergrößerung von Flugzeugen dadurch gekennzeichnet wird, daß auch die großen Flugzeuge durchschnittlich die gleiche Flächenbelastung haben wie kleinere Flugzeuge. Die Hauptnachteile dieser alten Vergrößerungsart liegen darin, daß — wie zuerst Lanchester gezeigt hat — das Flugwerkgewicht bei Vergrößerung der Flugzeuge wesentlich rascher zunimmt als das Flugzeuggesamtgewicht. Diesem Nachteile ist man in der bisherigen Praxis bis zu einem gewissen Grade dadurch ausgewichen, daß man die großen Flugzeuge durchweg mit wesentlich größerer Leistungsbelastung, demgemäß geringerer Bausicherheit und mit dadurch wieder verhältnismäßig verkleinertem Flugwerkgewicht baute. Diese Maßnahme setzt aber — abgesehen davon, daß sie nur bis zu einem gewissen Höchstwert der Leistungsbelastung und einem entsprechenden Kleinstwert der Bausicherheit anwendbar ist — an Stelle des ebengenannten Nachteils der hohen Eigengewichte großer Flugzeuge nur zwei andere, nämlich die einer geringeren Geschwindigkeit und größeren Schwerfälligkeit großer Flugzeuge.

Alle Verhältnisse gestalten sich ganz anders und für die großen Flugzeuge wesentlich günstiger, wenn man an Stelle dieser alten Vergrößerungsart eine andere anwendet, welche dadurch gekennzeichnet ist, daß die Flächenbelastung im gleichen Verhältnis steigt, wie die Längenmaße.

Um dies zu beweisen, werden für beide Vergrößerungsarten die Veränderungen einander vergleichend gegenübergestellt, welche eine Erhöhung des Gesamtgewichtes in bezug auf folgende Punkte bewirkt: Eigengeschwindigkeit, Start und Landung, Steuerbarkeit, Kurvenflug, Böenempfindlichkeit, Flugwerkgewicht, Leistungsbedarf, Betriebsstoffverbrauch und zahlende Nutzlast für eine gewisse Flugstrecke, Anschaffungspreise für die Flugzeuge, Selbstkosten für die Beförderung eines Reisenden über eine gewisse Strecke. Diese Vergleiche zeigen teils in allgemeinen Überlegungen, teils in Formeln und teils in Zahlenbeispielen, daß Großflugzeuge, welche der neuen Vergrößerungsweise entsprechen, in allen genannten Punkten ebenso schweren Flugzeugen alter Art wesentlich überlegen sind. In fliegerischer Hinsicht liegt für die Praxis der größte Vorzug der neuen Vergrößerungsart gegenüber der alten in der höheren Geschwindigkeit, der leichteren Steuerbarkeit und der geringeren Wind- und Böenempfindlichkeit der so gebauten großen Flugzeuge. In wirtschaftlicher Beziehung sind im Vergleich zu gleichschweren Flugzeugen alter Art — neben der bedeutend kürzeren Reisezeit — vor allem der geringere Anschaffungspreis und die geringeren Selbstkosten für den Personenkilometer der Großflugzeuge neuer Art bemerkenswert. Es wird kurz daran erinnert, daß diese neue Vergrößerungsart bei ihrer ersten Anwendung an dem Staakener 1000 PS-Metalleindecker sehr befriedigende Ergebnisse lieferte.

Abschließend wird darauf hingewiesen, daß für eine Entwicklung zum hochbelasteten, schnellfliegenden Großflugzeug, wenn sie innerhalb der Grenzen der Zweckmäßigkeit erfolgt, neben den vorher genannten Vorteilen noch der Umstand spricht, daß man in so vielen anderen Zweigen der Technik in ähnlicher Weise große Einheiten, hohe Arbeitsgeschwindigkeiten und kleinste Ausmaße der Maschinen anstrebt. Die Hindernisse, welche sich auf allen Gebieten technischer Arbeit jeder solchen Entwicklung entgegenstellen, wurden überall nach und nach durch zweckmäßige Anordnungen und entsprechende Ausbildung der Einzelteile mehr und mehr überwunden. Deshalb darf auch der einzige Nachteil der Großflugzeuge neuer Art — ihre höhere Landungsgeschwindigkeit — den Fortschritt nicht aufhalten, sondern muß durch Verbesserung der Steuerbarkeit beim Ausschweben sowie durch geeignetere Fahrgestelle überwunden werden.

Dr. E. Everling sprach dann über

»Geschwindigkeitsgrenzen der Flugzeuge.«

»Fliegen heißt landen!« sagt Siegert. Aber Fliegen heißt auch schnell sein. Den baulichen Widerspruch zwischen großer Geschwindigkeit und guter Landefähigkeit auszugleichen, ist um so schwerer, weil die Anforderungen noch gar nicht festliegen und auch nur im Zusammenhang mit der Art des Landens und der Bodenorganisation zu bestimmen sind.

Der Vortrag beschränkt sich daher auf die Frage der erreichbaren Grenzgeschwindigkeiten und greift diese Aufgabe von verschiedenen Seiten an: Eine theoretische Grenze der Höchstgeschwindigkeit erhält man aus Betrachtungen des Strömungswiderstandes: über 1000 km/h. Nach dem heutigen Stande der Motortechnik ist etwa die Hälfte davon als obere Grenze zu betrachten. Die Höchstgeschwindigkeit, die bisher ein Flugzeug erreichte, ist 341 km/h, kommt der technischen Grenze also schon recht nahe.

Die Landegeschwindigkeit dagegen beträgt nach Modellversuchen mit den gebräuchlichen Tragflügelprofilen und geringer Flächenbelastung 53 bis 75 km/h, ist bei wirklichen Flugzeugen in wirbeliger Luft in Bodennähe noch etwas geringer, im Einklang mit der Erfahrung.

Den tatsächlichen Zusammenhang zwischen Schnelligkeit und Landefähigkeit gibt eine Statistik ausgeführter Flugzeuge in dimensionsloser Darstellung: Beide Grenzwerte hängen nicht nach einem strengen Gesetz zusammen, doch wird die Vermutung bestätigt, daß geringe Landegeschwindigkeit durch aerodynamische Verschlechterung erkauft werden muß.

Die Auswahl geeigneter Flügelschnitte zum Verbessern der Höchstgeschwindigkeit wird durch ein neuartiges, besonders einfaches Rechenblatt erleichtert, das eine Reihe von Zusammenhängen veranschaulicht und zu berechnen gestattet. Insbesondere ergibt es aus Flächen- und Leistungsbelastung die »Flugzahl«, das Verhältnis der Gleitzahl zur Wurzel aus dem Auftriebsbeiwert und damit den Punkt der Polare, bei dem geflogen wird. Bei der Wahl der Flächenbelastung ist die Landegeschwindigkeit zu berücksichtigen.

Die gewöhnlichen Flügelprofile geben selbst bei niedrigen Flächenbelastungen ziemlich hohe Landegeschwindigkeit. Luftbremsen und Umkehrschrauben setzen zwar die erforderliche Flugplatzgröße, nicht aber die Geschwindigkeit beim Berühren des Bodens herab. Verstellprofile geben geringe Vorteile, Faltflügel bringen nur kleinen Gewinn an Höchstgeschwindigkeit. Die meisten Aussichten scheint heute der Düsenflügel nach Lachmann zu haben, der von Handley-Page am Flugzeug erprobt und auch in der Göttinger aerodynamischen Versuchsanstalt am Modell durchgemessen wurde.

Das Endziel der Flugzeugtechnik, auf einem engbegrenzten Raum zu landen, bedarf aber ganz anderer Hilfsmittel. Vielleicht ist die Hubschraube, etwa als Schwenkschraube, berufen, hier zu helfen; doch erfordert das leichte Motoren und Getriebe.

Es folgte der Vortrag von Kapt. a. D. H. Boykow über

»Mittel für Navigierung von Luftfahrzeugen im Nebel.«

Der Vortragende gibt einen Überblick über zur Bekämpfung der Navigierungsschwierigkeiten im Nebel vorhandene Mittel und Möglichkeiten. Besonders hervorgehoben zu werden verdienen die ganz ungeahnten Möglichkeiten, die noch in der richtigen Anwendung des Kreisels in der Navigation schlummern. So besteht z. B. die Möglichkeit, unbeirrt durch Nacht und Nebel bei unbekannten Windverhältnissen und stundenlanger Ausschaltung jedweder Sicht doch an seinen Zielpunkt zu gelangen, und zwar unter alleiniger Benutzung von entsprechenden Kreiselinstrumenten.

Hervorgehoben zu werden verdienen auch die ganz ungeheuren Leistungen, beispielsweise der Optischen Anstalt C. P. Goerz, A.-G., Berlin-Friedenau, auf dem Gebiete der Scheinwerfertechnik, so daß es heute möglich ist, Scheinwerfersignale über direkt kosmische Entfernungen aufzunehmen. Der neue Goerz-Scheinwerfer mit zwei Milliarden Kerzen Lichtstärke könnte auf Monddistanz auf der Erde noch als Stern 6. Größe, also noch mit bloßem Auge, beobachtet werden.

Zum Schlusse widmet sich der Vortragende noch den Möglichkeiten, welche die elektrischen Wellen geben, sei es als funkentelegraphische Peilung, sei es als sogenanntes Lotsenkabel, d. i. eine Einrichtung, welche dem ohne Sicht fliegenden Flugzeug die Möglichkeit gibt, eine bestimmte Linie am Boden aufzufinden und längs dieser Linie fliegend, den Landungsplatz zu erreichen. In seinen Schlußworten betont der Vortragende, daß die Schwierigkeiten, welche mangelnde Sicht dem Luftverkehr gegenwärtig bereiten, sehr wohl beseitigt werden können.

Damit war die Vortragsreihe des ersten Tages erschöpft und die Teilnehmer der Tagung folgten der Einladung zur feierlichen Einweihung und Übergabe des neugeschaffenen Flughafens. Der Senat Bremen hat hiermit eine Anlage geschaffen, die seiner voraussehenden Verkehrspolitik alle Ehre macht und anderen Städten als Vorbild dienen kann. Ein Rundgang überzeugte, daß ohne Rücksicht auf die Kosten alles geschaffen wurde, um den Ansprüchen des Luftverkehrs in weitestem Maße gerecht zu werden. Neben zwei modernen Flugzeughallen, die jetzt ungefähr 15 Flugzeugen Unterkunft gewähren können, finden wir das Verwaltungsgebäude sowie gut eingerichtete Warteräume mit Wasch- und Umkleidegelegenheit. Für die Zollabfertigung sind ebenfalls besondere Räume vorgesehen. Eine den Hallen angegliederte Werkstatt bietet Gelegenheit für Reparaturen. Die Beförderung der Reisenden zwischen Stadtinnern und Flughafen ist durch eigene Kraftwagen sichergestellt. Das Gelände als solches ist so groß und günstig gewählt, daß auch bei ungünstigen Witterungsverhältnissen sicherste Landungsmöglichkeit gewährt ist.

Senator Meyer gab einen kurzen Überblick über die Geschichte des Flughafens und übergab den Hafen mit den besten Wünschen der Stadt Bremen der Flughafenbetriebsgesellschaft. Diese übernahm denselben, wobei Bürgermeister Dr. Buff seiner Freude darüber Ausdruck gab, die Mitglieder der WGL als Zeugen des denkwürdigen Augenblicks begrüßen zu können. Darauf sprach noch Direktor Jordan von der Lloyd-Luftdienst-G. m. b. H., der den Hafen in Gebrauch nimmt, indem er besonders auf die Bedeutung hinwies, die eine gute Bodenorganisation auf die Durchführung des Luftverkehrs hat. Der opferwillige, schöpferische und in die Zukunft sehende Geist des Senats und der Bürgerschaft Bremen wird voll anerkannt. Namens der Wissenschaftlichen Gesellschaft für Luftfahrt nahm dann Direktor Rasch Gelegenheit, den Dank derselben für die Teilnahme an dem bedeutenden Ereignis auszusprechen. Nach eingehender Würdigung der Bedeutung Bremens als Flughafen überbrachte er gleichzeitig den herzlichsten Glückwunsch der WGL.

Nach dem Eröffnungsakt war den Teilnehmern noch Gelegenheit geboten, moderne Verkehrsflugzeuge zu besichtigen und Rundflüge über die Stadt zu unternehmen.

Abends fand im Parkhaus das Festessen statt, an dem rund 800 Personen teilnahmen. In einer von Herzen kommenden Ansprache dankte der 1. Vorsitzende der WGL all denen, die an dem Zustandekommen und dem Gelingen der diesjährigen Tagung mitgearbeitet hatten. Seine weiteren Ausführungen gipfelten darin, daß einerseits die Luftfahrt zu den wichtigsten Faktoren der Wirtschaft und des Handels gehört und daß anderseits der regierende Kaufmann, der in Bremens Hanseatengeist verkörpert ist, für den Wiederaufbau unerläßlich ist. Die Grüße und Glückwünsche der Reichsregierung wurden im Namen aller Ministerien von Geh. Reg.-Rat Dr. Müller zum Ausdruck gebracht. Auch die Bremer Handelskammer würdigte durch ihren Präsidenten Joh. D. Volckmann die Bedeutung der Luftfahrt, auf welche bald wie in der Seeschiffahrt das altbekannte Wort »Navigare necesse est« Anwendung finden wird.

Der nächste Tag versammelte die Teilnehmer zu der Geschäftssitzung und weiteren Vorträgen wieder in der Union.

Aus dem Geschäftsbericht ist folgendes zu erwähnen:

Der Ehrenvorsitzende, Prinz Heinrich von Preußen hatte bedauert, der diesjährigen Tagung nicht beiwohnen zu können. Es wird ihm ein Telegramm geschickt.

Durch den Tod hat die WGL 3 Mitglieder zu beklagen: Direktor Reuter, Lt. Nielsen und Graf v. Sierstorpff. Der Mitgliederstand hat sich auf 650 erhöht.

Das Vermögen der Gesellschaft betrug am 31. Dezember 1920 M. 198 666,32 und am 31. Dezember 1921 M. 253 108,08.

Die Beiträge für das Jahr 1923 sind geändert und wie folgt festgelegt:

I. 1. für ordentliche Mitglieder . . . . . . M. 300
   und für solche, die das 30. Lebensjahr
   noch nicht vollendet haben . . . . . . » 100
   2. für außerordentliche Mitglieder . . . . » 2000
   3. Der Vorstand wird ermächtigt, auf Antrag in Ausnahmefällen die Beiträge der ordentlichen Mitglieder auf M. 100, der außerordentlichen Mitglieder auf M. 500 zu ermäßigen.

II. Ordentliche Mitglieder können durch einmalige Zahlung von M. 5000 die lebenslängliche Mitgliedschaft, außerordentliche durch Zahlung von M. 30 000 die Mitgliedschaft auf 30 Jahre erwerben.

Die Erhöhung dieser einmaligen Zahlung tritt sofort in Kraft.

III. Für das Jahr 1922 wird eine Umlage erhoben
   a) von den ordentlichen Mitgliedern in Höhe von M. 200 von denjenigen, für welche gemäß Beschluß I eine Ermäßigung des Beitrags vorgesehen ist, in Höhe von M. 50.
   b) von den außerordentlichen Mitgliedern in Höhe von M. 400 bzw. von M. 300 für diejenigen, für welche gemäß Beschluß I eine Ermäßigung eintreten kann.

Professor Berson erstattete Bericht über die Rechnungsprüfung, worauf dem Vorstand Entlastung erteilt wurde.

Als Ort für die nächste Tagung ist Berlin vorgeschlagen. Es liegt aber auch eine Einladung nach Gotha vor. Die Entscheidung wird dem Vorstand überlassen.

Darauf berichtete der Geschäftsführer, Hpt. a. D. Krupp, über die Tätigkeit in den einzelnen Kommissionen, woraus sich ein Bild über die umfangreiche Arbeit der WGL ergibt. Die Ergebnisse werden entweder in der ZFM, in Sonderheften oder in Spezialberichten niedergelegt und entsprechend verwendet.

Ganz besonders hat sich die WGL die Förderung des Segelflugwesens angelegen sein lassen. Es fanden verschiedene Sitzungen dieser Kommission, zu der auch Vertreter anderer Verbände und Gruppen herbeigezogen wurden, statt. Die WGL hat auch in diesem Jahre den Ehrenschutz über den Rhön-Segelflug-Wettbewerb 1922 übernommen. Dem Reichsverkehrsministerium wurde eine Denkschrift für Unterstützung des Segelfluges eingereicht: daraufhin wurden Mittel für die Bodenorganisation bewilligt. Auch an den weiteren Ausschreibungen für Segelflugwettbewerbe hatte sich die WGL hervorragend beteiligt, so bei dem Industriepreis, dem Kotzenberg-Hochschul-Wanderpreis und dem Preis des Deutschen Luftfahrt-Verban-

des. Die Durchführung des diesjährigen Rhön-Segelflug-Wettbewerbes findet unter praktischer Mithilfe der WGL statt. Angeregt wurde ferner gelegentlich dieses Wettbewerbes ein Sprechabend in der Rhön.

Es wurde dann noch berichtet über die Beihefte der ZFM. Deren Drucklegung ist so teuer geworden, daß die kostenlose Überlassung an die Mitglieder nur durch Zuschüsse interessierter Verbände und Firmen möglich ist. Für diese Unterstützung der Wissenschaft wurde besonders gedankt. Die nächsten Beihefte versprechen hochwichtiges und wertvolles Material zu den augenblicklich brennendsten Fragen.

Die terminmäßig ausscheidenden Vorstands- und Vorstandsratsmitglieder wurden wiedergewählt. Neu hinzu tritt Direktor Kasinger vom Verband Deutscher Luftfahrzeug-Industrieller.

Nach Abschluß des geschäftlichen Teils werden die Vorträge fortgesetzt.

Zuerst sprach Dr. R. Wagner über

»Die Dampfturbine im Luftfahrzeug.«

Vor Einführung des leichten Explosionsmotors waren ebenso wie im Kraftwagenbau auch in der Luftfahrt Bestrebungen im Gange, den Dampf als Antriebskraft zu benutzen. Der bekannteste Versuch auf diesem Gebiet ist der von Hiram Maxim vor rd. 30 Jahren mit einer auf ein flugzeugartiges Gebilde eingebauten rd. 300 pferdigen Kolbendampfmaschine. Naturgemäß mußten diese Bestrebungen wegen des damaligen hohen Gewichtes und Dampf- und Brennstoffverbrauchs, ferner der mangelhaften Werkstattechnik gegenüber dem sich rasch entwickelnden Leichtmotor aussichtslos bleiben. Auch in neuerer Zeit haben flugtechnische Fachleute an der Möglichkeit der Konkurrenzfähigkeit einer Dampfanlage gegenüber einem Benzinmotor für Luftfahrtzwecke gezweifelt und hauptsächlich in der Annahme, daß einerseits bei einer Dampfanlage nicht dasselbe niedrige Gewicht und der geringe Brennstoffverbrauch wie bei einem Motor erzielt werden könne, anderseits aber der Flugwiderstand des luftgekühlten Kondensators wegen des je PS mehrfach höheren an die Luft abzuführenden Wärmebetrages das Flugzeug nicht dieselben Flugleistungen wie ein Motorflugzeug erreichen könne. Durch jahrelange eingehende Beschäftigung mit der vorliegenden Frage, zuletzt unter Mitarbeit eines größeren Konstruktionsbureaus ist es dem Vortragenden unter Benutzung einer von ihm entwickelten leichten Hochspannungs-Dampfturbinenanlage gelungen, alle die bisher gegen den Dampfbetrieb vorgebrachten Bedenken zu entkräften. An Hand eines rechnerischen Vergleiches wies Dr. Wagner zunächst darauf hin, daß infolge der prinzipiellen Eigenschaften des Dampfantriebes, einerseits in großer Höhe dieselbe Leistung wie am Boden zu erzielen, ferner daß die Anlage für kürzere Zeit bis zu rd. 30 vH überlastet werden könne, das dampfbetriebene Flugzeug unter günstigen Bedingungen bereits ohne Forcierung etwa die dreifache Gipfelhöhe als ein normales Motorflugzeug und anderseits viel höher als dieses belastet werden könne, so daß Gewicht der Maschinenanlage, Brennstoffverbrauch je PS und Stunde und Kondensatorwiderstand bei einem Turbinenflugzeug nicht die Rolle spielen, als man diesen Faktoren bisher beigemessen hat. Durch systematische Versuche mit luftgekühlten Kondensatoren und eingehende konstruktive Durcharbeit aller Einzelheiten hat übrigens der Vortragende die betreffenden Werte auf praktisch durchaus zulässige und mit den heutigen Motoren vergleichbare Ziffern herabgedrückt. Der Dampfantrieb hat dafür aber gegenüber dem Benzinmotor die wesentlichen Vorteile voraus, daß er einerseits einen heute um ca. 5—6 mal billigeren Brennstoff, nämlich Teeröl, Masut u. dgl. verbrennen kann und anderseits eine größere Betriebssicherheit und Lebensdauer als die schnelllaufenden, sich rasch abnützenden Benzinmotoren besitzt, so daß auf Grund dieser die Wirtschaftlichkeit des Luftverkehrs wesentlich beeinflussenden Faktoren dem Dampfantrieb noch eine große Zukunft, besonders in der Großluftfahrt bevorsteht. Im weiteren Gange seines Vortrages führte Dr. Wagner an Hand von Lichtbildern einige typische Einzelheiten seiner Konstruktionen für einige größere Anlagen vor, wobei er für den Dampferzeuger einen besonders geschickt durchgebildeten Hochspannungs-Wasserröhrenkessel mit nachgeschaltetem Dampfüberhitzer, Speisewasser- und Luftvorwärmer benützt, während die Turbine als sogenannte Aktionsturbine mit Drehzahlen bis zu rd. 25—30 000 je min bei der Hochdruckstufe durchgebildet ist. Durch ein zweistufiges Rädergetriebe werden diese dann auf eine für den Propeller oder die anzutreibende Arbeitsmaschine passende Drehzahl herabgesetzt. Auch die bei einer Dampfanlage benötigten Nebeneinrichtungen, wie Speisepumpe, Kesselgebläse usw sind äußerst sinnreich durchgebildet, um geringstes Gewicht und höchste Wirtschaftlichkeit zu erzielen. Die in dieser Hinsicht von dem Vortragenden erreichten, für eine Dampfanlage erstaunlich geringen Ziffern geben die Möglichkeit, wie Dr. Wagner an einigen Beispielen zeigte, den neuen Antrieb außer für Flugzeuge, Luftschiffe oder Schraubenflugzeuge bis zu den größten Abmessungen in sinngemäßer Anpassung mit großem Vorteil auch für eine Reihe anderer, zum Teil ganz neuer Verkehrs- oder Kraftzwecke zu verwenden, wie z. B. Schwebeschnellbahnen bis zu rd. 300 km/h, Lokomotiven, Lokomobilen, Propellerantrieb bei mittleren Schiffen, ortsfeste Kraftanlagen usw. Angestellte Rentabilitätsrechnungen haben gezeigt, daß für letztere beiden Zwecke sogar gegenüber dem Dieselmotor geringere jährliche Betriebskosten entstehen. Der vom Redner vorgeschlagenen Dampfanlage in ihrer hochentwickelten Form dürfte daher infolge ihrer vielseitigen Verwendungsmöglichkeit gerade für die jetzigen Verhältnisse für das Wirtschaftsleben sehr wichtige Bedeutung zukommen.

Zum Schluß sprach Professor v. Kármán über

»Das Schraubenflugzeug.«[1]

Die Versuche, ein Flugzeug zu schaffen, welches imstande ist, an Ort und Stelle sich zu erheben und wieder zu landen, sind eigentlich noch älter als die ersten Drachenflugzeuge. Um einen brauchbaren Schraubenflieger zu bauen, sind hauptsächlich drei Aufgaben zu lösen: genügender Auftrieb, Stabilität und ausreichendes Gleitvermögen, um im Falle eines Motordefektes die Landung zu ermöglichen.

Die Frage des Auftriebs ist sowohl theoretisch als durch praktische Versuche vollständig geklärt. Das Schraubenflugzeug ist in dieser Hinsicht als Verkehrsmittel zwar dem Drachenflugzeug unterlegen, falls jedoch eine sehr geringe Minimalgeschwindigkeit oder sogar ein Schweben an Ort und Stelle wie z. B. für Beobachtungszwecke, gefordert wird, so hat der Schraubenflieger großen Vorteil.

Die Frage der Stabilität macht viel größere Schwierigkeit und ist bisher nur durch das System des Vortragenden und seiner Mitarbeiter für gefesselte Schraubenflieger gelöst worden.

Das ausreichende Gleitvermögen geht allen bisherigen Schraubenfliegern ab. Der Vortragende illustrierte seine Ausführungen außer Lichtbildern mit einfachen Modellversuchen, ferner berichtete er eingehend über den Schraubenfesselflieger Petroczy-Karman-Zurovec, welcher im Auftrag der Österreichisch-Ungarischen Heeresverwaltung während des Krieges gebaut wurde und bis jetzt die größten Erfolge bezüglich Steighöhe und Schwebedauer erreichte.

Die Vorträge waren, wie stets, durch Lichtbilder und praktische Vorführungen wirksam unterstützt. Besonders verdient bemerkt zu werden, daß in diesem Jahre die Zahl der Vorträge zugunsten eines größeren Zeitraumes für die Aussprache be

[1] Die Ausführungen des Vortrages von Prof. v. Kármán sind bereits im Heft 24 der ZFM vom 31. Dezember 1921 (Schraubenflieger-Sonderheft) veröffentlicht worden.

schränkt wurde. Dies wurde in den Fachkreisen dankbar anerkannt und es muß festgestellt werden, daß von der Gelegenheit auch reichlich Gebrauch gemacht wurde. Man konnte eine Fülle neuer Gedanken und Anregungen mit nach Hause nehmen, deren Auswertung dem gemeinsamen Ziel »wissenschaftliche Förderung der deutschen Luftfahrt« zugute kommt.

Mit den Vorträgen schloß der wissenschaftliche Teil der Tagung. Die Versammlung ließ es sich nicht nehmen, dem Vorstand, Geh.-Rat Schütte, Oberstlt. a. D. Wagenführ und Professor Prandtl sowie dem Geschäftsführer, Hptm. a. D. Krupp, durch Professor Berson den herzlichsten Dank der Gesellschaft auszusprechen.

Anschließend fanden Besichtigungen der Aktiengesellschaft Weser sowie des Städtischen Museums für Völkerkunde statt.

Für die Damen, die an der Tagung teilnahmen, war durch besondere Veranstaltungen gesorgt. Es fand am ersten Tage eine Besichtigung und Führung durch den wundervollen Bürgerpark statt, an welchen sich ein ausgezeichnetes Frühstück in der Meierei anschloß. Am folgenden Tage war den Damen Gelegenheit zur Besichtigung der Weser-Werke, Kakao und Schokolade A.-G., und der Leopold Engelhardt G. m. b. H., Zigarettenfabrik, gegeben.

Der nächste Tag fand dann die Teilnehmer der Tagung zu der Fahrt von Bremen nach Bremerhaven und von dort mit dem Bremer Dampfer »Grüß Gott« über Helgoland nach Norderney zusammen.

Man muß der Direktion des Norddeutschen Lloyd Dank wissen, daß sie durch ihre liebenswürdige Einladung und ihr Entgegenkommen diesen Abschluß der Tagung ermöglichte. Kurz vor der Abfahrt des Bäderdampfers konnte man noch das Einlaufen eines Ozeanriesen, des »George Washington«, bewundern. Ehemals deutsch, kehrte es jetzt unter amerikanischer Flagge in seinen Heimathafen zurück. Bei Helgoland ging der Bäderdampfer »Grüß Gott« vor Anker, und es war Gelegenheit gegeben, sich ausbooten zu lassen und das berühmte Eiland näher anzusehen. Gegen Abend war man nach einer ruhigen Seefahrt bei schönstem Wetter in Norderney, wo sich die Teilnehmer, wie zum letzten gemeinsamen Essen im Kurhaus versammelten. Dem Norddeutschen Lloyd, der seine Gäste durch Generaldirektor Stimming aufs herzlichste begrüßte, wurde durch Justizrat Hahn der Dank der WGL ausgesprochen: Die Luftfahrt fühle sich im Norddeutschen Lloyd in guten Händen. Bürgermeister Berghaus von Norderney gab der Überzeugung Ausdruck, daß Wissenschaft und Luftfahrt mit dazu berufen sind, Deutschland wieder aufzubauen.

Die Rückfahrt von Norderney ging wieder bei bestem Wetter vor sich.

Der Verlauf der elften ordentlichen Mitgliederversammlung der WGL hat wieder bewiesen, welch reges Interesse der deutschen Luftfahrt auch in weiteren Kreisen entgegengebracht wird. Wertvolle wissenschaftliche Vorträge bedeutender Männer, im Anschluß daran Aussprachen, in denen Wissenschaftler und Praktiker ihre Erfahrungen und Ideen der Allgemeinheit zugänglich machten und nicht zuletzt der rege persönliche Gedankenaustausch aller der Männer, die heute an der Weiterentwicklung der deutschen Luftfahrt arbeiten und hier auf neutralem Boden zusammen kommen, — das ist das Wesen und der Nutzen der Tagungen der WGL. Als eine der wertvollsten ist in dieser Beziehung die XI. Ordentliche Mitglieder-Versammlung in Bremen zu bezeichnen.

IV. Protokoll

über die geschäftliche Sitzung der XI. Ordentlichen Mitglieder-Versammlung am 19. Juni 1922
in der „Union" in Bremen, vormittags 9 Uhr.

Vorsitz: Geh. Reg.-Rat Prof. Dr.-Ing. e. h. Schütte.

Tagesordnung:

a) Bericht des Vorstandes (Geschäftsbericht, Rechnungslegung usw.),
b) Entlastung des Vorstandes und Vorstandsrates,
c) Neuwahl des Vorsitzenden,
d) Neuwahl der beiden stellvertretenden Vorsitzenden,
e) Neuwahl des Vorstandsrates,
f) Beitragserhöhung,
g) Wahl der Rechnungsprüfer,
h) Wahl des Ortes für die OMV 1923,
i) Verschiedenes.

Vorsitzender: Ich eröffne die heutige geschäftliche Sitzung der XI. Ordentlichen Mitglieder-Versammlung und erkläre sie für beschlußfähig.

Bericht des Vorstandes.

Vorsitzender: Unser Ehrenvorsitzender, Seine Königliche Hoheit Prinz Heinrich von Preußen, ist leider durch die Kieler Regatten an der Teilnahme an der diesjährigen Tagung verhindert.

Der Vorstandsrat hat beschlossen, an Seine Königliche Hoheit folgendes Telegramm abzusenden:

›Königliche Hoheit Heinrich Prinz von Preußen,
Hemmelmark Kiel.

Die Wissenschaftliche Gesellschaft für Luftfahrt, die mit 800 Teilnehmern tagt, sendet ihrem Ehrenpräsidenten ergebenste Grüße.

Der Vorsitzende: Schütte.‹

Am 17. Juni, vormittags 10 Uhr, hielt der Vorstandsrat seine Sitzung im Verwaltungsgebäude des Norddeutschen Lloyd ab. Herr Direktor Stadtländer hat den Vorstandsrat im Namen des Norddeutschen Lloyd auf das herzlichste begrüßt und ihn in seinem Gebäude willkommen geheißen. Ich habe als Vorsitzender unserer Gesellschaft den herzlichsten Dank für den freundlichen Empfang ausgesprochen? Der Norddeutsche Lloyd hat jedoch noch mehr getan. Er stellt der WGL in liebenswürdiger Weise einen Dampfer zur Fahrt nach Helgoland und Norderney zur Verfügung. Was Norddeutscher Lloyd und WGL verbinden, sind der zähe Hanseatengeist einerseits und der nicht minder zähe Luftfahrergeist andererseits.

Ich möchte Sie nun bitten, mir zu gestatten, dem Norddeutschen Lloyd telegraphisch die herzlichsten Glückwünsche zu dem Stapellauf des Dampfers ›Kolumbus‹, des zurzeit größten Passagierdampfers, auszusprechen:

›Präsident Heinecken, Elbing.

Die Wissenschaftliche Gesellschaft für Luftfahrt sendet die aufrichtigsten Glückwünsche zum Stapellauf des Kolumbus, den ein nie verzagender Hanseatengeist in den Weltverkehr als zurzeit größtes deutsches Schiff wieder einstellen wird.

Der Vorsitzende: Schütte.‹

Ist die Versammlung einverstanden, daß diese beiden Telegramme abgesandt werden? (Starker Beifall.) Aus Ihrer Kundgebung entnehme ich Ihr Einverständnis. Ich danke Ihnen.

Leider haben wir im verflossenen Geschäftsjahr den Tod dreier Mitglieder zu beklagen, der Herren Direktor Reuter

Rechnungsabschluß per 31. Dezember 1921.

Einnahmen:			Ausgaben:	
Bestand am 1. Januar 1921:			Gehälter . . . . M. 44315,10	
Bar: kleine Kasse M. 10126,32			Miete . . . . › 8963,70	
Bankkonto › 8540,— M. 18666,32			Bürobedarf . . . . › 11505,80	
Effekten M. 180000 z. K. v. 77,50 › 139500,— M. 158166,32			Porto . . . . › 2689,43	
Beiträge . . . . › 78889,74			Drucksachen . . . . › 5124,23	
Zinsen . . . . › 8474,30			Zeitschrift für Flugtechnik u. Motorluftsch. . › 19525,36	
Beihefte . . . . › 8705,84			Ordentliche Mitglieder-Versammlung . . › 22516,20	
Verschiedenes . . . . › 100602,92			Flugtechnische Sprechabende . . . . › 1292,20	
			Reisegelder . . . . › 9066,—	
			Verschiedenes . . . . › 17233,02	
			Bestand am 31. Dezember 1921:	
			Bar: kleine Kasse M. 24708,08	
			Bankkonto › 48400,— M. 73108,08	
			Effekten M. 180000 z. K. v. 77,50 › 139500,— › 212608,08	
		M. 354839,12		M. 354839,12

Nach den Büchern, Belegen und Summen geprüft und richtig befunden.

Berlin, den 21. März 1922.

A. Berson. C. Fehlert.

Der Schatzmeister:
Joh. Schütte.

Für die Richtigkeit der Abschrift:
Krupp.

von den Junkerswerken Dessau, Leutnant Nielsen aus Finnland, der auf einem Fluge abstürzte, und Graf von Sierstorpff. Ich glaube in Ihrem Sinne zu handeln, wenn ich Sie bitte, sich von den Sitzen zu erheben, um diese Toten zu ehren. (Geschieht.) Ich danke Ihnen.

Rechnungslegung.

Die Herren Prof. Berson und Patentanwalt Dipl.-Ing. Fehlert haben die Rechnungen geprüft und für richtig befunden. Der Stand am 31. Dezember 1921 war folgender:

Bar   M. 24 708,08
Kriegsanleihe » 180 000,— zum Kurs von 77,50.

Wir haben nun versucht, im Laufe des Jahres 1922 unsere Bilanz einigermaßen in Ordnung zu bringen. Vor allen Dingen haben wir in der gestrigen Vorstandsratssitzung beschlossen, die Beiträge zu erhöhen. Ich werde darauf später noch näher eingehen.

Ich erteile nunmehr Herrn Prof. Berson das Wort.

Prof. Berson: Herr Fehlert und ich haben die Bücher recht eingehend geprüft und sie richtig und in Ordnung befunden. Wir beantragen daher, die Entlastung des Vorstandes auszusprechen.

Vorsitzender: Hat jemand gegen die Entlastung etwas vorzubringen? — Es geschieht nicht. Ich stelle also die Entlastung des Vorstandes fest und spreche der Versammlung den Dank des Vorstandes aus.

Neuwahl der Rechnungsprüfer.

Vorsitzender: Ich möchte bei dieser Gelegenheit nicht verfehlen, Herrn Prof. Berson und Herrn Patentanwalt Fehlert den aufrichtigen Dank der Gesellschaft für ihre verdienstvolle Arbeit auszusprechen. Ich möchte die Versammlung bitten, die beiden Herren als Rechnungsprüfer für das nächste Jahr wiederzuwählen. (Zustimmung.)

Prof. Berson: Ich danke Ihnen für Ihre Wiederwahl. Ich nehme sie an, und ich kann Ihnen für den abwesenden Herrn Fehlert mitteilen, daß auch dieser die Wahl annimmt.

Mitgliederstand.

Vorsitzender: Ich möchte dazu bemerken, daß unsere Mitgliederzahl sich bedeutend erhöht hat, und zwar haben wir bei der diesjährigen Tagung 650 Mitglieder, obgleich 40 Austritte erfolgt und 3 Mitglieder verstorben sind, so daß sich die ursprüngliche Zahl um 43 verminderte. Demnach haben wir 123 Neuaufnahmen. Es ist eine erfreuliche Anzahl von Aufnahmen erfolgt. Wir sind im ständigen Wachsen begriffen.

Tätigkeit der Kommissionen.

Vorsitzender: Zwecks Vorbereitung der diesjährigen Tagung in Bremen waren Herr Hauptmann Krupp und ich im Januar und März in Bremen. Im Anschluß daran ist ein lokaler Festausschuß gegründet worden. Ich darf Ihnen die Namen der Herren verlesen, die sich in Bremen zu einem Festausschuß zusammengefunden haben:

G. Bergfeldt,	Senator H. S. Mayer,
Bürgermeister Berghaus,	H. Nebelthau,
Stadtverordneter de Boer,	Polizeipräsident Dr. Petri,
Bürgermeister Dr. Buff,	Regierungsrat a. D. Petzet,
Dr. Carl,	Badedirektor Pollack,
Dr. Degener-Grischow,	Präsident Ritter,
Bürgermeister Dr. Donandt,	Direktor B. Schurig,
Staatsrat Dr. Duckwitz,	Direktor G. Schurig,
Präsident Dunckel,	Bürgermeister Dr. Spitta,
Oberbaurat Elfers,	Senator v. Sprechelsen,
C. Goellrich,	Direktor Stadtländer,
Prof. Grosse,	L. Stallmann,
Präsident Heinecken,	Geheimrat C. Stimming,
A. Heise,	Polizeimajor Stöhr,
Kontreadmiral Herr,	Dr. Strube,
Direktor Jordan,	Joh. Volckmann,
Prokurist Kastens,	R. Voß,
Dr. jur. Kleemann,	Direktor Wagenführ,
Senator May,	Dr. Wilckens.

Meine Damen und Herren! Ich habe mir schon gestern beim Festessen erlaubt, dem Festausschuß den Dank auszusprechen. Ich glaube, im Namen der Gesellschaft zu handeln, wenn ich, außer dem Festausschuß, auch

dem Bremer Verein für Luftfahrt,
dem Norddeutschen Lloyd,
der Flughafen-Betriebsgesellschaft und
dem Deutschen Luftfahrt-Verband

unseren ganz besonderen Dank hier wiederhole.

Die Kommission für die Festsetzung der diesjährigen Vorträge setzte sich aus folgenden Herren zusammen:

Prof. Baumann,
Dr.-Ing. Hoff,
Hptm. a. D. Krupp (Geschäftsführer der WGL),
Prof. Prandtl,
Prof. Reißner,
Dr.-Ing. Rumpler,
Dipl.-Ing. Schwager.

Auch ihr unseren besonderen Dank.

Über den Rhön-Segelflug-Wettbewerb wird Ihnen unser Geschäftsführer, Herr Hauptmann Krupp, eingehend berichten.

Hptm. a. D. Krupp: Die WGL hat auch in diesem Jahre den Ehrenschutz über den Wettbewerb übernommen. Wie Sie ja alle wissen, sind die Veranstalter die Südwestgruppe des Deutschen Luftfahrt-Verbandes und der Deutsche Modell- und Segelflug-Verband.

Im November 1921 habe ich als Geschäftsführer der WGL eine Denkschrift betreffend Unterstützung des Segelfluges (ohne Motor) ausgearbeitet. Diese Denkschrift wurde von unserer Gesellschaft dem Reichsverkehrsministerium, Abteilung für Luft- und Kraftfahrwesen eingereicht. Auf Grund dieser Denkschrift fand eine Sitzung im Reichsamt für Luft- und Kraftfahrwesen am 7. Juni statt, an der auch unser Ehrenvorsitzender, Prinz Heinrich von Preußen, teilnahm.

Bei dieser Sitzung wurde festgelegt, daß die bestehende Segelflugkommission der WGL erweitert werden sollte, und zwar derart, daß auch Vertreter von Süddeutschland darin vertreten sind, so daß die WGL-Kommission sich folgendermaßen zusammensetzt:

Dr.-Ing. Rumpler, Berlin (Vorsitzender),
Brenner, Stuttgart,
Hptm. a. D. Fergg, München,
Dr. Georgii, Frankfurt a. M.,
Dr.-Ing. Hoff, Berlin,
Dipl.-Ing. Klemperer, Aachen,
Hptm. a. D. Krupp (Geschäftsführer der WGL),
Prof. Linke, Frankfurt a. M.,
Student, Berlin,
Ing. Ursinus, Frankfurt a. M.,
Gen. a. D. Waitz (Geschäftsführer des Rhönsegelfluges).

Ferner wurde auf besonderen Wunsch des Reichsverkehrsministeriums festgelegt, daß der WGL aus Staatsmitteln M. 300 000 für die Bodenorganisation in der Rhön zur Verfügung gestellt werden. Daraufhin fand eine Sitzung der Rhönkommission einschließlich Vertreter der Veranstalter des Wettbewerbes am 8. April im Flugverbandhause, Berlin statt. Bei dieser Gelegenheit wurden sämtliche Fragen betreffend Rhön-Wettbewerb erledigt.

Inzwischen waren Verhandlungen zwischen Frankfurt und der Firma Weltensegler angebahnt, die aber nicht zum Abschluß kamen, so daß die WGL gebeten wurde, eine Einigung herbeizuführen. Daraufhin fand auf Anregung der WGL eine Besprechung in Gersfeld am 21. und 22. Mai statt. Bei dieser Unterredung wurde eine Einigung erzielt, so daß dadurch die Bodenorganisation auf der Wasserkuppe (Unterbringung der Flugzeuge und Flieger), sowie Beköstigung sichergestellt ist. Ferner wurde durch liebenswürdiges Entgegenkommen des Baron von Waldhausen und eifriger Mitarbeit des Herrn Oberförster Feuerborn die Möglichkeit geschaffen, die Wege so zu verbessern, daß man während des Wettbewerbes mit Wagen und Autos nach der Wasserkuppe kommen kann. Auch in anderer Beziehung ist von unserer

Gesellschaft, und vor allen Dingen von der Geschäftsstelle des Rhönsegelfluges, Arbeit geleistet worden, so vor allen Dingen wurde unter besonderer Mitarbeit des Herrn Dr.-Ing. Hoff die Ausschreibung des diesjährigen Wettbewerbes fertiggestellt und den Veranstaltern zwecks Genehmigung übergeben. Die Tätigkeit der WGL ist außerdem noch weitergegangen, und zwar in der Beschaffung der Preise für den diesjährigen Rhönwettbewerb. Die Aufbringung des größten Teils der Preise ist der Geschäftsstelle der WGL zu verdanken. Auch die gesamten Anmeldevordrucke für den diesjährigen Wettbewerb sind von der WGL aus bearbeitet worden. Wie Sie in den Ausschreibungen gelesen haben werden, hat die WGL die Verpflichtung übernommen, bei den verschiedenen Ausschreibungen die technischen Prüfer usw. zu stellen.

Außerdem ist die WGL ebenfalls zu der Ausschreibung und Veröffentlichung des Industriepreises für den Segelflug von M. 100000 herangezogen worden, ebenso für die Ausschreibung des Deutschen Luftfahrt-Verbandes für die beste Flugleistung mit einem Segelflugzeug mit zwei Insassen, dann für die Ausschreibung eines Kotzenberg-Hochschul-Wanderpreises für Segelflugzeuge. Sie finden die ganzen Ausschreibungen und weiteren Bekanntmachungen in den verschiedenen Heften unserer Zeitschrift.

Neuerdings hat sich in Berlin am 18. Mai 1922 eine »Berliner Arbeitsgemeinschaft für Gleit- und Segelflug« gebildet; folgende Vereine haben sich dieser Arbeitsgemeinschaft angeschlossen:

Aero-Club von Deutschland,
Berliner Modell- und Segelflugverein,
Berliner Verein für Luftschiffahrt,
Flugsport-Verband,
Flugwiss. Vereinigung an der Techn. Hochschule und WGL.

Diese Arbeitsgemeinschaft soll eine Zentralstelle für die Bestrebungen des motorlosen Fluges für Berlin sein. Die Hauptaufgaben sind zunächst festgelegt, und zwar:

Beratung und Auskunft,
Gelände- und Platzfragen,
Propaganda,
Werkstatt- und Materialbeschaffung,
Wettbewerb- und Transportgemeinschaft.

Die WGL hat vor allen Dingen die Beratung und Auskunfterteilung in technischen Fragen übernommen, den rein sportlichen Teil der Berliner Verein für Luftschiffahrt.

Ferner ist uns von Herrn Ziviling. Ursinus, Frankfurt a. M., der ja allen Herren durch seine große Arbeit in der Segelflugsache bekannt ist, ein Antrag zugegangen mit der Bitte, daß die WGL während des Rhön-Wettbewerbes in Gersfeld oder im Fliegerlager ein Sprechabend mit Vorträgen organisiert. Die WGL hat diesen Antrag dankbar begrüßt und wird dem Wunsch des Herrn Antragstellers entsprechen.

Vorsitzender Über die Tätigkeit des Navigationsausschusses finden Sie einen ausführlichen Bericht in der ZFM Heft 11, das wir als Sonderheft zum 10jährigen Bestehen unserer Gesellschaft herausgegeben haben. Aus dem Bericht, der von dem Vorsitzenden des Ausschusses, Herrn Prof. Berson, verfaßt ist, ersehen Sie, wie eifrig diese Kommission gearbeitet hat. Auch ihr unseren ganz besonderen Dank! Herr Hauptmann Krupp wird Ihnen jetzt einen ausführlichen Bericht über die Tätigkeit der Tetralin-Kommission geben.

Hptm. a. D. Krupp. Diese Kommission wurde auf Veranlassung der Luftverkehrsgesellschaften von der WGL ins Leben gerufen. In der Sitzung vom 12. Februar 1922 wurden die nötigen Vorarbeiten geleistet, die sich auf die Beschaffung von Brennstoff, auf die notwendigen Hilfskräfte und noch einige andere Fragen bezog. Die Versuche wurden bei der Deutschen Versuchsanstalt für Luftfahrt von Dr.-Ing. Hoff und Dr. Koppe vorgenommen. Trotz der beschränkten Mittel, die erheblich überschritten werden mußten — es waren M. 10000 zur Verfügung gestellt —, ist es doch gelungen, einige Resultate zu bekommen. Herr Dipl.-Ing. Schwager, der Vorsitzende dieser Kommission, ist der Ansicht, daß unbedingt größere Mittel bewilligt werden müßten, um einen Versuch von mindestens 30 Stunden Dauer durchzuführen. Der Ver-

such mit Reichskraftstoff war sehr unbefriedigend, weil sich ein emailleartiger Niederschlag ansetzte. Leider konnten die Untersuchungen nicht in dem Umfange vorgenommen werden, wie es in Aussicht genommen war, da die Instrumente hierzu fehlten. Die ersten Analysen waren scheinbar ganz falsch, denn es ergaben sich derartige Mengen Sauerstoff, die in der Luft überhaupt nicht vorhanden sein konnten. Jedenfalls haben die Mittel nicht gereicht, um die Versuche bis zu einem solchen Abschluß zu führen, daß ein endgültiges Urteil über diesen Brennstoff gefällt werden kann. Vom Reichskraftstoff kann man aber sagen, daß er mit großer Wahrscheinlichkeit unbrauchbar ist. Es wäre nun der Lauf der Dinge so, daß versucht wird, größere Mittel für die Fortsetzung dieser Versuche zu bekommen. Vielleicht wird vom Reichskraftwesen oder von den interessierten Luftfahrtfirmen etwas zu erreichen sein.

Vorsitzender: Über die Tätigkeit der Kommission für Luftfahrerkarten hat Herr Baeumker in der ZFM Heft 11 ausführlich berichtet, und ich möchte Sie bitten, mit Rücksicht auf die uns zur Verfügung stehende Zeit. dies in unserer Zeitschrift nachzulesen.

Über den Sonderausschuß zur Pflege der Luftfahrt in der Schule hat in der gestrigen Vorstandsratssitzung Herr Dr. Everling folgendes berichtet: In die Schule einzudringen, ist besonders wichtig, und wir haben in den Luftfahrtausschuß beim Kultusministerium einige Mitglieder entsandt. Dieser Sonderausschuß hat einmal getagt und u. a. einen Unterausschuß für die wissenschaftlichen Grundlagen gewählt, der unter dem Vorsitz von Dr. Everling dreimal getagt hat. Als Unterlage war Prof. Pröll's Aufsatz über »Das Flugzeug im Mechanik-Unterricht« sehr willkommen[1]. Das Luftfahrzeug kann zum Erläutern von Naturerscheinungen aller Art dienen. Es stehen eine ganze Menge Lehrmittel zur Verfügung. Dieser Ausschuß arbeitet weiter und wird mit Prof. Pröll's und anderen Veröffentlichungen Ende dieses Jahres abschließen.

In der letzten Vorstandsratssitzung wurden die Vertreter der WGL im Ausschuß für Einheiten und Formelgrößen (AEF) neu gewählt und zwar hat der Vorstandsrat folgende Vertreter ernannt:

Dr. Everling,
Prof. Pröll,
Dr.-Ing. Rohrbach,
Prof. Weber.

Auf Anregung von Dr. Lasche wurde eine Technisch-Wissenschaftliche Lehrmittelzentrale (TWL) und eine Geschäftsstelle für das Technisch-Wissenschaftliche Vortragswesen (TWV) durch den Deutschen Verband Technisch-Wissenschaftlicher Vereine eingesetzt. Dr. Lasche hat richtig erkannt, daß es bei der Fortbildung der Ingenieure sehr darauf ankommt, gute Vorträge mit klaren Lichtbildern zu bekommen. Auf unserem Arbeitsgebiete ist noch nicht viel geschehen, weil wir nicht hinreichend vertreten sind. Herr Dr. Everling hat im Vorstandsrat angeregt, daß die WGL beitritt und einen Vertreter in das Kuratorium entsendet. Dieser müßte darauf wirken, daß auch die Luftfahrt berücksichtigt wird. Die Herren haben sich bereits nach Mitarbeitern für Strömungslehre und Flugtechnik umgesehen. Vom Vorstandsrat ist der Beitritt unserer Gesellschaft zum TWV genehmigt worden, und da Herr Dr. Everling häufig Gelegenheit hat, in strömungstechnischen Dingen zu beraten, wurde er als Vertreter der WGL in den Vorstand des TWV entsandt.

Wir danken Herrn Dr. Everling, daß er die Wahl angenommen hat.

Auf Anregung der Herren Prof. Reißner und Prof. Baumann ist in der letzten Vorstandsratssitzung eine Kommission für konstruktive Fragen wieder eingesetzt worden. Es sind folgende Herren in diesen Ausschuß gewählt:

Prof. Reißner (Vorsitzender),
Prof. Baumann,
Dipl.-Ing. Dorner,
Dipl.-Ing. Dornier,
Prof. Junkers,

---

[1] Siehe Bericht »Luftfahrt im Schulunterricht« ZFM, Heft 8, S. 113.

Hptm. a. D. Krupp (Geschäftsführer der WGL),
Prof. v. Parseval,
Dr.-Ing. Rohrbach,
Dr.-Ing. Seehase.

Vorsitzender: Unser Geschäftsführer wird Ihnen über die Zusammenstellung des Technischen Wörterbuches ausführlicher berichten.

Hptm. a. D. Krupp: Vom Verlag Oldenbourg war ein Antrag eingegangen, der die WGL zur Mitarbeit und Unterstützung bei der Zusammenstellung des Technischen Wörterbuches aufffordert. Das Unternehmen der Technischen Wörterbücher ist wohl im allgemeinen bekannt. Es wurde vor 20 Jahren gegründet und bis zum Jahre 1917 ununterbrochen fortgesetzt. Es handelt sich um eine Sammlung der technischen Fachausdrücke und deren Übersetzung in die hauptsächlichsten Kultursprachen, also um ein Behelfsmittel für die internationale Verständigung. Nach anfänglichen Widerständen hat es allgemeine Anerkennung gefunden. Es soll jetzt versucht werden, das Werk über die jetzige schwierige Zeit hinaus fortzusetzen. Vor 11 Jahren wurde als Band X des Wörterbuches ein Band über Motoren und Motorfahrzeuge herausgebracht. Die Arbeit war im Jahre 1908 begonnen worden und stand eben vor dem Abschluß, als man erstmalig von einer Flugtechnik sprechen konnte. Damals war man der Auffassung, daß dieses neue technische Gebiet nicht ganz unberücksichtigt bleiben könnte, und man suchte in Eile einiges Material zusammen. Durch Unterstützung des In- und Auslandes war es damals in verhältnismäßig kurzer Zeit möglich, einen bescheidenen Ansatz zu einem Wörterbuch der Flugtechnik zu machen. Das damals veröffentlichte Material liegt heute in der gleichen Form noch vor. Naturgemäß vollkommen unvollständig und unzulänglich. Da dieser Band jetzt neu bearbeitet werden soll, bittet der Verlag R. Oldenbourg um Unterstützung und Mitarbeit, damit dieser neue Band allen Anforderungen entspricht. Eine einzelne Person in der Schriftleitung kann das nicht. Es muß vielmehr die ganze Fachwelt dieses Gebiet unterstützen. Wir haben gestern im Vorstandsrat lange über diesen Antrag beraten. Von Herrn Schlomann, dem Schriftleiter der Technischen Wörterbücher, wurde ein Ausschuß in Vorschlag gebracht, der die Möglichkeit hat, diese Mitarbeit der Gesamtheit auch praktisch zu verwirklichen. Es liegt daran, daß dieser Ausschuß bald gegründet wird, da bereits von Amerika und England die Anregung zur schleunigsten Bearbeitung dieses Bandes ergangen ist. Die Engländer haben bereits Material und Anregungen herübergeschickt, die jedoch nicht eher beantwortet werden können, bevor nicht eine autoritative Stelle die Sache bearbeitet hat. Im Vorstandsrat wurde daraufhin beschlossen, daß die von der WGL neu eingesetzte Kommission selbst nur als Arbeitsausschuß gedacht ist und für jedes Fachgebiet die einzelnen Herren selbst berufen werden. Der Arbeitsausschuß ist möglichst klein gehalten, damit er leistungsfähig wird. Er ist aus folgenden Herren gebildet:

Dipl.-Ing. Bleistein (Vorsitzender),
Dr. Everling[1]),
Hptm. a. D. Krupp (Geschäftsführer der WGL),
Dr.-Ing. Rohrbach,
Major a. D. v. Tschudi,
Ing. Weyl.

Vorsitzender: Die Berichte über die Tätigkeit der einzelnen Kommissionen sind beendet. Ich danke nochmals im Namen der Versammlung den Mitgliedern der verschiedenen Kommissionen für ihre sehr rege Mitarbeit; denn gerade diese Tätigkeitsgebiete haben nicht zuletzt der WGL neue Mitglieder geworben und sie auch allmählich wieder zu großem Ansehen gebracht.

Bericht über Zeitschrift und Beihefte.

Vorsitzender: Hierzu erteile ich unserem Geschäftsführer das Wort.

Hptm. a. D. Krupp: Im Jahre 1921 haben wir Heft 23/24 der ZFM als »Schraubenflieger-Sonderheft«, im Jahre

---

[1]) Als Obmann des Arbeitsausschusses für Normung der Fachsprache usw., dessen Tätigkeit auf Beschluß des Vorstandsrates vertagt wurde, bis das Wörterbuch weiter gefördert ist.

1922 Heft 2 als »Sonderheft der Deutschen Luftreederei« und Heft 11 zum Stiftungsfest der WGL herausgegeben. Das letztere Heft enthält einen Bericht über das Stiftungsfest der WGL in Berlin, über die Vorgeschichte und die weiteren Arbeiten.

Ganz besonderer Dank gebührt wiederum dem Verlage R. Oldenbourg, der im Interesse der deutschen Luftfahrt die ZFM in dieser schweren Zeit durchhält, obgleich der Verlag, genau wie im vergangenen Jahre, mit einem erheblichen Defizit abschließt.

Was die Beihefte anbetrifft, so sind wiederum weitere Hefte erschienen:

Beiheft 6 enthält das »Jahrbuch der WGL« mit den Berichten der Tagung in München.

Beiheft 7 enthält Aufsätze über die »Rentabilität im Luftverkehr«.

Beiheft 8 enthält folgende Aufsätze: »Die Festigkeit deutscher Flugzeuge« von Dr.-Ing. Hoff und »Über den Einfluß der Flughöhe auf das Verhalten der Flugmotoren« von Dr.-Ing. Friedrich Müller.

Beiheft 9 enthält eine umfangreiche Arbeit von Dreisch über den »Segelflug der Vögel und die Theorien zu seiner Erklärung«.

Die Drucklegung dieser Beihefte war nur dadurch möglich, daß die WGL Unterstützung von anderer Seite zu den Druckkosten erhielt. Da in der WGL dieses hochwichtige Material zusammenströmt, müssen wir versuchen, es auch unseren Mitgliedern zugänglich zu machen. Daß die Mitglieder unserer Gesellschaft die Beihefte kostenlos erhalten, ist nur insofern möglich gewesen, daß wir, wie schon oben erwähnt, Unterstützungsbeiträge erhalten haben.

Sitzungen des Vorstandsrates.

Vorsitzender: Diese fanden am 6. Januar und am 17. Juni statt, außerdem erfolgten recht zahlreiche Besprechungen des Vorstandes mit der Geschäftsführung.

Flugtechnische Sprechabende.

Seit der OMV 1921 fanden folgende flugtechnische Sprechabende unter großer Beteiligung statt:

4. November 1921: Dipl.-Ing. Naatz »Ein neues Instrument zum zeichnerischen Integrieren«.

12. Dezember 1921: Dipl.-Ing. Schwager »Übertragung der Erfahrungen des Flugzeug- und Motorenbaues auf den Kraftwagenbau«.

6. Januar 1922: Dr. Rottgardt »Elektrische Antriebe ohne Magnetismus im Eisen« mit praktischen Vorführungen bei der Firma Huth, Berlin, Wilhelmstr.

10. Februar 1922: Prof. Wigand »Über das Sichtproblem«.

10. März 1922:

1. Prof. Hugershoff »Eigene Erfahrungen auf dem Gebiete der Photogrammetrie aus Luftfahrzeugen«.
2. Dr.-Ing. R. Sonntag, Regbmstr. a. D., Obering. a. D., Privatdozent, Beratender Ingenieur VBI, »Die Ursachen des Einsturzes der Luftschiffhalle A in Niedergörsdorf«.

3. April 1922: Ing. Offermann »Über die Erfassung der Selbstkosten in Luftverkehrsbetrieben«

Anläßlich des Sprechabends am 3. April beging die WGL ihr 10jähriges Jubiläum. Der Abend wurde eingeleitet durch die Begrüßungsrede des Vorsitzenden. Es folgten dann der Vortrag des Herrn Offermann, die Vorführung des Films »Luftfahrt in Not« und das Festessen. Hierbei wurden der Gesellschaft die Glückwünsche der Behörden, Industrie und Vereine durch die anwesenden Vertreter überbracht. Eine ausführliche Zusammenfassung über diesen Abend ist in der ZFM Heft 11 enthalten.

Unterricht für Flugzeugführer.

In der Zeit vom 6. bis 19. Januar 1922 fand unter dem Protektorat der WGL und unter Leitung von Herrn Keller

(Deutsche Luft-Reederei) ein Unterrichtskursus für Flugzeugführer statt. Vortragende waren:

Baeumker (6 Stunden): Kartenkunde und Lichtbildwesen;

Dr.-iur. Döring (3 Stunden): Versicherungswesen;

Dr.-Ing. Joachimczyk (6 Stunden): Flugzeugbau und Aerodynamik;

Dr. Klages (6 Stunden): Funkentelegraphie;

Dipl.-Ing. Schwager (12 Stunden): Motoren;

Prof. K. Wegener (6 Stunden): Navigation und Wetterkunde.

An dem Unterricht nahmen insgesamt 26 Flugzeugführer der Luftverkehrsgesellschaften teil; die Heranziehung geeigneter Lehrkräfte ist durch die Mitwirkung der WGL möglich gewesen.

Arbeit mit anderen Vereinen.

Mit dem Deutschen Verband Technisch-Wissenschaftlicher Vereine besteht ein reger Gedankenaustausch. Es werden alle wichtigen Mitteilungen der WGL in dem Mittwochsblatt der VdI-Nachrichten veröffentlicht.

Vorsitzender: Ich darf Sie nunmehr bitten, die Entlastung des Vorstandsrates und des Vorstandes gütigst aussprechen zu wollen. Wenn jemand gegen die Geschäftsführung Bedenken hegt, so bitte ich, diese offen auszusprechen. — Es geschieht nicht. — Ich danke Ihnen für das Vertrauen. Wir werden uns bemühen, auch weiterhin die WGL in Ihrem Sinne zu führen.

Neuwahl des Vorsitzenden, der beiden stellvertretenden Vorsitzenden und des Vorstandsrates.

Vorsitzender: Wir kämen nun zur Neuwahl des gesamten Vorstandes und Vorstandsrates. Der Vorstandsrat hat hierüber in der gestrigen Sitzung eingehend beraten und bittet die Hauptversammlung, die von ihm gemachten Vorschläge anzunehmen. Es ist folgendes vorgeschlagen worden:

Wiederwahl der Vorsitzenden und des Vorstandsrates, außerdem Zuwahl von Herrn Direktor Kasinger.

Sollten Bedenken dagegen entstehen, so bitte ich Sie, sich dazu zu äußern. — Es geschieht nicht. — Dann darf ich also annehmen, daß Sie die Vorschläge des Vorstandsrates für gut befinden. Gestatten Sie mir, daß ich im Namen des Vorstandsrates und Vorstandes für das Vertrauen, das Sie uns entgegenbringen, nochmals meinen Dank ausspreche. Wir werden nach wie vor bemüht bleiben, im Sinne der WGL tätig zu sein.

Arbeitsgemeinschaft zwischen dem Deutschen Luftfahrt-Verband und der WGL.

Vorsitzender: Auf Anregung des Reichsverkehrsministeriums, Abteilung für Luft- und Kraftfahrwesen, soll ein Zusammenschluß zwischen dem Deutschen Luftfahrt-Verband und der WGL in der Weise getroffen werden, daß der Vorsitzende des DLV, Herr Bürgermeister Dr. Buff, bei uns in den Vorstandsrat eintritt. Ferner will Herr Bürgermeister Dr. Buff dem DLV vorschlagen, daß umgekehrt ein Mitglied vom Vorstande der WGL in den Vorstand des DLV eintreten soll. Auch soll durch den Geschäftsführer, Herrn Admiral Herr, und das Vorstandsmitglied der WGL ebenfalls durch den Geschäftsführer unserer Gesellschaft vertreten werden.

Meine Herren! Es ist ursprünglich gewünscht worden, daß die WGL Mitglied des Deutschen Luftfahrt-Verbandes würde. Die Frage ist eingehend erörtert, und wir haben uns mit dem Vorstandsrat und dem Ministerium dahin geeinigt, daß es ausreichen wird, wenn wir eine Arbeitsgemeinschaft haben. Wir würden auch nach den Satzungen gar nicht Mitglied werden können, und deswegen die Satzungen zu ändern, liegt kein Grund vor. Ich bitte um Ihr Einverständnis, daß es so bleibt, wie unser Vorstandsrat es beschlossen hat, näm-lich: Der Deutsche Luftfahrt-Verband arbeitet mit der WGL auf allen Gebieten zusammen zum Wohle der deutschen Luftfahrt. — Wünscht jemand zu diesen Ausführungen das Wort? — Es geschieht nicht. — Ich darf also annehmen, daß Sie mit unseren Vorschlägen einverstanden sind.

Erhöhung der Mitgliederbeiträge.

Vorsitzender: Ich käme jetzt zu dem Hauptpunkt: der Beitragserhöhung. Sie ist für uns eine Lebensfrage; ich·habe bereits auf der Hauptversammlung in München angedeutet, daß wir mit der damals beschlossenen Erhöhung wohl kaum auskommen dürften. Ich hatte dabei angenommen, daß eine geringe Entwertung der Mark nach und nach eintreten würde. Die Mark ist nun aber seit dem vorigen September ganz außerordentlich gefallen. Man kann von einem Studenten und von einem nicht die Praxis ausübenden Herren nicht verlangen, daß er hohe Beiträge zahlt. Wir müssen eine Differenzierung vornehmen. Der Vorstandsrat hat sich sehr eingehend mit dieser Frage beschäftigt und während seiner Tagung eine Kommission ernannt. Die Kommission hat verschiedene Vorschläge ausgearbeitet, die Herr Justizrat Hahn in eine juristisch möglichst einwandfreie Form kleidete. Nach zweistündigen Beratungen über diese Vorschläge sind sie dann in folgender Form angenommen worden:

I. für ordentliche Mitglieder . . . . . . M. 300
und für solche, die das 30. Lebensjahr
noch nicht vollendet haben . . . . » 100

II. für außerordentliche Mitglieder . . . . . » 2000

III. Der Vorstand wird ermächtigt, auf Antrag in Ausnahmefällen die Beiträge der ordentlichen Mitglieder auf M. 100 und der außerordentlichen Mitglieder auf M. 500 zu ermäßigen.
Ordentliche Mitglieder können durch einmalige Zahlung von M. 5000 die lebenslängliche Mitgliedschaft, außerordentliche durch Zahlung von M. 30000 die Mitgliedschaft auf 30 Jahre erwerben.

Die Erhöhung dieser einmaligen Zahlung tritt sofort in Kraft.

Für das Jahr 1922 wird eine Umlage erhoben:

a) von den ordentlichen Mitgliedern in Höhe von M. 200 und von denjenigen, für welche eine Ermäßigung des Betrages vorgesehen ist, in Höhe von . . . . » 50

b) von den außerordentlichen Mitgliedern in Höhe von . . . . » 400
bzw. für diejenigen, für welche eine Ermäßigung eintreten kann . . . . . . » 300

Der Vorstandsrat hat dem Vorstand das Vertrauen entgegengebracht, daß in gewissen Fällen der Vorstand ohne weiteres das Recht hat, eine Ermäßigung eintreten zu lassen. Wir sind, wenn wir M. 100 als Basis annehmen, derjenige Verein, diejenige Gesellschaft, die relativ am wenigsten Beitrag fordert. Sie sehen, daß in unserem Vorschlag, soweit es möglich war, Kompromisse geschlossen worden sind, und ich bitte Sie, diesen Beschluß des Vorstandsrates, der wirklich nach reiflicher Überlegung erfolgt ist, gütigst annehmen zu wollen. — Will sich jemand dazu äußern? — Es geschieht nicht. — Dann danke ich Ihnen, daß Sie diesen Beschluß des Vorstandsrates in der Hauptversammlung angenommen haben.

Wahl des Ortes für die OMV 1923.

Vorsitzender. Meine Damen und Herren! Als wir infolge der liebenswürdigen Einladung Bremens dem Entschluß folgten, unsere Tagung in Bremen abzuhalten, sind wir von unserem Turnus abgewichen, da wir eigentlich die diesjährige Tagung in Berlin hätten abhalten müssen. Deshalb schlägt Ihnen der Vorstandsrat als nächsten Tagungsort Berlin vor. Es liegt sicher auch im Interesse der meisten Mitglieder Zahlreiche Einladungen von verschiedenen Orten, wie z. B. Aachen, Danzig, Frankfurt a. M., Göttingen, Hamburg usw. sind bereits vorgemerkt. Ich frage Sie deshalb, sind Sie damit einverstanden, daß Berlin als nächster Versammlungsort gewählt wird? Der Vorstandsrat hat den Vorstand ermächtigt, den genauen Zeitpunkt selbst zu bestimmen; denn der Zeitpunkt kann heute noch nicht bestimmt werden, da wir nicht wissen, wie sich die Verhältnisse in Deutschland entwickeln werden. — Wünscht jemand hierzu das Wort?

Dr. Scheffler, Oberbürgermeister von Gotha: Ich möchte einen Versuch machen, für die alte Stadt Gotha ein Wort einzulegen. Meine Damen und Herren! Eine solche schöne und im ganzen gelungene Tagung, wie hier in Bremen, werden wir in Gotha wohl nicht zusammenbekommen. Die Lage Gothas ist zentral und deshalb von überall leicht zu erreichen. Viele von Ihnen werden sich auch freuen, die alte Fliegerstadt Gotha wiederzusehen. Die reiche Umgebung der Stadt ladet zu Ausflügen ein. Ich möchte mir deshalb den Vorschlag erlauben, daß die Versammlung als nächsten Tagungsort Gotha wählt. Bedenken Sie auch, daß Gotha eine Stadt ist, die einen guten Ruf auf dem Gebiete der Luftfahrt genießt, und Sie werden es selbstverständlich finden können, wenn ich daher für Gotha ein gutes Wort einlege, damit die nächste Versammlung dort abgehalten wird.

Kap. a. D. Boykow: Auf Grund des eindringlichen Vortrages des Herrn Oberbürgermeisters beantrage ich, die Wahl des nächsten Tagungsortes der Einsicht des Vorstandes zu überlassen und hier überhaupt keinen Beschluß zu fassen.

Vorsitzender: Erhebt sich Widerspruch gegen den Antrag Boykow? — Das ist nicht der Fall. — Ich danke Ihnen für das Vertrauen, und wir werden uns die Angelegenheit reiflich überlegen.

Wird sonst noch das Wort zu dem geschäftlichen Teil verlangt? — Es geschieht nicht. — Dann schließe ich die geschäftliche Sitzung.

VORTRÄGE DER
XI. ORDENTLICHEN MITGLIEDER-
VERSAMMLUNG

I. Geschwindigkeitsgrenzen der Flugzeuge.

Vorgetragen von E. Everling.

Übersicht:

»Fliegen heißt landen!« sagt Siegert. Aber Fliegen heißt auch schnell sein. Den baulichen Widerspruch zwischen großer Geschwindigkeit und guter Landefähigkeit auszugleichen, ist um so schwerer, weil die Anforderungen noch gar nicht festliegen und auch nur im Zusammenhang mit der Art des Landens und der Bodenorganisation zu bestimmen sind.

Der Vortrag beschränkt sich daher auf die Frage der erreichbaren Grenzgeschwindigkeiten und greift diese Aufgabe von verschiedenen Seiten an: Eine theoretische Grenze der Höchstgeschwindigkeit erhält man aus Betrachtungen des Strömungswiderstandes: über 1000 km/h. Nach dem heutigen Stande der Motortechnik ist etwa die Hälfte davon als obere Grenze zu betrachten. Die höchste Geschwindigkeit, die bisher ein Flugzeug erreichte, ist 341 km/h, kommt der technischen Grenze also schon recht nahe.

Die Landegeschwindigkeit dagegen beträgt nach Modellversuchen mit den gebräuchlichen Tragflügelprofilen und geringer Flächenbelastung 53 bis 75 km/h, ist bei wirklichen Flugzeugen in wirbeliger Luft und in Bodennähe noch etwas geringer, im Einklang mit der Erfahrung.

Den tatsächlichen Zusammenhang zwischen Schnelligkeit und Landefähigkeit ausgeführter Flugzeuge in dimensionsloser Darstellung: Beide Grenzwerte hängen nicht nach einem strengen Gesetz zusammen, doch wird die Vermutung bestätigt, daß geringe Landegeschwindigkeit durch aerodynamische Verschlechterung erkauft werden muß.

Die Auswahl geeigneter Flügelschnitte zum Verbessern der Höchstgeschwindigkeit wird durch ein neuartiges, besonders einfaches Rechenblatt erleichtert, das eine Reihe von Zusammenhängen veranschaulicht und zu berechnen gestattet. Insbesondere ergibt es aus Flächen- und Leistungsbelastung die »Flugzahl«, das Verhältnis der Gleitzahl zur Wurzel aus dem Auftriebsbeiwert, und damit den Punkt der Polare, bei dem geflogen wird. Bei der Wahl der Flächenbelastung ist die Landegeschwindigkeit zu berücksichtigen.

Die gewöhnlichen Flügelprofile geben selbst bei niedrigen Flächenbelastungen ziemlich hohe Landegeschwindigkeit. Luftbremsen und Umkehrschrauben setzen zwar die erforderliche Flugplatzgröße, nicht aber die Geschwindigkeit beim Berühren des Bodens herab. Verstellprofile geben geringe Vorteile, Faltflügel bringen nur kleinen Gewinn an Höchstgeschwindigkeit. Die meisten Aussichten scheint heute der Düsenflügel nach Lachmann zu haben, der von Handley-Page am Flugzeug erprobt und auch in der Göttinger Aerodynamischen Versuchsanstalt am Modell durchgemessen wurde.

Das Endziel der Flugtechnik, auf einem engbegrenzten Raum zu landen, bedarf aber ganz anderer Hilfsmittel. Vielleicht ist die Hubschraube, etwa als Schwenkschraube, berufen, hier zu helfen; doch erfordert das leichte Motoren und Getriebe.

1. Wert großer Geschwindigkeitspanne.

»Fliegen heißt landen!« sagt Siegert im Anschluß an Baumanns Vortrag über die Wirtschaftlichkeit des Luftverkehrs[1]. Die Wettbewerbsfähigkeit des Flugzeuges mit anderen Verkehrsmitteln auch bei entlegenen Flughäfen und bei starkem Wind[2] führt zur Forderung: »Fliegen heißt schnell sein«.

Den Widerspruch zwischen großer Geschwindigkeit und guter Landefähigkeit auszugleichen, ist eine der wichtigsten Aufgaben des Flugzeugbaues. Man hat sie im Rahmen der üblichen technischen Mittel und mit besonderen Vorrichtungen zu lösen versucht.

Wenn ich hier auf Ersuchen der WGL über diese Arbeiten berichte, muß ich es mir versagen, die allzu reiche Literatur über das Gebiet erschöpfend wiederzugeben.

Ich möchte vielmehr den heutigen Stand der Frage kennzeichnen, indem ich nach Erörterung der rechnerischen Geschwindigkeitsgrenzen statistisch zeige, was bisher erreicht wurde, welche praktischen Grenzen den theoretischen gegenübergestellt werden müssen, wie sich günstige Flügelschnitte für große Höchstgeschwindigkeit auswählen lassen, was zum Verbessern der Landegeschwindigkeit getan worden ist, und was weiter zu tun ist.

---

[1] A. Baumann, Die Kosten der Luftreise. ZFM **12**, Heft 7 vom 15. April 1921, S. 98 links; NfL (Nachrichten für Luftfahrer) 21/ 7. 29.

[2] S. etwa E. Everling, Der Einfluß des Windes im Luftverkehr, Die Naturwissenschaften **8**, Heft 22, vom 28. Mai 1920, S. 418 bis 423, und: Der Einfluß des Windes auf die »Transportleistung«, ZFM **13**, Heft 3 vom 15. Februar 1922, S. 40.

2. Höchstgeschwindigkeit.

a) Grenze nach der Strömungslehre.

Aus der Leistungsgleichung des wagrechten unbeschleunigten Fluges:

$$\text{Luftschraubenleistung} = \text{Vortriebleistung}$$

$$75\,\eta\,N = W \cdot \frac{v}{3,6} = G \cdot \varepsilon \cdot \frac{v}{3,6} \quad \ldots \quad (1)$$

folgt für die Geschwindigkeit v (in km/h; oder $\frac{v}{3,6}$ in m/s)

$$v = 270 \cdot \frac{\eta}{\varepsilon} \cdot \frac{N}{G} \quad \ldots \ldots \quad (2)$$

Darin bedeutet

G (kg) das Fluggewicht,

N (PS) oder $75\,N$ (kgm/s) die Motorleistung, also

$\frac{G}{N}$ (kg/PS) die »Leistungsbelastung«,

η den Luftschraubenwirkungsgrad, etwa $0,67 = \frac{2}{3}$, also

$\eta \cdot N$ (PS) oder $75 \cdot \eta \cdot N$ (kgm/s) die Leistung der Luftschrauben und

$75\,\eta\,\frac{N}{G}$ (m/s) die »Hubgeschwindigkeit«[3],

ε die Gleitzahl, das Verhältnis des Widerstandes W (kg) zum Gewicht G (kg).

Also: Flugzeuggeschwindigkeit (m/s) = Hubgeschwindigkeit, geteilt durch Gleitzahl,

oder: Fluggeschwindigkeit (km/h) verhält sich zu 270 km/h, wie die »Schnelligkeitzahl« (Quotient Wirkungsgrad durch Gleitzahl) zur Leistungsbelastung.

Um hieraus zunächst eine rein theoretische obere Grenze der Fluggeschwindigkeit zu bestimmen, werde $\eta = 1,00$ gesetzt, da der höchstmögliche Schraubenwirkungsgrad bei großen Geschwindigkeiten diesem Wert sehr nahe kommt. Für die Leistungsbelastung sind Werte bis 2,43 kg/PS bekannt geworden[4]. Hier sei als Mindestwert $G/N = 2,0$ kg/PS angenommen. Es folgt für die Höchstgeschwindigkeit

$$v_g = \frac{135}{\varepsilon_k} \quad \ldots \ldots \quad (3)$$

Für den Kleinstwert der Gleitzahl ε_k erhält man unter der Annahme, daß weder schädlicher Widerstand noch Flügelprofilwiderstand, sondern nur Randwiderstand des Flügels vorhanden sei[5]

$$\varepsilon_k = \frac{G}{F \cdot q} \cdot \frac{\lambda}{\pi} = cA \cdot \frac{\lambda}{\pi} \quad \ldots \quad (4)$$

Dabei ist F (m²) die Tragflügelfläche, q (kg/m²) der Staudruck des Flugwindes, λ das Seitenverhältnis der Tragflügel (mittlere

---

[3] Georg König, Indiziertes Steigvermögen statt Leistungsbelastung, ZFM 11, Heft 16 vom 31. August 1920, S. 236 bis 237, nennt den 75fachen Kehrwert der Leistungsbelastung »Indiziertes Steigvermögen« und mit Wirkungsgrad und »Ausnutzungsgrad« multipliziert: »Effektives Steigvermögen.« Unser Ausdruck Hubgeschwindigkeit ist kürzer, deutscher und betont die Dimension (Geschwindigkeit!).

[4] Vgl. Zahltaf. 2, Nr. 46, Curtiss-Doppeldecker vom Pulitzer-Rennen. Die Gleitzahl ist dort indes ungünstig,

$$\frac{\eta}{\varepsilon} = 2,57, \text{ also } \varepsilon \approx \frac{0,7}{2,57} = 0,27 = \frac{1}{3,7}.$$

[5] Nach L. Prandtl, Tragflächenauftrieb und -widerstand in der Theorie, Jahrbuch der WGL, Bd. V, 1920, S. 49, zweite Gleichung, gilt für den Randwiderstand W_r

$$W_r = \frac{A^2}{\pi \cdot b^2 \cdot q}, \quad \ldots \ldots \quad (5)$$

also für die Gleitzahl

$$\varepsilon_r = \frac{W_r}{A} = \frac{A}{\pi \cdot b^2 \cdot q}; \quad \ldots \ldots \quad (6)$$

die Gleitzahl nur infolge des Randwiderstandes ist also der Auftrieb geteilt durch den Staudruck über dem Kreis mit der Spannweite als Halbmesser. Daraus folgt Gleichung (4).

Gleichung (6) führt übrigens auf den Ausdruck $\frac{\varepsilon}{cA}$, während

später $\frac{\varepsilon}{\sqrt{cA}}$ oder $\frac{\varepsilon}{\sqrt[4]{cA}}$ auftreten wird.

Tiefe zu Spannweite b, m, oder Tragfläche F zu b^2). Der unbenannte Auftriebbeiwert cA ist das Verhältnis des Auftriebs A (kg) oder Gewichtes G zum Staudruck über der Flügelfläche[6].

Für das Seitenverhältnis $\lambda = 1 : 10 = 0,1$ ergäbe sich somit als Höchstgeschwindigkeit

$$v_g = \frac{135}{cA} \cdot \frac{\pi}{0,1} = \frac{4240}{cA} \text{ km/h} \quad \ldots \ldots \quad (7)$$

ein Wert, der für hinreichend kleine Auftriebbeiwerte ins Ungemessene wachsen kann, dabei allerdings auch fabelhafte Flächenbelastungen G/F (kg/m²) ergibt, nämlich in Bodennähe[7] wegen (7)

$$\frac{G}{F} = cA \cdot q = \frac{cA}{16} \cdot v_g^2 = \frac{4240}{16} \cdot v_g = 265 \cdot v_g \text{ kg/m²} \quad . \quad (8)$$

Eine obere Grenze ist also auf diese Weise nicht zu erhalten[8], auch nicht durch Auflösen der Gleichung (8) nach v_g.

Brauchbares liefert die Annahme, daß nur der schädliche Widerstand eines Rumpfes für Insassen und Kraftanlage vorhanden sei. Nennt man den Querschnitt dieses Rumpfes f (m²), seinen Widerstandsbeiwert (Verhältnis Widerstand W zu Staudruck q auf f) cW_f, etwa $cW_f = 0,05$, so folgt für die Flugleistung

$$75\,\eta\,N = W \cdot \frac{v}{3,6} = cW_f \cdot f \cdot \frac{16}{} \cdot \left(\frac{v}{3,6}\right)^3 \quad \ldots \quad (9)$$

Da man auf 1 m² Stirnfläche leicht einen 1000 PS-Motor unterbringen kann, ist die Flächenleistung $N/f = 1000$ PS/m² nicht zu günstig, also

$$v_g = 3,6 \sqrt[3]{75\,\eta \cdot \frac{16}{cW_f} \cdot \frac{N}{f}} = 3,6 \sqrt[3]{75 \cdot 1,00 \cdot \frac{16}{0,05} \cdot \frac{N}{f}} =$$

$$= 103,8 \sqrt[3]{\frac{N}{f}} = 1038 \text{ km/h} = 288 \text{ m/s}, \quad . \quad (10)$$

ein Wert, der als eine Art obere Grenze bezeichnet werden kann.

b) Grenze nach technischen Erwägungen. Während diese theoretischen Betrachtungen den Bereich des naturgesetzlich Möglichen zu umreißen suchen, liefern die technischen Erwägungen Grenzen, die beim heutigen Stand des Maschinenbaues nicht überschritten werden können.

Rateau[9] nimmt $\eta = 0,75$,

$$\frac{G}{N} = 3,5 \text{ kg/PS und}$$

$$\varepsilon = \frac{1}{8} = 0,125, \text{ also}$$

$$\frac{\eta}{\varepsilon} = 0,75 \cdot 8 = 6,0, \quad \ldots \ldots \quad (11)$$

ein Wert, der von ausgeführten Flugzeugen, soweit mir bekannt, nur in einem Falle überschritten wird[10]. Es folgt für die Höchstgeschwindigkeit nach Gleichung (2)

$$v_g = 270 \cdot \frac{6,0}{3,5} = 463 \text{ km/h} = 129 \text{ m/s}. \quad . \quad (12)$$

[6] Begründet wird die Bezeichnung cA statt c_a: E. Everling, Luftkräfte und Beiwerte, ZFM 12, Heft 23 vom 15. Dezember 1921, S. 340, Abschnitt 3.

[7] Luftdichte mit 0,125 kgs²/m⁴ angesetzt, also halbe Luftdichte $= \frac{1}{16}$ kgs²/m⁴.

[8] Das wird erklärlich, wenn man beachtet, daß die Parabel des Randwiderstandes in der Lilienthalschen Polarendarstellung die Achse des Auftriebbeiwertes im Nullpunkt zur Tangente hat.

Dagegen teilt L. Prandtl, Luftfahrt 25, Nr. 5, Mai 1921, S. 83, eine Formel für die Mindestleistung von Flugzeugen bei verlangter Geschwindigkeit ohne Ableitung mit. Diese Gleichung, die aus unserer (1) durch Auflösen nach N und Einsetzen von W nach (5) folgt, gab den Anlaß zu den Betrachtungen des klein gedruckten Abschnittes; sie läßt sich nicht einfach umkehren, weil wir die Geschwindigkeitsgrenze für beliebige Leistung zu ermitteln suchten.

[9] A. Rateau, Sur les plus grandes distances franchissables par les avions et les plus grandes vitesses réalisables (Größtmögliche Flugstrecken und Fluggeschwindigkeiten), Comptes Rendus 170, Nr. 7 vom 16. Februar 1920, S. 364 bis 370; berichtet ZFM 11, Heft 13 vom 15. Juli 1920, S. 196, Nr. 2501.

[10] Bei dem Staaken-Eindecker von 1000 PS ist $\frac{\eta}{\varepsilon} > 7$, siehe Zahltaf. 2, Nr. 45. Flächenbelastung beträgt $G/F = 80$ kg/m²; aber Leistungsbelastung hoch, $G/N = 8,5$ kg/PS.

Dem entspricht in Bodennähe $129^2/16 = 1030$ kg/m² Staudruck, also etwa 500 kg/m² Flächenbelastung, das ist ungefähr das Zehnfache des üblichen Durchschnittswertes und etwa das Sechsfache des derzeitigen Höchstwertes[1]). Obwohl diese größte Flächenbelastung beim gleichen Flugzeug auftritt, das infolge seiner günstigen Strömungsverhältnisse eine bessere Gleitzahl aufweist als hier angenommen, so ist doch zu erwarten, daß bei noch stärker vergrößerter Flächenbelastung die schädlichen Widerstände überwiegen und damit den Wert $\frac{\eta}{\varepsilon}$ der Gleichung (11), also auch die Höchstgeschwindigkeit, herabdrücken, schätzungsweise auf 4. Dagegen kann die Leistungsbelastung verringert werden. Setzt man sie, wie oben, zu $\frac{G}{N} = 2$ kg/PS an, so folgt:

$$v_g = 270 \cdot \frac{4{,}0}{2{,}0} = 540 \text{ km/h} = 150 \text{ m/s}. \quad . \quad . \quad (13)$$

Das wäre etwa die obere Grenze beim heutigen Stande der Technik.

c) Geschwindigkeitsrekorde. Was ist gegenüber diesen Berechnungen tatsächlich erreicht worden?

1. der Geschwindigkeitsrekord[2]) steht auf 341 km/h = 95 m/s,
2. der anerkannte Rekord[3]) auf . . . 330 km/h = 92 m/s,
3. Rateaus Unterlagen ergaben . . . . 463 km/h = 129 m/s,
4. unsere technischen Betrachtungen . . 540 km/h = 150 m/s,
5. unsere Strömungsbetrachtungen . . . 1038 km/h = 288 m/s.

Man ist also von der technisch möglichen Grenze der Höchstgeschwindigkeit gar nicht mehr so weit entfernt, von Rateaus größtem Wert oder $^2/_3$ unseres Wertes erreicht und kommt wohl tatsächlich deshalb nicht höher, weil die Gleitzahl gerade der Rennflugzeuge schlecht ist[4]). Verbreiteten Anschauungen entgegen sei betont, daß hiernach zum Verbessern der Höchstgeschwindigkeit in erster Linie die Aerodynamik berufen und verpflichtet ist.

d) Folgerungen. Dem Streben nach höchster Geschwindigkeit setzen aber, außer dem technisch Ausführbaren, die wirtschaftlichen und betrieblichen Gesichtspunkte, Lade- und Landefähigkeit, weit engere Grenzen. Höhere

---

[1]) Bei dem Staaken-Eindecker von 1000 PS ist $\frac{\eta}{\varepsilon} > 7$, siehe Zahltaf. 2, Nr. 45. Flächenbelastung beträgt $G/F = 80$ kg/m²; aber Leistungsbelastung hoch, $G/N = 8{,}5$ kg/PS.

[2]) Schnelligkeitsrekord des Engländers James auf Mars-»Bamel«-Rennflugzeug der Gloucestershire Aviation Co. mit 450 PS-Napier-»Lion« in Martlesham, Dezember 1921, über 1 km Durchschnitt für die Gesamtstrecke: 316 km/h = 88 m/s. Quelle: NfL (Nachrichten für Luftfahrer) 22/2. 4 und Luftweg 6, Heft 2 vom 24. Januar 1922, S. 20.

[3]) Von der FAI anerkannter Rekord des Franzosen Sadi Lecointe auf 300 PS-Nieuport-Delage am 26. September 1921, über 1 km. Quelle: NfL 22/ 9. 2, letzte Zeile der Zahlentafel.

[4]) Vgl. Zahltaf. 2, Nr. 46, Curtiss-Doppeldecker vom Pulitzer-Rennen. Die Gleitzahl ist dort indes ungünstig,
$$\frac{\eta}{\varepsilon} = 2{,}57, \text{ also } \varepsilon \approx \frac{0{,}7}{2{,}57} = 0{,}27 = \frac{1}{3{,}7}.$$

Nutzlast, mit Rücksicht auf beförderte Menge und Flugweite, vermehrt die Leistungsbelastung, vermindert daher die Geschwindigkeit, solange die Motoren nicht leichter oder sparsamer werden, im gleichen Maße. Streben nach geringer Schwebegeschwindigkeit verführt zur Wahl von Flügelprofilen mit schlechterer Gleitzahl beim Flugzustand.

3. Landegeschwindigkeit.

Hier muß die Aerodynamik helfen. Zunächst sollen die Grenzen der Landegeschwindigkeit berechnet und mit dem Erreichten verglichen werden.

a) Grenze der Kleinstgeschwindigkeit beim Modell. Die Fluggeschwindigkeit ist am geringsten, v_k (km/h), wenn der Auftriebsbeiwert seinen größten Betrag cA_g erreicht, also für Bodennähe[5]) nach der Begriffsbestimmung von cA, Gleichung (4) oder (8),

$$v_k = 14{,}4 \sqrt{\frac{G}{F} \cdot \frac{1}{\sqrt{cA_g}}}, \quad . \quad . \quad . \quad (14)$$

d. h. der Wurzel aus der Flächenbelastung G/F (kg/m²) und aus dem Kehrwert der größten Auftriebszahl cA_g verhältig.

Zahlentafel 1 enthält einige Modellmessungen besonders großer Auftriebsbeiwerte mit Angabe der Quelle[6]). Dahinter den Wert $\frac{1}{\sqrt{cA_g}}$, der sogleich die Landegeschwindigkeit für das Modell ergibt, wenn man ihn mit $14{,}4\sqrt{\frac{G}{F}}$, also z. B. für die Flächenbelastungen 25, 36, 49, 64, 81, 100 kg/m² mit 72; 86,4; 100,8; 115,2; 129,6; 144 multipliziert (der kleinste Widerstandsbeiwert, cW_k, ist hinzugefügt).

Der größte Wert der Zahlentafel 1 für gewöhnliche Profile, $cA_g = 1{,}805$, gibt selbst für nur 25 kg/m² (bzw. 49 kg/m²) Flächenbelastung 54 km/h (bzw. 75 km/h) Landegeschwindigkeit. Verringern der Flächenbelastung geht aber im allgemeinen auf Kosten der Flugschnelle (vgl. Abschnitt 5 d, S. 34) und wirkt nur mit der Wurzel aus G/F.

b) Einfluß des Modellmaßstabes. Man darf jedoch Modellmessungen nicht ohne weiteres auf wirkliche Flugzeuge übertragen: Die Reynoldssche Zahl (oder der Kennwert) ist im Fluge meist größer als im Windkanal, daher die Strömungsverhältnisse geändert. Außerdem entspricht die Gestalt wirklicher Tragflügel nicht dem Querschnitt der Modelle. Schließlich sind gute Windkanäle nicht so turbulent wie die Atmosphäre.

Der Modellversuch gibt daher den Größtauftrieb zu niedrig: Bei nicht zu dicken Profilen wächst er mit steigendem Kennwert, auch schlägt die Strömung bei größeren Anstell-

---

[5]) Luftdichte mit 0,125 kgs²/m⁴ angesetzt, also halbe Luftdichte $= \frac{1}{16}$ kgs²/m⁴.

[6]) Nützliche Zusammenstellung der abgerundeten Höchstauftriebsbeiwerte und anderer Eigenschaften der Flügelschnitte: Max Munk und Erich Hückel, Der Profilwiderstand von Tragflügeln, TB II, Heft 3 vom 1. August 1918, S. 451 bis 461, besonders S. 458 (Spalte »B_g«).

Zahlentafel 1. Größter Auftriebsbeiwert nach Modellmessungen.

Lfd. Nr.	Flügelschnitt	Quelle[6])	cA_g	$\frac{1}{\sqrt{cA_g}}$	cW_k	Bemerkungen
1	Göttingen 227	TB II (Munk und Hückel) ⎰ S. 430	1,679	0,77	0,038	
2	» 234	{ S. 437	1,790	0,75	0,052	
3	» 242	{ S. 432	1,739	0,76	0,039	
4	» 244	⎱ S. 432	1,805	0,74	0,072	
5	Avro:	NfL 22/ 4. 33	1,92	0,72	—	
6	Glenn L. Martin	NfL 21/13. 38	2,03	0,70	—	
7	engl. Luftschraube 4 . . .	NfL 21/50. 34	2,51	0,63	—	Handley Page, mit 2 Schlitzen
8	Handley Page	NfL 21/11. 41	3,92	0,51	—	bei 6 Schlitzen, Anstellw. 45°
9	»Handley Page«-Göttingen	ZfM 12, S. 161/162	1,963	0,71	0,0358	1 Schlitz, Widerstand unstetig
10 {	Lachmann ⎰ (Göttingen 422)	⎰ ZfM 12, S. 166	2,19 (1,38)	0,68 (0,85)	0,044 (0,020)	6 Schlitze (bzw. volles Profil)
11	Albatros-DD	NfL 22/10. 27	1,72	0,76	—	Vorder- u. Hinterkante verstellt

winkeln um, wie Modellmessungen [1]) und Flugversuche [2]) ergeben haben. Die Auftriebsvermehrung beim großen Flugzeug gegenüber dem Modell sei zu etwa 0,05 angesetzt.

c) Einfluß der Bodennähe. Um den gleichen Betrag, 0,05, kann der Höchstauftrieb größer angesetzt werden, wenn das Flugzeug sich beim Ausschweben über dem Boden befindet. Nach Modellmessungen [3]) und Flugversuchen [4]) steigt, im Einklang mit der Überlegung und Berechnung, der Auftrieb um Beträge bis zu 0,10 des Wertes in freier Luft. Setzt man also den Auftriebsbeiwert beim Flugzeug in Bodennähe um insgesamt 0,10 höher an als beim Modell, so ergeben sich nach Gleichung (14) um 0,05 kleinere Landegeschwindigkeiten.

schnittgeschwindigkeiten im Fluge. Die Erfahrungswerte der Landegeschwindigkeiten sind daher vielfach zu günstig. Außerdem ist das Ausschweben vor dem Aufsetzen kein Beharrungszustand [1]); es wird dabei noch Bremsleistung umgesetzt. Aber im letzten Augenblick vor dem Aufsetzen durchläuft man, wenn man nicht in den Boden hineinlandet, unbedingt den Anstellwinkel höchsten Auftriebes. Trotz dieser verschiedenartigen Einflüsse wird sich sogleich zeigen, daß Beobachtung und Berechnung hier gut übereinstimmen.

4. Geschwindigkeitsgrenzen ausgeführter Flugzeuge.

Wie stellen sich die Tatsachen zu diesen Geschwindigkeitsgrenzen? Zahlentafel 2 enthält eine statistische Zu-

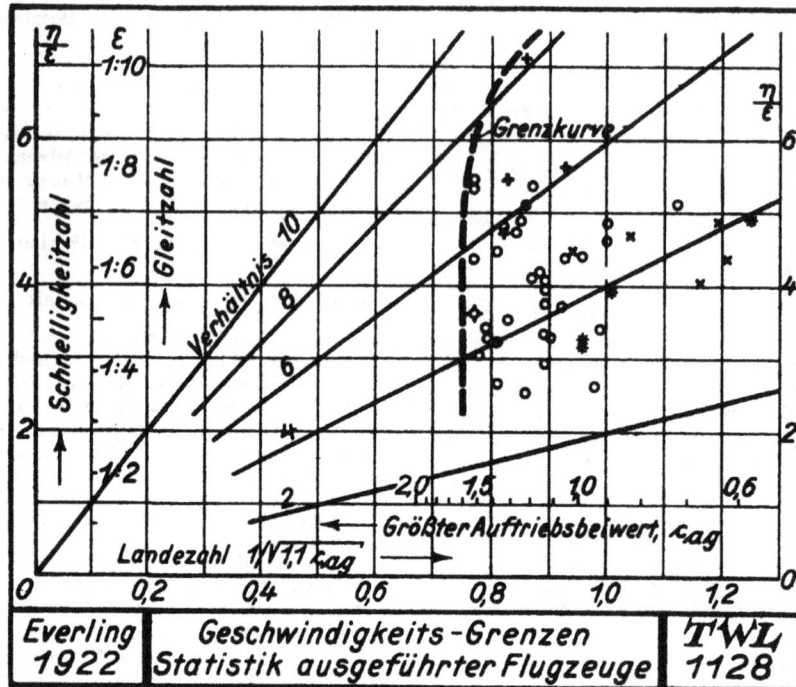

Abb. 1. Umgerechnete Höchst- und Landegeschwindigkeiten.

d) Beobachtete Landegeschwindigkeiten. Beim Vergleich der Berechnungen auf Grund von Windkanalversuchen mit Flugmessungen ist also zu beachten, daß die cA_g-Werte um 0,1 vergrößert werden dürfen, oder auch, daß man wegen des Bodeneinflusses gemessene Kleinstgeschwindigkeiten in der freien Luft um etwa 0,05 vermindern darf, wenn man auf die Landegeschwindigkeit übergeht.

Dagegen hat bei Messungen geringer Geschwindigkeiten ein etwaiger Gegenwind — mit dem Wind wird niemand landen — viel größeren Einfluß als bei den Höchst- und Durch-

sammenstellung von Flugzeugen, deren Geschwindigkeitsmessungen durch eine Behörde verbürgt sind oder sonst als zuverlässig angesehen werden konnten.

a) Umfang der Statistik [1]). Weit mehr als die Hälfte des gesamten Materials mußte von vornherein ausgeschieden werden [2]), da die Quelle unzuverlässig schien oder die Umrechnung unmögliche Beiwerte ergab. Auch von den 47 herausgesiebten mag noch das eine oder andere unrichtig sein, doch fälscht es das Ergebnis nicht, da sie nicht aus dem Bereich der übrigen fällt.

Anderseits können mir brauchbare Angaben entgangen sein. Für deren Mitteilung als Ergänzung der Zahlentafel 2 wäre ich besonders dankbar.

b) Art der Darstellung. Um ganz verschiedenartige Flugzeuge nach ihren Geschwindigkeitsgrenzen vergleichen zu können, wurden nicht diese selbst, sondern unbenannte

---

[1]) L. Prandtl, C. Wieselsberger und A. Betz, Ergebnisse der Aerodynamischen Versuchsanstalt zu Göttingen, 1. Lieferung, München und Berlin 1921, Abschnitt IV, 2, Der Einfluß des Kennwertes auf die Luftkräfte von Tragflügeln, S. 54 bis 62; auch NfL 22/8. 14.

[2]) Vgl. NfL 22/9. 13 (cA_g = 2,34 beim Flugzeug gegen 2,07 beim Modell), 22/7. 21 (Auftrieb beim Flugzeugversuch wie beim Modell), 21/51. 30 (desgl. für Fok D VII), 21/20. 34 (Strömung schlägt bei großen Flugzeugen erst mit höheren Anstellwinkeln um), 20/07. 04 (cA_g beim großen Flugzeug höher).

[3]) Vgl. NfL 22/10. 16 (Größtauftrieb nur wenig verbessert), 21/27. 34 (Auftrieb steigt, Widerstand sinkt um Beträge bis zu 0,10), 21/25. 29: C. Wieselsberger, Über den Flügelwiderstand in der Nähe des Bodens, ZFM 12, Heft 10 vom 31. Mai 1921, S. 145 bis 147 (Höchstauftrieb wenig vergrößert), 21/9. 52 (Auftrieb steigt um rd. 0,06); umgekehrt berichtet W. H. Sayers (Quelle: NfL 22/20: 16), daß der Flügelschnitt RAF 19 im Kanal cA_g = 1,69, am Flugzeug aber weniger aufweise, RAF 19 im Großen geringe Verbesserung gegen das Modell; bei stark gewölbten Profilen dagegen nehme der Höchstauftrieb um 20 bis 30 vH zu.

[4]) Vgl. 15, erste Quelle (NfL 22/9. 13), die offenbar den Bodeneinfluß mit enthält.

[1]) Vgl. A. Pröll, Über die Wahl der Flächenbelastung mit besonderer Rücksicht auf den Landungsvorgang, ZFM 11, Heft 19, vom 31. Oktober 1920, S. 277 bis 281. Ferner die Berechnung der Schwebe- und Rollstrecken von Philippe, Das Landen von Flugzeugen; Quelle: NfL 22/23. 23.

[2]) Die meisten Angaben entstammen den NfL und ihren Vorgängern, Flugarchiv (1920, teilweise in ZFM 1920 abgedruckt) und Luftfahrt-Rundschau (ZFM 10, 1919, von Heft 17/18 ab), deren technische Teile von mir geleitet wurden.

[3]) Bei der Sammlung und Sichtung des statistischen Materials war mir die sachkundige freundliche Unterstützung durch Herrn Alfred Weyl besonders wertvoll.

Nr	Flugzeug: Hersteller, Bezeichnung, Zweck, Bauart	NL bzw. Flugarchiv	v_s km/h	v_s km/h	G/F kg/m³	G/N kg/PS	$\frac{v_s}{3{,}6\cdot 4}\sqrt{\frac{F}{G}}=\frac{1}{\sqrt{1{,}1\cdot A}}$	$\frac{v_s}{3{,}6\cdot{,}75}\cdot\frac{G}{N}=\eta$	Profil des Tragflügels	Geschwindig-keitsmessung	Bemerkungen
1	Gastambide-Levavasseur-ED	21/27. 38	48	200	27,1 (44,0)	5,62	0,64	4,16	Sonderform	Amer.H.-V.-A.?	Faltflügel
2	Sperry-»Messenger«-Nachrichten-DD	21/13. 49	57	150	25,0	6,22	0,79	3,46	USA 15	Engl. Wettb.	
3	M. Farman-DD von 1912	22/15. 21	60	89	14,3	12,2	1,11	4,02	—	—	
4	Laird-»Swallow«-DD	21/ I. 49	61	139	26,3	8,89	0,83	4,57	RAF 15	Engl. Wettb.	[v_s umgerechnet aus Kleinstgeschw. 65 km/h]
5	Waterman-Sport-DD. »30 X 100«	21/24. 23	(62)	145	25,6	9,10	0,85	4,89	USA 27	?	
6	BE 2 (»British Experimentale)-DD von 1912	22/15. 21	64	113	22,5	10,7	0,94	4,48	RAF 15	Engl. Wettb.	
7	Avro-»Baby«-DD »Nr. 543«	20/12. 06	65	132	26,8	11,0	0,87	5,38	—	—	
8	Curtiss »JN« mit Sperry-ED-Flügel	{21/26. 39 / 21/51. 36}	68	137	38,3	7,15	0,77	3,63	Sperry	Amer.H.-V.-A.?	[umgerechnet aus Kleinstgeschw. 21,0 m/s]
9	Orenco-Jagd-DD »B«	1911	69	200	35,3	3,62	0,81	2,67	—	—	
10	Sopwith-»Camel«-DD	21/44. 22	(72)	180	31,4	6,11	0,89	4,08	—	Amer.H.-V.-A.?	[umgerechnet aus Kleinstgeschw. 21,0 m/s]
11	Fokker-Schnellverkehr-DD »C II«	21/22. 29	73	186	43,8	6,37	0,77	4,38	Fokker	?	
12	Lincoln-»Normal«-DD	3902	73	170	39,3	5,90	0,92	3,71	RAF 3	?	
13	Vought-Schul-DD »VE 7«	20/11. 11	73	167	32,8	6,07	0,89	3,76	Vought 6	?	
14	Orenco-Reise-DD »F«	1911	73	150	34,1	7,40	0,87	4,11	—	—	
15	Stout »Bat Winge«-Verkehr-ED	21/ 3. 35	75	194	45,2	7,60	0,77	5,46	Sonderform	—	
16	Orenco-Jagd-DD »D«	1911	76	224	45,8	3,67	0,78	3,04	—	Amer.H.-V.-A.?	Vgl. 19
17	Aeromarine-Reise-Flugboot »6 F-5 L«	3410	76	130	45,2	6,82	0,79	3,29	—	Amer.H.-V.-A.?	
18	Vickers-»Vimy«-DD »FB 27«	21/44. 22	(77)	169	36,6	6,30	0,89	3,95	—	?	[umgerechnet aus Kleinstgeschw. 22,6 m/s; umgerechnet aus Kleinstgeschw. 22,4 m/h. Vgl. 21]
19	Handley-Page-Großflugzeug »O/400«	21/44. 22	(77)	146	36,4	7,76	0,88	4,19	—	?	
20	Handley-Page-Großflugzeug »V/1500«	Lu 0207	78	160	49,0	9,09	0,77	5,37	—	?	
21	Handley-Page-Großflugzeug »O/400«	Lu 0207	78	151	42,1	8,46	0,84	4,74	—	Engl. Wettb.	Vgl. 19
22	Cody-DD von 1912	22/15. 21	78	117	27,4	10,8	1,04	4,68	—	Amer.H.-V.-A.?	
23	Airco-DD »DH 4«	21/44. 22	(79)	185	37,8	4,27	0,89	2,93	—	?	[umgerechnet aus Kleinstgeschw. 33,0 m/s]
24	Avro-Manchester-Verkehr-DD »II«	2118	80	261	41,3	5,30	0,86	5,11	—	?	
25	Vickers-»Viking«-Wasserland-DD	21/19. 41	80	193	46,3	4,93	0,83	3,53	—	?	
26	Junkers-Verkehr-ED	{21/17. 56 / 21/28. 50}	(80)	180	45,6	{7,20 / 8,05}	0,82	{4,79 / 5,36}	Junkers	Amer. Fliegertr.	[v_s umgerechnet aus Kleinstgeschw. 84 km/h]
27	US-Boeing-Zweimot.-Panzer-DrD »GAX«	22/22. 32	80	170	46,7	5,15	0,81	3,24	—	Amer.H.-V.-A.?	
28	BAT-»Basilisk«-Jagdeins.-DD »FK 25«	22/17. 15	82	238	44,4	2,87	0,86	2,53	—	?	
29	Glenn-Martin-Zweimot.-Fracht-DD	21/50. 16	84	178	52,6	6,80	0,81(?)	4,48	Albatros	?	Vgl. 42
30	Fokker-Jagd-DD »D VII«	21/33. 27	(87)	193	45,4	4,62	0,90	3,30	Fokker	Amer.H.-V.-A. mit 400PS-Liberty	[umgerechnet aus Kleinstgeschw. 91,5 km/h]
31	Supermarine-»Baby«-Kampfeins.-Flugb. »AD«	1121	87	178	36,5	7,07	1,00	4,65	—	Amer. Mar.?	
32	Infanterie-Panzer-ED »JL-12«	21/52. 16	90	230	58,6	5,68	0,82	4,82	—	?	Vgl. 43
33	Orenco-Jagd-DD »D«	1911	91	250	50,3	3,60	0,89	3,33	Sloane	?	
34	Curtiss-Post-DD »HA«	20/05. 06	91	201	40,7	4,38	0,99	3,41	—	Curtiss?	
35	Curtiss-DD (sonst gleich gebaut!)	22/33. 18	93	262	45,8	3,31	0,96	3,20	—	?	
36	Curtiss-DrD »D«	22/33. 18	95	258	47,3	3,40	0,96	3,26	RAF 6	Amer. Mar.?	Vgl. 43
37	Amerik. Marine-Flugboot »HS-1 L«	0505	95	164	43,7	8,05	1,00	4,98	Sablatnig	DVL	
38	Sablatnig-Verkehr-DD »P 3«	Seehase	95	149	50,0	10,2	0,93	5,62	—	Engl. Wettb.	Vgl. 37
39	Deperdussin-ED von 1912	22/15. 21	95	111	39,0	10,6	1,21	4,36	—	Engl. Wettb.	Vgl. 47
40	Hanriot-ED von 1912	22/15. 21	96	121	31,6	10,9	1,18	4,89	—	?	
41	Waterman-Renn-ED	21/34. 31	97	209	49,6	5,69	0,96	4,40	USA 15	Amer. Mar.?	
42	Glenn-Martin-Zweimot.-Bomben-DD	{21/34. 31 / 22/11. 25}	97	172	52,8	6,85	0,93	4,37	—	?	Vgl. 29
43	Amerik. Marine-Zweimot.-DD »HS-2 L«	2910	99	164?	37,6	8,48	1,12	5,14?	RAF 6	Wie 37	Vgl. 37
44	Curtiss-Flugboot »NC 4«	0505	102	156	49,7	6,81	1,01	3,94	RAF 6	Amer. Mar.?	Vgl. 47
45	Staaken-1000 PS-Verkehr-DD	Rohrbach	110	227	80,0	8,50	0,86	7,14	Staaken	DVL	
46	Curtiss-Renn-DD	21/52. 14	112	285	63,2	2,43	0,98	2,57	—	Pulitzer-Wettb.	Vgl. 44
47	Curtiss-Flugboot »NC 4«, mehr belastet	Lu 0304	137	167	57,8	7,94	1,25	4,91	Wie 44	Wie 44	

¹) »NL« bedeutet »Nachrichten für Luftfahrer«, Ziffern: Jahrgang/Heft. Bericht-Nr. — Vierstellige Ziffern: Flugarchiv 1920, teilweise in ZFM 1920 abgedruckt. — »Lu« bedeutet »Luftfahrt-Rundschau« der NL 1919 (Hefte 17—24). — ²) J« nach Motorleistung (246 oder 220 PS). — ³) Weitere Geschwindigkeitsangaben (nach dem Vortrag bekannt geworden) siehe
NL 22/24. 24 (große Zahlentafel ohne Quellenangabe), 22/34. 19 (De Havilland 29), 22/34. 23 (Curtiss »Oriole«), 22/35. 28 (Eins-EM-1-Marine-Land-DD).

Zahlen zusammengestellt, s. Abb. 1 [1]) und Zahlentafel 2. Die Flugzeuge sind geordnet nach zunehmender Landegeschwindigkeit (in einigen Fällen durch Abziehen von 0,05 des Betrages aus der Kleinstgeschwindigkeit umgerechnet), bei gleicher Landegeschwindigkeit nach abnehmender Höchstgeschwindigkeit.

Berechnet und aufgetragen wurden die unbenannten Werte

$$\frac{v_k}{3,6 \cdot 4} \cdot \sqrt{\frac{F}{G}} = \frac{v_k}{14,4} : \sqrt{\frac{G}{F}} = \frac{0,95}{\sqrt{cA_s}} = \text{Landezahl} \quad . \quad (15)$$

$$\frac{v_g}{3,6 \cdot 75} \cdot \frac{G}{N} = \frac{v_g}{270} \cdot \frac{G}{N} = \frac{\eta}{\varepsilon_F} = \text{Schnelligkeitzahl} [2]) \quad (16)$$

Gleichung (15) folgt aus Gleichung (14); die Größe 0,95 auf der rechten Seite berücksichtigt die Auftriebsvermehrung des Flugzeuges in Bodennähe gegenüber der Modellmessung. Gleichung (16) ergibt sich aus (2); ε_F ist die Gleitzahl beim Anstellwinkel des Fluges.

Abb. 1 zeigt als zweite Teilung auf der wagrechten Achse die Werte cA, auf der senkrechten Achse die Beträge von

$$\varepsilon = \frac{W}{A} = \frac{cW}{cA} \text{ für } \eta = 0,70.$$

Die Strahlenbüschel aus dem Nullpunkt entsprechen gleichen Werten des Verhältnisses

$$\frac{v_g}{v_k} \cdot \frac{4}{75} \cdot \frac{G}{N} \cdot \sqrt{\frac{G}{F}} = \frac{\eta}{1,05} : \frac{\varepsilon_F}{\sqrt{cA_s}} = \frac{\eta}{1,05} \cdot \frac{1}{\varkappa_F} \sqrt{\frac{cA_s}{cA_F}} \quad (17)$$

dabei ist

$$\varkappa = \frac{\varepsilon}{\sqrt{cA}} = \frac{cW}{cA^{1,5}} \quad . \quad . \quad . \quad . \quad (18)$$

ein wichtiger Wert für das Fliegen mit gleichbleibendem Luftschraubenwirkungsgrad [3]), für den wir, wie seinerzeit das Wort »Gleitzahl« für ε, die Bezeichnung »Flugzahl« vorschlagen [4]). In der Tat gibt sie den augenblicklichen Flugzustand: Stellt man die Gleichungen (15) und (16) beide für die Fluggeschwindigkeit v_F auf, so kommt statt (17)

$$75 \eta \frac{G}{N} : 4\sqrt{\frac{G}{F}} = \varkappa \quad . \quad . \quad . \quad . \quad (20)$$

c) Ergebnisse; Grenzkurve. Die Punkte der verschiedenen Flugzeuge liegen im allgemeinen auf einem Haufen, so daß man keine Kurve hindurchlegen kann.

Besonders hoch, aerodynamisch günstig, fallen die deutschen Verkehrsflugzeuge, vor allem der Staaken-Eindecker und der Sablatnig P 3. Die besten Landeeigenschaften (auch abgesehen von seiner Tragflächenvergrößerung) weist, wenn man den Angaben trauen darf, aus nicht ersichtlichen Gründen das Faltflügel-Flugzeug von Gastambide-Levasseur auf. Die alten englischen Wettbewerb-Doppeldecker von 1912 liegen ziemlich weit rechts, am schlechtesten ist ein Curtiss-Flugboot mit hoher Last, während es bei geringerem Gewicht, auf dem gleichen Nullpunktstrahl, besseres zeigt. Von zwei sonst gleichen Curtiss-Flugzeugen ist der Doppeldecker aerodynamisch günstiger als der Dreidecker; beide landen gleich gut.

Die Begrenzung des Punkthaufens nach links und oben durch eine Kurve (in Abb. 1 gestrichelt) ist etwas kühn, weil gerade Flugzeuge mit angeblich guter Landefähigkeit als zweifelhaft ausgeschieden wurden, doch bestätigt die Neigung der Kurve, daß großes cA_g nur durch Verschlechtern der sonstigen Strömungseigenschaften erkauft werden kann.

d) Wertung der Geschwindigkeitspanne. Wenn auch weder der Punkthaufen noch die Grenzkurve einen gesetzmäßigen Zusammenhang erkennen läßt, müßte es doch eine Rangordnung der Flugzeuge nach ihrer Geschwindigkeitsgüte geben.

Abb. 1 bietet hierfür einmal Kurven, die zu der Grenzlinie parallel oder ähnlich verlaufen: sie sind nicht genau genug bestimmt; oder auch die Strahlen aus dem Nullpunkt: sie entsprechen dem Verhältnis der Landezahl zur Schnelligkeitszahl — daß sie durch den Nullpunkt gehen und die Grenzkurve ziemlich stumpf schneiden, zeigt aber bereits, daß sich dies Verhältnis nur oberhalb einer gewissen Größe der Einzelwerte verwirklichen läßt.

Die Praxis fordert, unabhängig von der Höchstgeschwindigkeit, eine bestimmte Landeschnelle, die nicht überschritten werden darf, soll das Flugzeug für die vorgesehenen Plätze verwendbar sein [1]). Sie kann jedoch raschen Flugzeugen seltenere, bessere Flugplätze zubilligen; für Rennzwecke genügt eine vorzügliche Anlaufbahn.

Man sieht, die verschiedenen Gesichtspunkte lassen sich ebensowenig zu einer Rechenvorschrift oder einer Schar von Kurven gleicher Geschwindigkeitsgüte ausbeuten, wie das bei der gegenseitigen Bewertung von Tragfähigkeit und Schnelligkeit möglich ist. Bei Wettbewerben wird man nach praktischen Erfahrungen und Anforderungen mehr oder weniger willkürlich vorgehen oder aber dem Bewerber die Wahl unter verschiedenen Wertungsschlüsseln lassen müssen.

5. Verbesserung der Höchstgeschwindigkeit.

Jedenfalls gilt es, die Höchstgeschwindigkeit zu steigern, ohne der Landeschnelle zu schaden, diese vielmehr gleichzeitig weiter herabzusetzen.

a) Rechenblatt für die Polare. Nach Gleichung (2) erhält man die Geschwindigkeit bei einem bestimmten Flugzustand aus »Hubgeschwindigkeit« und Gleitzahl; der Anstellwinkel folgt nach Gleichung (20): Flugzahl = Hubgeschwindigkeit, geteilt durch 4fache Wurzel aus der Flächenbelastung, indem man aus Flächen- und Leistungsbelastung mit einer Annahme für den Schraubenwirkungsgrad den Wert von $\varkappa = cW/cA^{1,5}$ berechnet und in der Lilienthal-Darstellung (Abb. 2, rechts) den zugehörigen Anstellwinkel sucht. Das neuartige Rechenblatt (Abb. 2, links) soll das erleichtern. Es unterscheidet sich von seinen Vorgängern [2]) dadurch, daß die Polarkurven unmittelbar von Geraden und Kurven geschnitten werden, die durch einen Kunstgriff, eben die Wahl der Flugzahl $\varkappa$ in Verbindung mit einer einfachen, regelmäßig (nicht logarithmisch) geteilten Rechentafel, sogleich die gesuchten Beziehungen zwischen Flächen- und Leistungsbelastung, Flug- und Steiggeschwindigkeit, Anstellwinkel, Gleit- und Flugzahl herstellt, auch die beste Flugzahl ebenso wie die kleinste Gleitzahl ohne Rechnung, ohne Probieren und ohne Annahmen über die Gestalt der Polare [3]) ergibt.

Die Polarkurve wird (etwa durch Hineinzeichnen oder durch Vereinigen einer Darstellung auf gewöhnlichem mit einer andern auf durchscheinendem Papier) überdeckt vom Rechenblatt, einer doppelten Kurvenschar, nämlich je einem Büschel von

---

[1]) Die Zeichnung zu den Lichtbildern, die nach den Leitsätzen von O. Lasche durchgearbeitet wurden, verdanke ich der Technisch-Wissenschaftlichen Lehrmittelzentrale (T W L).

[2]) Die Schnelligkeitzahl ist auch ein Maß für die Wirtschaftlichkeit im Luftverkehr: Das Verhältnis der Transportarbeit in tkm zur Motorarbeit in PSh wird durch

$$\frac{v \cdot G}{1000 \, N} = 0,270 \, \frac{\eta}{\varepsilon} \quad . \quad . \quad . \quad . \quad . \quad (16a)$$

[3]) Zuerst wohl bei Raoul J. Hofmann, Der Flug in großen Höhen, ZFM 4, Heft 19, vom 11. Oktober 1913, S. 255 bis 256, besonders Gleichung (3).

[4]) Meist wird der weniger bequeme Wert $\frac{1}{\varkappa^2} = \frac{cA^3}{cW^2}$ benutzt und oft als »Steigzahl« bezeichnet. Er kommt indes nicht für das Steigen in Frage, wie Gleichung (19) zeigt, sondern für den Flug, und bei Steigberechnungen für das Abzugsglied (Sinkgeschwindigkeit). H. v. Sanden, Die Bedeutung von c_a^3/c_w^2, TB III, Heft 7, 1918, S. 330 bis 331, empfiehlt mit Rücksicht auf die Änderung des Wirkungsgrades mit der Geschwindigkeit statt dessen $cA^{1,5}/cW^2$; das gibt

$$\varkappa = \frac{cW}{cA^{1,25}} = \frac{\varepsilon}{\sqrt[4]{cA}} \quad . \quad . \quad . \quad . \quad (19)$$

[1]) Doch meint u. a. F. T. Courtney (Quelle: NfL 22/35, 28), hohe Landegeschwindigkeit sei unbedenklich. Ebenso fordert De Havilland lediglich, daß die Auslaufstrecke 150 m nicht überschreite. W. H. Sayers (Quelle: NfL 22/23. 22) weist demgegenüber auf Notlandungen und Hindernisse in der Landebahn hin.

[2]) Siehe etwa des Verfassers Mechanik des Flugzeuges, Moedebecks Taschenbuch für Flugtechniker und Luftschiffer, Kapitel X, S. 479, Anm. 6 und Text.

[3]) Zeichnerisch mit solchen Annahmen gelöst von W. Klemperer, Ein einfaches Verfahren zur Auffindung von $\left(\frac{c_a^3}{c_w^2}\right)_{max}$ ZFM 13, Heft 6 vom 31. März 1922, S. 78 bis 79.

Strahlen aus dem Nullpunkt, Geraden gleicher Gleitzahl, und von semikubischen Parabeln, Kurven gleicher Flugzahl. Bei $cA = 1$ haben Gleitzahl und Flugzahl den gleichen Betrag wie der Widerstandsbeiwert (mittlere wagrechte Teilung).

Der Strahl und die Parabel aus dem Nullpunkt, die die Polare gerade noch berühren, geben die beste Gleitzahl und die kleinste Flugzahl. Alle anderen Geraden bzw. Kurven haben zwei Schnittpunkte mit der Polaren.

Die Polare ist mit ihrem Nullpunkt seitlich zu verschieben bis zum cW-Wert des Rechenblattes, der dem schädlichen Widerstand cW_s des Flugzeuges, bezogen auf die Tragfläche, entspricht.

Polaren gibt Anstellwinkel, Auftriebs- und Widerstandsbeiwert. Ein Nullpunktstrahl durch diesen Polarenpunkt läßt, wieder auf der mittleren Geraden, die Gleitzahl ablesen. Verbindet man diese mit dem Wert der Leistungsbelastung (oberste Wagrechte, untere Teilung), so wird auf der schrägen Geraden (obere Teilung) die Fluggeschwindigkeit ausgeschnitten. Sie ist bei gegebener Leistungsbelastung um so höher, je kleiner die Gleitzahl.

c) Wahl des Flügelschnittes. Bei gegebener Polare wären also für die Höchstgeschwindigkeit Flächen- und Leistungsbelastung so zu wählen, daß die Flugzahlkurve durch

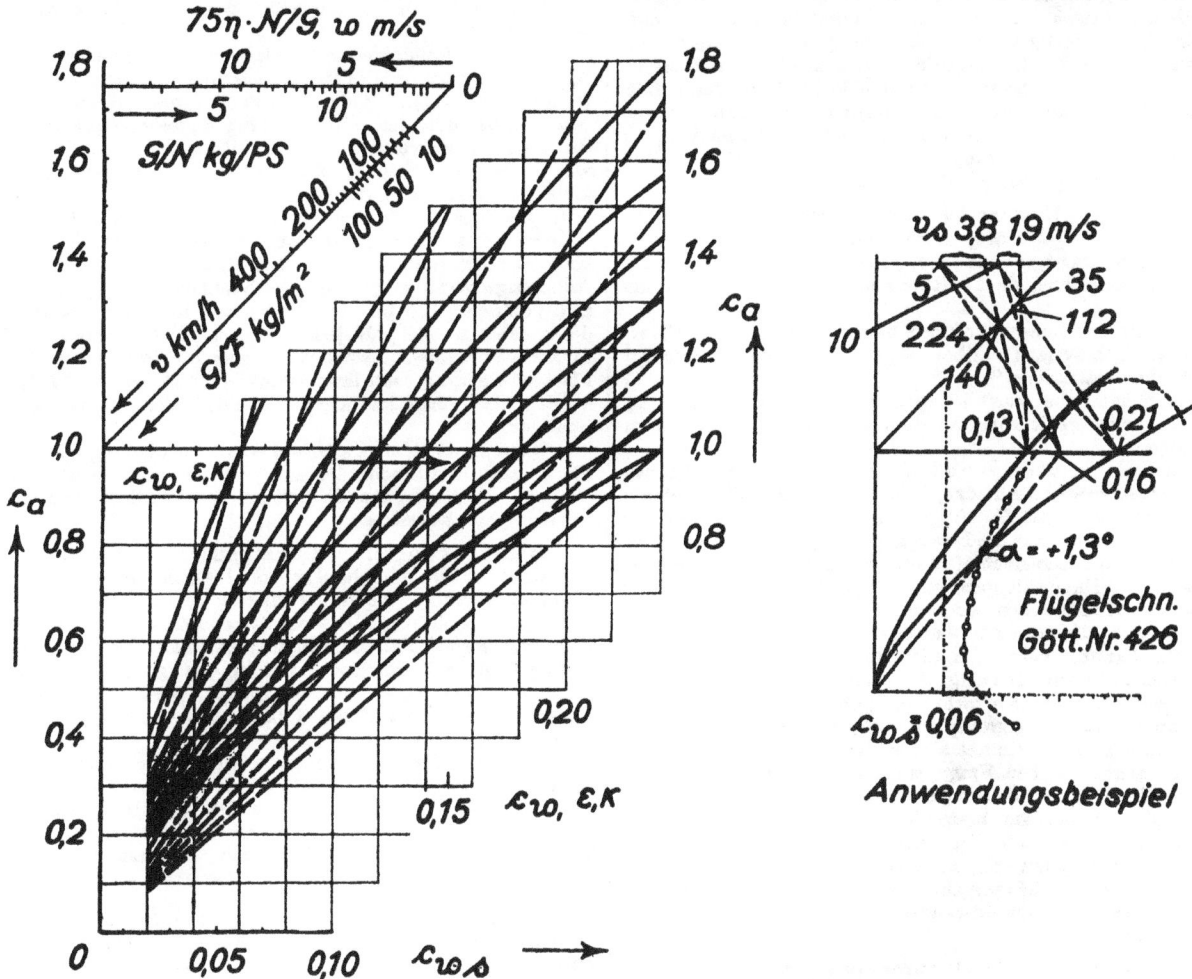

Abb. 2. Rechenblatt für Flugleistungen (DRGM).

b) Ermitteln von Gleitzahl, Flugzahl und Höchstgeschwindigkeit[1]. Das Rechenblatt nach Abb. 2 löst zeichnerisch die Gleichungen (20) und (2). Zunächst ergeben sich für irgendeinen Anstellwinkel Gleitzahl und Flugzahl aus der Geraden bzw. Parabel, die durch den entsprechenden Punkt der Polare hindurchgeht (Werte an der mittleren Teilung ablesen).

Praktisch richtiger ist die Frage nach dem Anstellwinkel und der Geschwindigkeit für ein bestimmtes Flugzeug, d. h. für gegebene Leistungsbelastung (oberste Wagrechte, untere Teilung) und Flächenbelastung (schräge Gerade, untere Teilung). Eine Gerade durch die betreffenden Punkte der Teilungen schneidet die mittlere Wagrechte in dem Punkt der gesuchten Flugzahl. Der Schnitt der zugehörigen Parabel mit der

den Berührpunkt einer Tangente aus dem Nullpunkt an die Polare geht: Flug mit bester Gleitzahl. Alsdann entscheidet zwischen zwei Flügelschnitten lediglich die Neigung dieser Tangente.

Liegt dagegen die Flugzahl fest, so gibt die Polare die größte Geschwindigkeit, die die Parabel am weitesten links schneidet.

Die zeichnerische Auswahl ist so bequem, daß es zwecklos scheint, nach rechnerischen Lösungen (etwa Ersetzen der Polare durch Parabel) zu suchen, solange es nicht gelingt, die Gestalt des Flügelschnittes mit dem Verlauf der Polare analytisch zu verknüpfen[1].

---

[1] Die Verwendung des Rechenblattes zum Bestimmen der Steig- und Sinkgeschwindigkeit sowie anderer Zusammenhänge, die Berücksichtigung der Höhe bzw. Luftdichte, des Wirkungsgrades und des Seitenverhältnisses werden ZFM 18, Heft 18 vom 30. September 1922, S. 249 bis 251, beschrieben; in diesem Zusammenhang kommt es nur auf die Geschwindigkeit an.

[1] Es sei jedoch ein zeichnerisch-rechnerisches Verfahren zur »Auswahl von Flügelschnitten« erwähnt: NfL 22/11. 28: Edward P. Warner, The choice of wing sections for airplanes, National Advisory Committee for Aeronautics (Amerikanischer Landesbeirat für Luftfahrt), Technical Note Nr. 73, November 1921, Sonderdruck; auch Aerial Age Weekly 1922.

Warner stellt für die verschiedenen Anforderungen an die Geschwindigkeitsgrenzen bzw. Flugleistungen je zwei Beziehungen

d) **Wahl der Flächenbelastung.** Aus Abb. 2 folgt, daß große Höchstgeschwindigkeit durch hohe Flächenbelastung zu eszielen ist. Umgekehrt verlangt das Landen geringe Flächenbelastung. Hier den richtigen Wert allgemein anzugeben, ist um so weniger möglich, als die Forderungen für die Grenzgeschwindigkeiten nicht festliegen. Pröll [1] hat für die Größt- und für die Landegeschwindigkeit, und zwar für das Gleiten im Beharrungszustand wie für das nichtstationäre Ausschweben, Kurven und Rechenverfahren angegeben, die auch den Vorgang des Aufsetzens oder Durchsackens erfreulich klären. Für solche Betrachtungen könnte unser Rechenblatt ebenfalls dienen:

Die Flugzahlparabel durch den Berührpunkt der Tangente aus dem Nullpunkt an die Polare bestimmt mit der Leistungsbelastung die günstigste Flächenbelastung (für Höchstgeschwindigkeit!). Weicht die Flügelfläche erheblich von der ersten Annahme ab, so ist bisweilen der schädliche Widerstand (falls er der Flügelfläche nicht verhältig ist) zu berichtigen, d. h. die Polare entsprechend zu verschieben und die Berechnung zu verbessern. War die Polare auf durchscheinendem Papier über die Rechentafel gelegt, so ist das bequem auszuführen.

6. Verbesserung der Landegeschwindigkeit.

Während die Höchstgeschwindigkeit sich unter Verzicht auf Wirtschaftlichkeit noch recht gut steigern läßt, ist man bei der Landegeschwindigkeit mit den gewöhnlichen Mitteln am Ende.

Profile mit hohem Auftrieb haben meist großen Widerstand (s. Zahlentafel 1). Über $cA_g = 1,81$ ist man überhaupt nicht hinausgekommen [3].

Man hat daher nach besonderen Vorrichtungen gesucht, die Geschwindigkeit kurz vor dem Berühren des Bodens zu verringern.

a) **Luftbremsen und Umkehrschraube.** Ebenso wie beim Ausrollen am Boden, läßt sich beim Ausschweben die Weglänge und damit die nötige Ausdehnung der Landeplätze verkleinern, wenn man die Bewegungsenergie durch künstliches Vermehren der schädlichen Widerstände rascher vernichtet, etwa durch Hinausklappen von Bremsflächen [3]), die vor allem das Ausschweben, oder durch umsteuerbare Luftschrauben, die auch das Ausrollen verkürzen [4]).

Die Landeschnelle, d. h. die Geschwindigkeit im Augenblick der Bodenberührung, und damit die Gefahr des Überkopfgehens, kann jedoch nicht durch vermehrten Widerstand, sondern nur durch vergrößerten Auftrieb vermindert werden. Für unsere Aufgabe kommen also bremsende und rücktreibende Vorrichtungen nicht in Frage, wohl aber tragende.

b) **Verstellen des Flügelschnittes.** Durch Vergrößern der Profilwölbung, am besten [5]) durch gleichzeitiges Herabziehen von Vorder- und Hinterkante [3]), läßt sich bei gleicher Landegeschwindigkeit bis zu 0,35 mehr Flächenbelastung [5]) erzielen [6]). Aber Mehrgewicht an Flügeln und Stellzeug [6]), auch größere Druckpunktwanderung [4]), heben diese Vorteile wieder auf.

Biegsame Flügelrippen sind baulich schwierig und unsicher [1]), gestatten jedoch nahezu die gleiche Verbesserung [1]).

Einwandfreie Angaben über die wirklichen Gewichts- und Geschwindigkeitsverhältnisse von Flugzeugen mit Verstellprofil liegen nicht vor; man wird daher, ohne allzugroße Hoffnungen, abwarten müssen, was die technische Durchbildung bringt.

c) **Vergrößern der Flügelfläche.** Wegen des Randwiderstandes wird man Faltflügel mit größter Spannweite im Schnellflug (mit kleiner Fläche) verwenden, also zum Landen die Flügel nicht seitlich [3]), sondern nach vorn und hinten ausfahren [3]). Das Flächengewicht wird jedoch um mehr als die Hälfte höher [4]) als bei Verstellprofilen, also die Aussichten schlechter.

Auf die Landegeschwindigkeit wirken Änderungen von Auftriebsbeiwert und Flächenbelastung in gleichem Maße (s. Gleichung (14)). Während jedoch großer Höchstauftrieb den Flügelschnitt für schnellen Flug ungeeignet macht, wird die Höchstgeschwindigkeit durch Einfahren der Faltflügel, also vergrößerte Flächenbelastung, nur wenig verbessert, bei kleinen Leistungen sogar verringert. Das hat Lupberger [5]) unter der hier ziemlich berechtigten Annahme, daß der schädliche Widerstand unabhängig von der Flügelfläche sei [6]), gezeigt. Es folgt auch, freilich nicht in dem Maße wie bei Lupbergers Näherungsrechnung, aus dem Rechenblatt (Abb. 2); die Flugzahl verändert sich mit der Wurzel aus der Flächenbelastung, die zugehörige Gleitzahl jedoch wegen der Krümmung in der Polare viel weniger, selbst wenn man die Polare bei kleiner Flächenbelastung nach links verschiebt, um den verhältnismäßig kleineren schädlichen Widerstandsbeiwert zu berücksichtigen.

Danach scheiden Faltflügel aus, zumal Vergrößern der Fläche auf das 1,8fache, technisch bereits eine sehr schwierige Aufgabe, die Landeschnelle erst um ¼ herabsetzt, vom Mehrgewicht ganz abgesehen.

d) **Düsenflügel.** [7]) Die Erfindung Lachmanns, die Handley Page unabhängig von ihm im Modell und am Flugzeug erprobte, bietet die meisten Aussichten (s. Zahlentafel 1, Nr. 7 bis 10). Der Höchstwert, $cA_g = 3,92$, verspricht bei 25 (49) kg/m² Flächenbelastung die Landegeschwindigkeit 36 (51) km/h, mit Rücksicht auf Flugzeuggröße und Bodennähe 35 (48) km/h. Für den größten Wert der deutschen Messungen sind die Zahlen: $cA_g = 2,19$, $v_k = 49$ (68) bzw. 46 (65) km/h.

Es muß abgewartet werden, ob der hohe Wert der englischen Messungen sich bestätigt, wie stark die Turbulenz das Ergebnis (voraussichtlich günstig) beeinflußt, die ja im Flugwind fast immer vorhanden ist, wie weit es gelingt, die Güte des Flügels bei geschlossenen Schlitzen zu wahren, Festigkeit, geringes Gewicht und Betriebsicherheit bei den

---

zwischen Auftriebs- und Widerstandsbeiwert auf, von denen die eine möglichst groß zu machen ist, die andere einer Nebenbedingung gehorcht. Der Vergleich von Kennlinien liefert dann eine Rangordnung der Flügelschnitte. Abb. 2 ergibt die meisten Beziehungen ebenfalls und einfacher. Vgl. auch NfL 21/1. 23 und 22/4. 34.

[1]) Vgl. A. Pröll, Über die Wahl der Flächenbelastung mit besonderer Rücksicht auf den Landungsvorgang, ZFM 11, Heft 19, vom 31. Oktober 1920, S. 277 bis 281. Ferner die Berechnung der Schwebe und Rollstrecken von Philippe, Das Landen von Flugzeugen; Quelle: NfL 22/23. 23.

[2]) Nach dem Verzeichnis, s. Anm. 6, S. 29, und nach freundlicher Mitteilung von Herrn C. Wieselsberger, der dazu bemerkt, der Höchstauftrieb hänge offenbar merklich von dem Turbulenzzustande des Luftstromes ab, dann aber auch von der Exaktheit der Modellherstellung. Vgl. oben, Abschnitt 3a, S. 29.

[3]) Vgl. Luftbremsen für Flugzeuge, ZFM 11, Heft 2 vom 31. Januar 1920, S. 30.

[4]) NfL 21/47. 38 (Berichte von H. Glauert über das Landen von Flugzeugen).

[5]) Ansichten von W. H. Sayers, Quelle: NfL 21/29. 21. Dort auch Erwiderung von C. R. Fairey (Fairey-Seeflugzeuge sind mit 60 kg/m² Flächenbelastung dank ihren Profilklappen glatt gewassert).

[6]) H. Herrmann, Verstellprofile, ZFM 12, Heft 10 vom 31. Mai 1921, S. 147 bis 154, besonders Abb. 4 und 5, Zahltaf. 4 und 9, Parker-Profil mit biegsamer Rippe.

---

[1]) Ansichten von W. H. Sayers, Quelle: NfL 21/29. 21. Dort auch Erwiderung von C. R. Fairey (Fairey-Seeflugzeuge sind mit 60 kg/m² Flächenbelastung dank ihren Profilklappen glatt gewassert).

[2]) H. Herrmann, Verstellprofile, ZFM 12, Heft 10 vom 31. Mai 1921, S. 147 bis 154, besonders Abb. 4 und 5, Zahltaf. 4 und 9, Parker-Profil mit biegsamer Rippe.

[3]) Der Carolin-Doppeldecker-Verstellflügel wird freilich in Holmrichtung vergrößert. Quelle: NfL 22/25. 16.

[4]) Gastambide-Levavasseur-Doppeldecker, s. Zahltaf. 2, Nr. 1; Quellen: NfL 21/27. 38; dort weitere Hinweise. Der Oberflügel wird auf doppelte Tiefe (3,28 statt 1,60 m) ausgefahren, die Gesamtfläche von 32 m² auf 54 m² (das 1,6fache) vergrößert.

[5]) E. Lupberger, Über den Einfluß der Flügelabmessungen auf die Fluggeschwindigkeit, ZFM 12, Heft 21, vom 15. Nov. 1921, S. 316 bis 318.

[6]) Lupberger setzt mit der Widerstandsfläche f (m²) und dem Beiwert des schädlichen Widerstandes $cW_f : f \cdot cW_f = 1,2$ m²; wir müßten also $cW_s = \dfrac{1,2}{F}$ einführen. Außerdem nimmt Lupberger den Profilwiderstand stets gleich, die Polare also als Parabel.

[7]) Vgl. NfL 21/26. 33 bis 35: C. Wieselsberger, Untersuchungen über Handley-Page-Flügel (Mitteilungen der Aerodynamischen Versuchsanstalt zu Göttingen, III. Folge, Nr. 3), ZFM 12, Heft 11 vom 15. Juni 1921, S. 161 bis 164; G. Lachmann, Das unterteilte Flächenprofil, ebenda S. 164 bis 169. Auch R. Reynolds, übersetzt und ergänzt von G. Lachmann, Zur Spaltflügelfrage, ZFM 13, Heft 9 vom 15. Mai 1922, S. 123/120.

mehrfach geteilten Tragflügeln mit ihren vielen Verschlußklappen zu vereinen und Anstellwinkel von 45° ohne ungeheuerliche Fahrgestelle und verwickelte Flügelschwenkvorrichtungen beim Aufsetzen zuzulassen.

7. Weitere Entwicklung.

So aussichtsreich diese Mittel zum Vergrößern der Geschwindigkeitspanne den hoffnungsfrohen Erfindern scheinen mögen — wir dürfen nicht vergessen, daß der Boden im Augenblick des Aufsetzens bestenfalls mit der Höchstgeschwindigkeit unserer Straßenverkehrsmittel berührt wird, wenn die Flugzeuge im übrigen luftverkehrstauglich sein sollen.

Das Ziel liegt aber viel näher — und zugleich sehr fern: »Sicher und zweckmäßig Fliegen heißt auf der Stelle landen«; keiner unserer Wege führt dahin. Sollte nicht die Hubschraube [1], vielleicht als Schwenkschraube [2] für Vor- und Auftrieb, hier die Lösung geben? Und hier wendet sich die Aerodynamik wieder an den Motor- und Getriebebau mit der Forderung nach leichten und betriebsicheren Maschinen.

Nun zum Schluß: Meine Ausführungen versuchen zu zeigen, was in der wichtigen Aufgabe, die Geschwindigkeitsgrenzen zu erweitern, bisher geleistet wurde und weiter möglich ist. Ich gab ferner ein einfaches Mittel, die Flugleistungen zu berechnen.

Leider sind uns die Trauben, die am Weinstock unserer Erkenntnis reifen, durch unsere Feinde allzusehr versauert.

Da gilt es, Erfahrungen und Erkenntnisse zu erhalten und zu vertiefen, der Jugend ins Herz zu pflanzen, was Fliegen heißt und was die deutsche Luftfahrt vermag.

Und wenn die Flugtechnik jetzt krank und siech ist und uns nicht mehr ernährt, dann müssen wir sie pflegen und nähren in unseren freien Stunden, bis sie von der englischen Krankheit geheilt ist und wieder auf eignen Füßen steht.

Aussprache.

Dr.-Ing. Hoff: Meine Damen und Herren Wir gehen wohl nicht fehl, wenn wir annehmen, daß der Wunsch des ausgezeichneten Vortrages gewesen ist, eine gute theoretische Brücke zwischen der Forderung der Lande- und vollen Fluggeschwindigkeit der Flugzeuge zu bauen. Wenn dies nicht gelungen ist, so tragen die hier vorgetragenen Untersuchungen, die uns eine Reihe neuer Dinge gebracht haben, keine Schuld.

Herr Everling zeigte uns in ähnlicher Weise wie vorhin Herr Rohrbach eine Grenze, und zwar diejenige des schnellsten Flugzeuges. Die von Herrn Everling gestreiften Möglichkeiten des schnellsten Flugzeuges zeigen uns, daß wir diese Grenze noch nicht erreicht haben. Auf der anderen Seite hat Herr Everling auf die Landemöglichkeiten hingewiesen. Ich glaube, daß Herr von Kármán uns da auch noch einiges Neue sagen wird.

Herr Everling brachte ein schönes Rechenblatt, mit dem die Daten, die wir zur Ausrechnung von Flugzeugleistungen brauchen, schnell zu finden sind. Etwas hat mir jedoch an dem Rechenblatt und den auf diesem benutzten Gleichungen nicht gefallen. Eine Kritik an eingeführten Bezeichnungsweisen und Hinweise auf die Notwendigkeit ihrer Abänderung sind sicher gut. An dieser Aufgabe werden wir sicher alle gern mitarbeiten. Wir haben nun gewisse Normen in den Göttinger Bezeichnungen gefunden, die wir verstehen und die überall gebraucht werden. Ich halte es deshalb für empfehlenswert, mit der Einführung neuer Bezeichnungen so lange zu warten, bis man sich auf diese geeinigt hat. Ich glaube, daß diese Einigung zuerst erfolgen muß, bevor die gezeigten Musterblätter diese neuen Bezeichnungen tragen sollen. Ihr Vertrieb würde sonst bedauerlicherweise erschwert werden.

Die Untersuchungen des Herrn Everling werden Anregungen geben zu weiteren praktischen Erfolgen.

---

[1] Zahlentafel und Quellenangaben über Hubschrauben siehe NfL 22/16. 16; ferner das Hubschrauber-Sonderheft der ZFM 12, Nr. 24 vom 31 Dezember 1921.

[2] Vgl. auch E. Everling, Sicherheitsvorkehrungen für Flugzeuge (Preisarbeit von 1920), Der Motorwagen 25, Nr. 24 und 27 vom 31. August und 30. September 1922, S. 453 bis 467 und 511 bis 516; besonders Abschn. 3 d, Vorbeugung durch Landefähigkeit, S. 458 bis 459.

Oberstleutnant a. D. Siegert: Meine Damen und Herren! In seiner tiefgründigen und tiefschürfenden wissenschaftlichen Untersuchung hat Herr Dr. Everling mich eingangs zitiert mit dem Wort: Fliegen heißt landen. Obwohl ich unwürdig bin, an dieser wissenschaftlichen Diskussion teilzunehmen, habe ich doch mit Freuden diesen Strohhalm aufgegriffen, um mir etwas von der Seele zu reden, das inter pocula zu ernst ist und das ich sonst nicht anbringen kann. Fliegen heißt nicht nur landen, sondern manchmal auch fliegen. Die darüber erschienene Literatur aufeinandergetürmt, reicht bis in ungebrochene Rekordhöhen. Mit dieser Tagung zusammen fällt das Erscheinen eines schmalen Heftchens vom Fliegen, es ist erschienen im Verlag unserer Zeitschrift. Sein Verfasser ist der von Wissenschaft und Praxis gleich anerkannte Professor Kurt Wegener. Durch diese Veröffentlichung sind mit einem Schlage alle bisherigen Veröffentlichungen über das Fliegen zur Makulatur geworden. Das Büchlein erschöpft die Kunst des Fliegens vollkommen. Es ist eine Fundgrube für den Gelehrten, für den Flugsportjünger, den Verkehrspiloten, den Kenner und den Banausen. Es birgt eine Fülle von Gedanken derart, daß man an Hand dieses Büchleins sicher durch das Reich der Lüfte geführt wird. Ich bitte, Ihre Geduld in Anspruch nehmen zu dürfen, um in zwei Minuten einige Sätze aus der Einleitung des Kapitels »Fliegen« vorzulesen. (Wird verlesen.)

Es ist in der heutigen Zeit nicht unangebracht, hier von diesem Platze aus die Versicherung abzugeben, daß ich keinerlei Prozente für den Verkauf des Buches beziehe. Ich bin nicht einmal orientiert, ob der Autor mit dieser Propagierung einverstanden ist. Meine Empfehlung für das Büchlein entspringt reiner Begeisterung und Verehrung. Ich bitte alle Mitglieder der Wissenschaftlichen Gesellschaft für Luftfahrt herzlich, dieses Büchlein eifrigst zu empfehlen, auch außerhalb der Fachkreise. (Bravo und Händeklatschen.)

Dr.-Ing. Lachmann: Herr Dr. Everling hat die von Handley Page und mir konstruierten Spaltflügel in den Kreis seiner Betrachtungen einbezogen. Wenn Herr Dr. Everling die englischen Versuchsergebnisse anzweifelt, so darf ich ihm hiermit auf Grund einer großen Reihe von Versuchen mit Spaltflügeln, die ich in Göttingen vorgenommen habe, mitteilen, daß ich die englischen Versuchsergebnisse im wesentlichen bestätigt gefunden habe. Besonders bei dicken Profilen ergab sich eine gute Übereinstimmung hinsichtlich des prozentualen Mehrauftriebs mit den englischen Messungen. Gewisse Unterschiede wurden lediglich hinsichtlich des Höchstwertes von c_a festgestellt, was aber auf die Verschiedenheit der Windkanäle zurückzuführen sein dürfte. Bekanntlich werden diese Unterschiede auch bei normalen Profilen beobachtet. Ich hoffe im übrigen, daß die demnächst stattfindende Kontrollmessung, die in Teddington mit einem bereits in Göttingen von mir gemessenen Profil vorgenommen werden soll, ein genaues Bild über den Einfluß der verschiedenen Windkanäle auf das Messungsergebnis geben wird.

Wenn Herr Dr. Everling die bisherigen Ergebnisse mit Spaltflügeln als spärlich bezeichnet, so darf ich ihn daran erinnern, daß in der Flugtechnik wohl noch keinem reife Früchte ohne weiteres in den Schoß gefallen sind. Man muß um jedes Prozent kämpfen. Diejenigen unter Ihnen, die selbst auf ähnlichen Gebieten arbeiten, werden mir das mit einer gewissen Resignation bestätigen können.

Die bisherigen Erfolge kann ich dahin zusammenfassen, daß man mit einem Schlitz eine Auftriebssteigerung von 50—60 vH erzielen kann. Der erste Wert gilt für dicke und der zweite für dünne Profile. Das bedeutet für die Landungsgeschwindigkeit eine Verminderung von ungefähr 20 vH. Das ist gewiß noch nicht sehr viel, aber es besteht durchaus die Möglichkeit, durch Anwendung mehrschlitziger Flügel noch größere Werte von c_a und entsprechende kleinere Landegeschwindigkeiten zu erreichen. Bekanntlich sind ja in England mit mehrschlitzigen Flügeln schon bemerkenswerte Versuchsergebnisse erzielt worden.

Sie ersehen aus der Grundgleichung für den dynamischen Flug, daß die Fluggeschwindigkeit v für eine mittlere Luftdichte ungefähr den Betrag

$$v = \frac{1}{c_a^{1/2}} \cdot 4 \sqrt{\frac{G}{F}} \quad \text{besitzt.}$$

Bei konstanter Flächenbelastung hängt die Landegeschwindigkeit von $c_{a\,max}$ ab. Erhöhung der Flächenbelastung bringt Vergrößerung der Geschwindigkeit. Man darf jedoch mit der Landegeschwindigkeit nicht zu hoch gehen, ohne die Sicherheit zu gefährden. Wenn auch bei dem Staakener Eindecker, der eine außergewöhnlich hohe Flächenbelastung besaß, der Auslauf angeblich durch das neuartige Fahrgestell ohne Vorspannung der Abfederung sehr verkürzt würde, so muß ich doch gestehen, daß mir als ehemaligem Piloten bei dem Gedanken nicht ganz wohl wäre, eine Maschine mit einer Landegeschwindigkeit von 130 km/h auf unbekanntem Gelände notzulanden. Gerade bei derartigen Maschinen mit hohen Flächenbelastungen würde ein Spaltflügel gute Dienste leisten.

In ausländischen Veröffentlichungen über Spaltflügel ist eine Überlegung angestellt worden, nach welcher durch Anwendung der unterteilten Profile und entsprechend höherer Flächenbelastung auch die Fluggeschwindigkeit bei konstant bleibender Motorleistung erhöht werden könnte. Diese Überlegung erweist sich jedoch bei näherer Prüfung als ein Trugschluß. Nehmen wir z. B. eine Flächenbelastung von 100 kg/m² bei Anwendung eines normalen Profiles an, so kann man durch Anwendung eines Spaltes auf eine Flächenbelastung von $\approx$ 150 kg/m² gehen, ohne daß sich die Landegeschwindigkeit ändert. Konstruktiv kann das dadurch erreicht werden, daß man den Flächeninhalt des Flugzeugs bei konstant bleibendem Gewicht um 50 vH verringert. Dabei wird man natürlich auch die Spannweite verringern müssen, und die Folge ist eine Zunahme des induzierten Widerstandes. Ferner muß man infolge der Verkleinerung der Fläche mit einem größeren c_a fliegen, wenn die Fluggeschwindigkeit unverändert bleiben soll. Das hat im allgemeinen zur Folge, daß man mit einer besseren Gleitzahl fliegt als vorher. Der Staakener Eindecker fliegt z. B. mit einem c_a von 0,3 und würde mit unterteiltem Profil mit einem c_a von 0,45—0,48 fliegen. Die Gleitzahl bei diesem c von 0,48 ist jedoch besser als die des kleineren Auftriebsbeiwertes. Mithin wird an Leistung gespart bzw. kann mit größerer Fluggeschwindigkeit geflogen werden. Dies ist die Überlegung, die meistens angestellt worden ist. Hierbei wird jedoch übersehen, daß sich der Anteil des Rumpfwiderstandes bei Anwendung eines unterteilten Profils und kleinerer Fläche in entsprechendem Maße vergrößert. Wenn man dies berücksichtigt, ergibt sich, daß eine Leistungsersparnis bzw. eine Geschwindigkeitserhöhung wenigstens nach den vorläufigen Messungsergebnissen mit Spaltflügeln schwerlich möglich erscheint.

Dr. Koppe: Meine Damen und Herren! Der Herr Vortragende erwähnte, daß in den Kriegszeiten auf praktische Geschwindigkeitsmessungen von Flugzeugen nicht das nötige Gewicht gelegt worden sei und jetzt auch nicht geschehe. Da möchte ich hier die Frage aufwerfen: Warum? — Warum legt man auch jetzt noch nicht das nötige Gewicht auf die Messung der Geschwindigkeit von Luftfahrzeugen. Es gibt eine Stelle — es ist die Deutsche Versuchsanstalt für Luftfahrt in Adlershof — die es sich in erster Linie zu ihrer Aufgabe machen muß, derartige Messungen praktisch auszuführen. Aber bedauerlicherweise ist sie bisher nur von wenigen Konstrukteuren in Anspruch genommen worden.

Ich möchte an dieser Stelle erwähnen, daß die DVL beabsichtigte, eine besondere Einrichtung zu schaffen; etwa eine Basis festzulegen unter besonderer Rücksicht auf die Erfordernisse der genauen Messung von Geschwindigkeiten von Luftfahrzeugen. Diese Anlage war bereits fertiggestellt worden. Sie stand zur Verfügung, konnte leider aber noch nicht in Benutzung genommen werden und droht zu verfallen, wenn nicht allseitig die Flugzeugindustrie selbst sich bereit erklärt, alle ihre Flugzeuge, die sie baut, wenigstens die neuen Typen, bei der DVL prüfen zu lassen; leider verfügt die Versuchsanstalt nicht über die nötigen Mittel, diese Untersuchungen, die doch unbedingt erforderlich sind, als eigene Forschungsarbeiten durchzuführen.

Der Herr Vortragende erwähnte ja, daß einzelne Geschwindigkeitsmessungen sehr in Zweifel zu ziehen seien. Ich kann hier nicht darauf eingehen, wie der Begriff der Geschwindigkeit eines Luftfahrzeuges überhaupt eindeutig zu definieren wäre, oder auch für die mannigfachen Meßverfahren sprechen. Jedenfalls müssen wir auch in dieser Richtung weiter arbeiten. Wir haben ja die entsprechenden Anlagen, und ich möchte heute an Sie die Bitte richten: Kommen Sie und helfen Sie uns, wie Sie auch zugesagt haben, Ihr statistisches Material zur Verfügung zu stellen in gemeinsamer Weiterarbeit zur Neuerstehung unserer Luftfahrt; auf diese Weise wollen wir die gemeinsamen Interessen verfolgen, damit nicht die Erfahrungen, die in der Kriegszeit gesammelt worden sind, jetzt etwa verlorengehen, sondern daß diese wirklich verwertet und neue hinzu erworben, ja, neue Verfahren entwickelt werden, um auf diese Weise weitere Fortschritte zu zeitigen.

Dr. Everling (Schlußwort): Herr Dr. Koppe hat auf die Geschwindigkeitsmessungen der DVL hingewiesen. Sie finden auch in meiner Zahlentafel bei den deutschen Flugzeugen den Vermerk »DVL«. Diese Messungen brauchte ich nicht, wie manche Angaben der Fachpresse, anzuzweifeln. Ich wünschte, daß die DVL Gelegenheit hätte, alle Flugzeuge zu prüfen, damit wir recht zuverlässiges statistisches Material in die Hand bekommen.

Herrn Dr.-Ing. Lachmann bin ich dankbar, daß er meine Ausführungen ergänzte und unterstrich. Herr Lachmann bestätigt meine Angabe, daß der englische Höchstauftrieb eines Spaltflügels von der glaubhaften Göttinger Messung abweicht. Hoffentlich erfährt man bald Näheres über die geplanten Vergleichsmessungen.

Herr Lachmann ist mit mir auch darin einer Meinung, daß der aussichtsreiche Spaltflügel uns noch eine Reihe technischer Schwierigkeiten aufgibt. Das Verdienst derer, die ihn erdachten und entwickeln, wird dadurch keineswegs geschmälert.

Daß Herrn Dr.-Ing. Hoff der Vortrag »gefallen« hat, freut mich deshalb besonders, weil die Anregung der WGL an mich, über diese Fragen zu reden, von ihm ausging. Über die Bezeichnung c_a usw. finden Sie das Nähere im gedruckten Vortrag. Um Sie nicht mit formalen Dingen zu langweilen, sei nur erwähnt, daß die gebräuchlichen Bezeichnungen keineswegs einheitlich sind — Herr Hoff muß in der ZFM ständig C_a in c_a berichtigen, und Herr Professor Prandtl ist bereit, jene (C_a usw.) wieder abzuschaffen — und daß ich beim Herausgeben eines Rechenblattes nach dem neuen Verfahren mich dem allgemeinen Brauch anpassen werde.

Herr Oberstleutnant Siegert hat sein geflügeltes Wort leider wieder in den Schuppen gerollt: es gilt nicht mehr »Fliegen heißt Landen«, nein, »Fliegen heißt Fliegen«. Über den Wert der neueren »Flug«-Schriften will ich mit Herrn Siegert nicht streiten, so wenig wie über seine geflügelten Worte. Denn darin sind wir einig: Flugwissenschaftlich forschen, flugtechnisch gestalten — Fliegen heißt Leben!

II. Die Vergrößerung der Flugzeuge.

Vorgetragen von Adolf Rohrbach.

Durch meine Arbeiten der letzten Jahre bin ich zu Anschauungen über die Vergrößerung der Flugzeuge gekommen, welche von denen, die ich noch vor einigen Jahren hatte, und welche heute noch viele teilen, abweichen. Ich habe daher dankbar die Gelegenheit angenommen, die mir die WGL heute gibt, um gerade Ihnen diese Ansichten vorzutragen und in der Besprechung Ihre Meinung darüber zu hören.

Dabei möchte ich mich heute nur mit der Vergrößerung des eigentlichen Flugzeuges, des Flugwerkes befassen, also von der Anordnung und besonderen Ausbildung der Kraftanlage ganz absehen.

Es gilt heute allgemein als Grundsatz, daß mit einer Vergrößerung der Flugzeuge über etwa 500 PS hinaus in keinem Falle technisch viel zu gewinnen sei. Diese Überzeugung scheint auf den ersten Blick so sicher begründet und bewiesen, daß nicht an ihr zu rütteln ist.

In diesem Zusammenhang denkt man gewöhnlich zunächst an den bekannten Beweis von Lanchester, nach welchem die Eigengewichte der Flügel, des Rumpfes usw. mit wachsender Größe des Flugzeuges einen immer mehr — nämlich entsprechend der 1,5 Potenz des Vergrößerungsverhältnisses der Gesamtgewichte — zunehmenden Bruchteil des Gesamtgewichtes ausmachen, so daß es hiernach eine gewisse Grenzgröße gibt, bei der die Flügel usw. so schwer sind, daß überhaupt keine Nutzlast mehr übrig bleibt. Obschon sich die Zunahme des Flugwerkgewichtes im Gegensatz zu dieser Theorie in der Praxis in ganz wesentlich engeren Grenzen hält, bleibt die Tatsache der nachteiligen Gewichtszunahme doch an sich bestehen. Ferner ist allgemein der Einsatz e i n e s g r o ß e n wertvollen Flugzeuges stets bedenklicher als der von zwei halb so großen. Wenn durch dieses größere Wagnis besondere Vorteile erreicht werden könnten, wäre nichts dagegen zu sagen. Aber solcher Vorteile sind es bisher nur sehr geringe; die hauptsächlichsten sind noch der größere. ungeteilt zur Verfügung stehende Raum, die Gleichzeitigkeit der Reise einer größeren Zahl von Personen u. ä. In allem übrigen wie Geschwindigkeit, Tragfähigkeit, Steigfähigkeit usw. sind die größeren Flugzeuge, so wie sie bisher gebaut wurden, den kleinen gleich oder unterlegen.

Daher sind all diejenigen, welche sich teils unbewußt, teils mit klarem Urteil an die bisher vorliegenden Tatsachen halten, mit Recht Gegner der großen Flugzeuge. Aber während den Großflugzeugen deshalb von ihren Gegnern kurzerhand die Existenzberechtigung abgesprochen wird, erinnern die Großflugzeugfreunde mit Recht an die erzielten schönen Erfolge und sagen: die der Verbesserung des Verhältnisses zwischen Aufwand und Leistung entgegenstehenden Schwierigkeiten werden überwunden werden.

Um durch Klärung der Meinungen ein klein wenig zur Überwindung dieser Schwierigkeiten beizutragen, möchte ich nun auf einige bisher wenig oder nicht beachtete Zusammenhänge zwischen verschiedenen Eigenschaften großer und kleiner Flugzeuge hinweisen. Es wird dabei der bisher üblichen Vergrößerungsweise eine neue gegenübergestellt, durch welche die der Vergrößerung der Flugzeuge entgegenstehenden Schwierigkeiten stark vermindert werden. Während die bisher fast ausnahmslos ausgeführte Vergrößerungsweise dadurch gekennzeichnet wird, daß bei ihr die Flächenbelastung nicht von der Flugzeuggröße abhängt, ist das Hauptmerkmal der neuen Vergrößerungsweise ihre in bestimmter Weise mit der Flugzeuggröße zunehmende Flächenbelastung. Da für die alte Ver-

größerungsweise die Lanchesterschen Überlegungen gelten, sei sie kurz als die Lanchestersche bezeichnet. Um die Vorteile der neuen Vergrößerungsweise zu zeigen, sei sie in den wichtigsten Punkten mit der Lanchesterschen verglichen.

Zahlentafel 1. Grundlagen der beiden Vergrößerungsweisen.

	Alte Art (Lanchester)	Neue Art (Rohrbach)
Verhältnis der Längen	$\alpha^{0,5}$	$\alpha^{0,333}$
» » Flächen	α	$\alpha^{0,666}$
» » Gesamtgewichte . .	α	α
» » Geschwindigkeiten .	1	$\alpha^{0,167}$
» » Motorleistungen . .	α	$\alpha^{1,167}$
» » Flächenbelastungen .	1	$\alpha^{0,333}$
» » Leistungsbelastungen	1	$\alpha^{-0,167}$
» » Kurvenradien . . .	1	$\alpha^{0,333}$

Der Wert α bezeichnet hiernach das Verhältnis der Gesamtgewichte verschieden großer Flugzeuge und behält für beide Vergrößerungsweisen und alle Abschnitte dieser Arbeit seine Bedeutung bei.

Die Unterschiede dieser beiden Vergrößerungsweisen erkennt man am deutlichsten aus den in Zahlentafel 1 angegebenen Vergrößerungsverhältnissen für die verschiedenen ein Flugzeug charakterisierenden Größen. Es soll hier kurz gezeigt werden, welches die Hauptunterschiede sind zwischen einem großen Flugzeug, das den bisherigen Anschauungen entspricht, und einem in bezug auf das Gesamtgewicht eben so schweren, welches nach der neuen Vergrößerungsweise aus einem kleinen Flugzeug entwickelt ist.

Unter kleinen Flugzeugen verstehe ich hier solche von etwa 1500 bis 2000 kg Gesamtgewicht, dagegen unter einem Großflugzeug eines von 8 bis 15 t Gesamtgewicht.

Wenn ich hier der alten Vergrößerungsweise eine andere vergleichend gegenüberstelle, so möchte ich vorher ganz besonders betonen, daß ich damit die Groß- und Riesen-Flugzeuge der Kriegszeit in keiner Weise für unvollkommen erklären will. Sie müssen mit dem Maßstab, der zur Zeit ihrer Erbauung galt, gemessen werden und konnten bei den damals vorliegenden Verhältnissen nur so, wie es geschah, und nicht anders gebaut werden, sonst hätten sie wohl sicher statt der guten Erfolge nur Mißerfolge dargestellt.

1. Kurvenflug.

Um es gleich vorweg zu nehmen, die bisherige Erfahrung und ebenso die Betrachtung all der in dieser Arbeit erläuterten Zusammenhänge hat mich zu der Forderung geführt, große Flugzeuge so zu bauen, daß sie in bezug auf ihre Flugeigenschaften, insbesondere auf ihren Kurvenflug, den kleineren Flugzeugen im wesentlichen modellähnlich sind.

Diese Forderung gleicher Kurvenflugeigenschaften beruht nicht etwa auf der vorgefaßten Absicht, den großen Flugzeugen ähnliche Flugeigenschaften zu verleihen, wie wir sie an den kleinen Maschinen schätzen. Es ergab sich vielmehr nachträglich, daß die großen Flugzeuge, deren Flächen- und Leistungsbelastung gegenüber denen der entsprechenden kleinen Flugzeuge in der richtigen Weise geändert werden, dann neben ähnlicher Steigfähigkeit gleiche Kurvenflugeigenschaften haben. Eine kurze Überlegung zeigt, daß der Kurvenflug fast aller bis heute gebauten großen Flugzeuge nicht dem entsprechender kleiner Maschinen modellähnlich sein kann. Wenn z. B. der

Spiralgleitflug eines großen Flugzeuges eine geometrisch ähnliche Vergrößerung des entsprechenden Spiralgleitfluges eines Kleinflugzeuges darstellen soll, so müssen beide Flugzeuge in einander entsprechenden Augenblicken eines Kurvenfluges auch dieselbe Lage im Raum, also gleiche Längs- und Querneigung und damit auch gleiche Geschwindigkeit haben. Wenn aber anderseits bei gleicher Geschwindigkeit beide

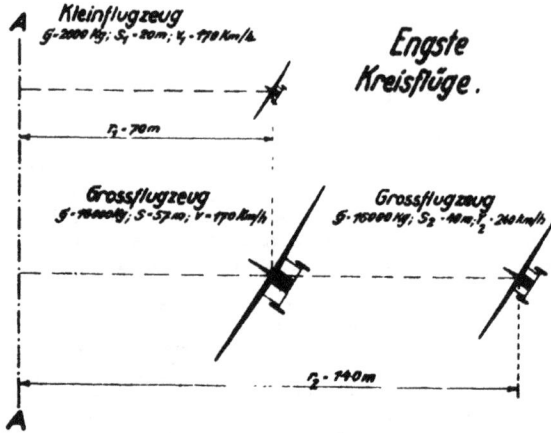

Abb. 1.

dieselbe Querneigung haben sollen, so müssen die Radien der von beiden durchflogenen Kurven einander gleich sein. Da aber die Spannweite, die Rumpflängen usw. beim kleinen und großen Flugzeug in verschiedenem Verhältnis zu diesem Kurvenradius stehen, so sind die Strömungsbilder und damit die Kurvenflugeigenschaften beider Flugzeuge verschieden.

Es gibt nur die folgende Möglichkeit, Flugzeuge so zu vergrößern, daß vollkommene Ähnlichkeit ihres Kurvenfluges besteht.

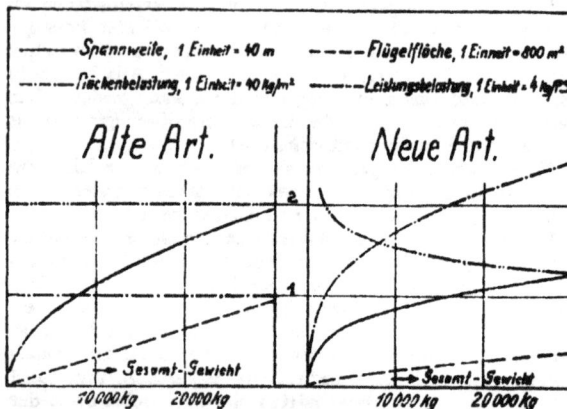

Abb. 2.

In Abb. 1 sind zwei Flugzeuge verschiedener Größe während ähnlicher wagerechter Kreisflüge um die Mitte AA dargestellt. Es muß also zunächst

$$S_1 : r_1 = S_2 : r_2$$

da außerdem $\beta_1 = \beta_2$, so ist bei beiden Flugzeugen das Verhältnis zwischen Gewicht und Zentrifugalkraft gleich, womit:

$$\frac{m_1}{m_1 \dfrac{v_1^2}{r_1}} = \frac{m_2}{m_2 \dfrac{v_2^2}{r_2}} \quad \text{oder} \quad v_1^2 : v_2^2 = r_1 : r_2.$$

Die hiernach zum größeren Flugzeug gehörende größere Geschwindigkeit setzt eine größere Flächenbelastung voraus, denn die Anstellwinkel müssen bei kleinen und bei großen Flugzeugen in einander entsprechenden Augenblicken des Fluges natürlich dieselben sein.

Die in Zahlentafel 1 angegebenen grundlegenden Werte gelten, ebenso wie alle übrigen Angaben dieser Arbeit, streng nur unter der Voraussetzung, daß die großen Flugzeuge den kleinen sowohl in ihren Abmessungen wie in ihrer Gewichtsverteilung vollkommen ähnlich sind. Diese Annahme einer vollständigen Ähnlichkeit macht alle Vergleiche sehr viel klarer. Praktisch wird es meist nicht zweckmäßig sein, die Flugzeuge streng ähnlich zu vergrößern. Denn die praktische Lösung einer Konstruktionsaufgabe bildet den günstigsten Ausgleich zwischen verschiedenen einander widersprechenden Anforderungen, und es ist unwahrscheinlich, daß die günstigsten Lösungen für kleine Flugzeuge einerseits und für große anderseits bei vollständiger Ähnlichkeit der verschiedenen Größen erreicht werden. Solche durch die Forderungen der Praxis bedingten Abweichungen von der strengen Modellähnlichkeit

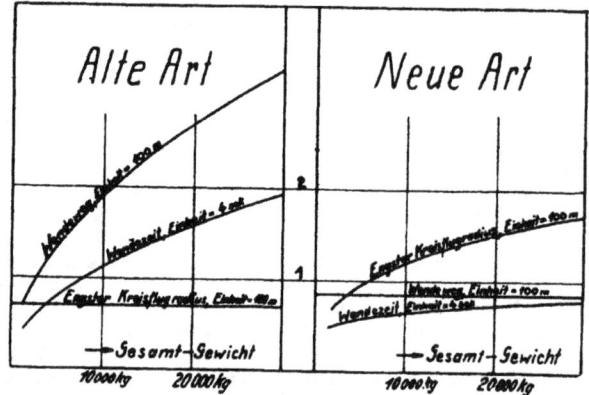

Abb. 3.

können aber so aufgefaßt werden, als ob ein Einfluß geringerer Größenordnung die Hauptgesetzmäßigkeit überlagert. Daher gelten alle hier entwickelten Zusammenhänge zwar nicht überall streng zahlenmäßig, aber doch im wesentlichen unverändert auch für die wirklich ausgeführten Flugzeuge.

Um der Vorstellung einen Maßstab zu geben, sind in Zahlentafel 1a und Abb. 2 für je fünf verschieden große Flugzeuge der beiden Vergrößerungsarten zahlenmäßig gewisse einander entsprechende Durchschnittswerte der in Zahlentafel 1 aufgeführten Größen zusammengestellt.

2. Steuerbarkeit.

Die verschiedene Wirkung dieser beiden Vergrößerungsweisen auf die Steuerbarkeit der Flugzeuge wird am schnellsten aus Zahlentafel 2 und Abb. 3 erkennbar. Ergänzend hierzu gibt Zahlentafel 2a einige Zahlen für die 10 Vergleichsflugzeuge der Zahlentafel 1a.

Zahlentafel 1 a.

		Alte Art					Neue Art				
Flugzeug-Vollgewicht	kg	2000	4000	8000	16 000	32 000	2000	4000	8000	16 000	32 000
Flügelfläche	m²	50	100	200	400	800	50	79,2	126	200	317
Spannweite	m	20	28,4	40	56,8	80	20	25,2	31,8	40	50,4
Flächenbelastung	kg/m²	40	40	40	40	40	40	50,4	63,6	80	100,8
Motorleistung	PS	250	500	1000	2000	4000	250	562	1260	2830	6 350
Leistungsbelastng	kg/PS	8	8	8	8	8	8	7,1	6,35	5,66	5,05
Landegeschwindigkeit	km/h	80	80	80	80	80	80	90	101	113	127
Fluggeschwindigkeit	km/h	170	170	170	170	170	170	191	214	240	270
Radius des engsten Kreisfluges . .	m	70	70	70	70	70	70	88	111	140	176

Zahlentafel 2. Änderungsverhältnisse der Steuerbarkeit.

	Alte Art	Neue Art
Kräfte auf die Ruder	α	α
» in und an Steuerorganen .	α	α
Verstellmomente	$\alpha^{1,5}$	$\alpha^{1,333}$
Massenträgheitsmomente	$\alpha^{2,0}$	$\alpha^{1,667}$
Verstellwege der Steuerorgane . .	$\alpha^{0,5}$	$\alpha^{0,333}$
Arbeitsaufwand beim Ruderlegen .	$\alpha^{1,5}$	$\alpha^{1,333}$
Zeitaufwand beim Ruderlegen . .	$\alpha^{0,5}$	$\alpha^{0,167}$
Winkelbeschleunigungen	$\alpha^{-0,5}$	$\alpha^{-0,333}$
Winkelgeschwindigkeiten in ähnlichen Kurven . .	1	$\alpha^{-0,167}$
Zeiten zur Drehung des Flugzeuges	$\alpha^{0,5}$	$\alpha^{0,167}$
Wege » » » » »	$\alpha^{0,5}$	1

Zahlentafel 2a.

		Alte Art					Neue Art				
Flugzeug-Vollgewicht in kg		2000	4000	8000	16 000	32 000	2000	4000	8000	16 000	32 000
Um die Flugzeuge aus dem Geradeausflug in ähnliche Kurven zu bringen ist erforderlich:	Zeit in sek	2	2,83	4	5,66	8	2	2,25	2,5	2,8	3,2
	Weg in m	85	120	170	241	340	85	85	85	85	85

Hiernach nehmen die auf Ruder und Steuerhebel ausgeübten Kräfte bei beiden Vergrößerungsarten proportional dem Gesamtgewicht des Flugzeuges zu. Als Verstellmomente sind hier die Momente der Gesamtheit aller Luftkräfte in bezug auf die Flugzeugschwerachsen anzusehen. Da diese Verstellmomente bei gleich schweren Großflugzeugen neuer Art im Verhältnis zu dem ihnen allein widerstehenden Massenträgheitsmoment des ganzen Flugzeuges größer sind, erfahren diese bei ähnlichen Ruderlagen größere Winkelbeschleunigungen. Daher erreichen Großflugzeuge eines gewissen Gesamtgewichtes, wenn sie nach der neuen Vergrößerungsweise gebaut sind, in wesentlich kürzerer Zeit den Beharrungszustand, in welchem sie ähnliche Kurven (im Sinne des vorhergehenden Abschnittes) gleichförmig durchfliegen. Ebenso ist die während des Überganges in solche ähnliche Kurvenflüge durchflogene Strecke bei Großflugzeugen neuer Art ganz erheblich kürzer als bei denen der alten Lanchesterschen Vergrößerungsweise.

Denn es ist, wie die letzte Zeile von Zahlentafel 2 zeigt, diese Flugstrecke bei den neuartigen Großflugzeugen genau so groß wie bei modellähnlichen kleinen Maschinen, während sie bei Lanchesterschen Großflugzeugen proportional der Wurzel ihres Gesamtgewichtes zunimmt. Wenn man mit Großflugzeugen der beiden Bauweisen ähnliche Bewegungen (im Sinne des vorhergehenden Abschnittes) ausführt, so sind die Zeiten, während welcher die Ruder um einen gewissen Winkel gedreht werden, bei den neuartigen Großflugzeugen gegenüber gleich großen Lanchesterschen naturgemäß in demselben Verhältnis kürzer wie die zu modellähnlichen Drehungen des ganzen Flugzeuges erforderliche Zeit. Die gegenüber Lanchesterschen Flugzeugen kleineren Verstellwege und Verstellarbeiten großer »neuer« Flugzeuge sind sehr angenehm für die Führung.

So kann man die vorstehenden Ergebnisse dahin zusammenfassen: Großflugzeuge der neuen Art folgen dem Steuer zwar langsamer als modellähnliche Kleinflugzeuge, aber doch bedeutend schneller als gleich schwere Lanchestersche Großflugzeuge. Dabei erfordern sie zwar größere Verstellarbeit und Verstellwege zum Ruderlegen als modellähnliche Kleinflugzeuge, aber wesentlich kleinere Verstellarbeit und -wege als gleich schwere Lanchesterflugzeuge.

3. Einfluß von Böen.

Der Einfluß, den Böen auf den Flug verschieden großer und verschieden schneller Flugzeuge haben, kann man am besten beurteilen, wenn man sich die verschiedenen Flugzeuge durch modellähnliche Böen getroffen denkt. Dabei sind zwei Böen im Sinne dieser Betrachtung dann modellähnlich, wenn einmal ihre Längenausdehnungen zueinander im gleichen Verhältnis stehen, wie die Längenausdehnungen zweier einander ähnlicher Flugzeuge und wenn außerdem die Luftgeschwindigkeiten an den einander entsprechenden Stellen der beiden Böen sich zueinander ebenso verhalten wie die Eigengeschwindigkeiten derselben beiden Flugzeuge. In den ersten drei Zeilen

von Zahlentafel 3 ist angegeben, bei welchen Verhältnissen ihrer Längenausmaße, ihrer Luftgeschwindigkeiten und damit ihrer Energieinhalte untereinander ähnliche Böen ähnlichen Flugzeugen, deren Gesamtgewichte zueinander im Verhältnis α stehen, modellähnlich zugeordnet sind.

Die den Großflugzeugen alter Art modellähnlich zugeordneten Böen müßten hiernach sehr groß sein und dürften nur die gleichen Luftgeschwindigkeiten enthalten wie ähnliche kleine Böen. Dagegen würden die den gleich schweren Flugzeugen neuer Art entsprechenden Böen etwas kleiner sein, aber höhere Luftgeschwindigkeiten haben. Es würde interessant sein, durch eine Statistik oder durch Überlegung zu erfahren, welche dieser beiden Arten von starken Böen häufiger vorkommt. Ohne diese Kenntnis muß angenommen werden, daß beide Arten gleich oft auftreten und daß die Häufigkeit aller Böen irgend-

Zahlentafel 3. Modellähnliche Böen.

	Alte Art	Neue Art
Längsausmasse der Böen	$\alpha^{0,5}$	$\alpha^{0,333}$
Luftgeschwindigkeiten an ähnlich liegenden Stellen der Böen	1	$\alpha^{0,167}$
Energieinhalt der Böen	$\alpha^{1,5}$	$\alpha^{1,333}$
Zeitdauer des Durchfliegens der Böen . . .	$\alpha^{0,5}$	$\alpha^{0,167}$
Durch die Böen auf die Flugzeuge ausgeübte Winkelbeschleunigungen	$\alpha^{-0,5}$	$\alpha^{-0,333}$
Durch die Böen den Flugzeugen erteilte Winkelgeschwindigkeiten	1	$\alpha^{-0,167}$
Durch die Böen den Flugzeugen erteilte Lageänderungen	$\alpha^{0,5}$	1

wie mit der Zunahme ihres Energieinhaltes abnimmt. Demgemäß werden große Flugzeuge wesentlich seltener von ihnen entsprechenden modellähnlichen Böen getroffen als kleine. Hiervon abgesehen werden aber die Großflugzeuge neuer Art in böiger Luft noch bedeutend ruhiger als gleich schwere alter Art liegen, weil sie die ihnen modellähnlichen Böen in kürzerer Zeit durchfliegen, wobei ihnen die Bö viel geringere Winkelgeschwindigkeiten und -beschleunigungen erteilt. Ein Großflugzeug neuer Art erfährt durch eine ihm modellähnlich entsprechende Bö die gleiche Lagenänderung wie ein ähnliches kleines Flugzeug. Im Gegensatz hierzu wird ein gleich schweres Flugzeug alter Art durch die ihm zugehörige ähnliche Bö wesentlich weiter aus seiner Anfangslage geworfen. Ein Großflugzeug neuer Art würde durch eine große langsame Bö naturgemäß noch weit weniger beeinflußt, als durch die ihm modellähnliche große schnelle Bö. Umgekehrt würde ein gleich schweres Flugzeug alter Art von einer solchen großen schnellen Bö außerordentlich heftig bewegt werden.

Die Überlegungen dieses Abschnittes können zu folgendem Ergebnis zusammengefaßt werden:

Große Flugzeuge liegen in böiger Luft ruhiger als kleine. Außerdem werden Großflugzeuge der neuen Art ganz ungleich weniger durch Böen beeinflußt als gleich schwere Flugzeuge alter Art.

4. Start und Landung.

Dies ist zweifellos der meist umstrittene Punkt von allen; denn Start und Landung dauern bei Großflugzeugen neuer Art naturgemäß länger und erfolgen mit größerer Geschwindigkeit und auf längeren Wegen als bei denen der alten Art. Dies geht für die zehn Vergleichsflugzeuge der Zahlentafel 1a zahlenmäßig aus Zahlentafel 4a und Abb. 4 hervor, während Zahlentafel 4 die zugehörigen Änderungsverhältnisse angibt. Dort ist außerdem noch angegeben, daß die Bodenunebenheiten, um den Flugzeugen modellähnlich zu entsprechen, im gleichen Verhältnis wie deren Längenmaße vergrößert zu denken sind. Aus der drittletzten Zeile erhält man die Beschleunigungen, welche solche modellähnliche Bodenwellen auf das Flugzeug

Zahlentafel 4a.

		Alte Art					Neue Art				
Flugzeugvollgewicht	kg	2000	4000	8000	16 000	32 000	2000	4000	8000	16 000	32 000
Geringste Schwebegeschwindigkeit	km/h	80	80	80	80	80	80	90	101	113	127
Startzeit	s	15	15	15	15	15	15	17	19	21	24
An- und Auslaufstrecke	m	120	120	120	120	120	120	151	190	240	305

ausüben. Ergänzend zeigt die vorletzte Zeile die Änderungsverhältnisse der in Wirklichkeit durch ein und dieselbe gleich große Bodenunebenheit an verschieden großen Flugzeugen hervorgerufenen Beschleunigungen. Diese größeren Landungsbeschleunigungen und Landungsstöße der Großflugzeuge neuer

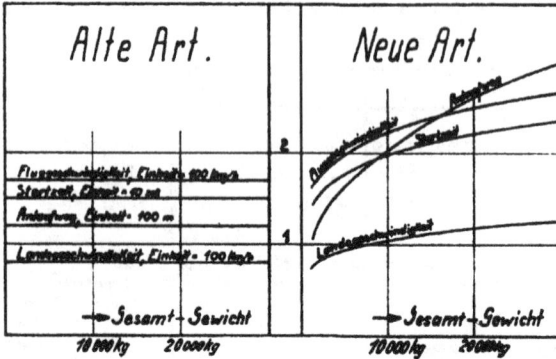

Abb. 4.

Art stellen an sich einen Nachteil dieser Vergrößerungsweise dar. Dieser kann aber bis zu einem sehr hohen Grade durch geeignete Fahrgestelle und zweckentsprechende Abfederungen unwirksam gemacht werden.

Zahlentafel 4. Änderungsverhältnisse für Start und Landung.

	Alte Art	Neue Art
Geringste Schwebegeschwindigkeiten	1	$a^{0,167}$
An- und Auslaufzeiten	1	$a^{0,167}$
An- und Auslaufwege	1	$a^{0,333}$
Modellähnliche Bodenunebenheiten	$a^{0,5}$	$a^{0,333}$
Beschleunigungen durch modellähnliche Bodenunebenheiten	$a^{-0,5}$	1
Wirkliche Beschleunigungen durch gleichgroße Bodenunebenheiten	1	$a^{0,333}$
Ähnliche Bodenwindgeschwindigkeiten . . .	1	$a^{0,167}$

Die letzte Zeile von Zahlentafel 4 zeigt, daß die Geschwindigkeit des Bodenwindes im Verhältnis der Flugzeugeigengeschwindigkeit wachsen müßte, um Start und Landung der Großflugzeuge neuer Art ebenso zu beeinflussen, wie es bei langsamen Kleinflugzeugen oder bei den Großflugzeugen alter Art geschieht. Da der Bodenwind in Wirklichkeit für alle Flugzeuge gleich ist, so sind die Großflugzeuge neuer Art von Bodenwinden viel unabhängiger als andere Maschinen.

Die im vorigen Abschnitt dargelegte viel größere Unempfindlichkeit der Großflugzeuge neuer Art Böen gegenüber bedeutet besonders bei Start und Landung einen großen Vorteil. Denn erfahrungsmäßig ist ein sehr großer Teil aller bisher an kleinen Flugzeugen beobachteten Start- und Landungsbrüche auf Bodenböen zurückzuführen.

Großflugzeuge neuer Art werden weniger Notlandungen machen müssen als solche alter Art. Denn infolge ihrer größeren Geschwindigkeit sind sie vom Wetter unabhängiger, verfliegen sich weniger leicht und verspäten sich viel seltener so sehr, daß Benzinmangel zur Notlandung zwingt. Außerdem vermindert die Unterteilung der Kraftanlage in einige voneinander völlig unabhängige Einheiten, wie ich früher gezeigt habe, besonders bei den kurzen Flugzeiten der schnellen Großflugzeuge neuer Art außerordentlich stark die Wahrscheinlichkeit von Notlandungen infolge Versagens von Kraftanlageteilen. Ein Großflugzeug neuer Art braucht zwar größere Notlandeplätze, es stellt aber geringere Ansprüche an die Güte des Platzes als ein kleines Flugzeug. Daher werden auch Groß-

flugzeuge neuer Art stets genug Plätze für ihre wenigen Notlandungen finden.

Zusammenfassend kann man sagen, daß Großflugzeuge neuer Art im Vergleich zu Kleinflugzeugen und im Gegensatz zu Großflugzeugen alter Art größere Landeplätze brauchen, daß aber Bodenwind und Bodenböen ihren Start und ihre Landung weniger beeinflussen.

5. Bausicherheit.

Bisher hatten große Flugzeuge im allgemeinen eine geringere Bausicherheit als kleine. Dies war dadurch bedingt, daß die größeren Maschinen mit Rücksicht auf ihre Verwendung bei verminderter Steigfähigkeit viel tragen sollten und demgemäß bei kleinerer Leistungsbelastung langsam und wenig wendig waren. Wie ich aber früher[1] gezeigt habe, ist die Größe der erforderlichen Bausicherheit in der Weise von der Wendigkeit abhängig, daß sie der Flügelüberlastung im engsten wagrechten Kreisflug direkt proportional ist.

Aber ebenso gut wie für die Verwendung der großen Kriegsflugzeuge geringe Leistungsbelastung und kleine Bausicherheit günstig war, kann es vorkommen, daß Großflugzeuge die gleiche Leistungsbelastung und Bausicherheit haben müssen wie ähnliche kleinere. Man stelle sich beispielsweise zwei verschieden große ähnliche Zweimotorenflugzeuge vor: das eine mit zwei Motoren von je 200 PS, das andere mit zwei Motoren von je 800 PS. Beide sollen, wenn nur einer der beiden Motoren läuft, in derselben Höhe fliegen können, ohne Höhe zu verlieren. Beide Flugzeuge haben damit gleichen verhältnismäßigen Kraftüberschuß, können gleich hoch steigen und können daher im Kurvenflug gleich angestrengt werden. Sie müssen also auch gleiche Bausicherheit haben.

Allein auch derjenige, welcher den größten Flugzeugen die geringste Leistungsbelastung und die kleinste Bausicherheit zu geben für richtig hält, kommt bei einer gewissen Flugzeuggröße an eine Grenze, von der ab er weder die Leistungsbelastung vergrößern noch die Bausicherheit vermindern kann.

Man erhält deshalb ein klares Bild, wenn man dem im folgenden Abschnitt enthaltenen Vergleich der Flugwerkgewichte für alle Flugzeuggrößen und für beide Vergrößerungsarten die gleiche Bausicherheit zugrunde legt. Den Konstrukteuren bleibt dann die Aufgabe, für jeden einzelnen Fall die günstigste Leistungsbelastung und Bausicherheit zu bestimmen.

6. Flugwerkgewicht.

Bei oberflächlicher Betrachtung könnte man nach der Everlingschen Statistik[2] zu der Meinung kommen, daß die Flugwerkgewichte wenigstens bis zu Flächengrößen von etwa 300 m² — wenn überhaupt, so nur äußerst langsam mit der Flügelgröße zunehmen. Bei näherem Zusehen findet man allerdings, daß die Theorie von Lanchester richtig angewendet durch Everlings Statistik bestätigt wird.

Lanchesters Überlegungen setzen gleiche Bausicherheit und gleiche Flächenbelastung verschieden großer Flugzeuge voraus. Im Widerspruch hiermit hatten aber die Flugzeuge der Everlingschen Statistik naturgemäß sehr verschiedene Bausicherheiten und Flächenbelastungen. Deshalb habe ich die bei Everling angegebenen Flügelgewichte zunächst alle auf fünffache Bausicherheit und auf eine Flächenbelastung von 40 kg/m², also auf eine Bruchbelastung ihrer Flügel von 200 kg/m² reduziert. In Übereinstimmung mit dem Ergebnis von Everlings Überlegungen[1] wurde für diese Reduktion angenommen, daß eine Vergrößerung der Bruchbelastung der Flügel um 100 vH deren Flächeneinheitsgewicht um 50 vH erhöht. Hiernach kann, da ja die wirklichen Bruchbelastungen der Flügel bei allen Flugzeugen

---

[1] »Bausicherheit und Kurvenflug«, ZFM 1922, Seite 1.

[2] Everling, Die Vergrößerung der Flugzeuge III, TB III, Seite 38.

der Statistik von der gewählten Einheitsbruchbelastung von 200 kg/m² nicht sehr abweichen, vereinfachend eine lineare Abhängigkeit zwischen der Bruchbelastung der Flügel und dem reduzierten Einheitsflächengewicht angenommen werden, so daß:

$$\frac{G_{F\,red}}{F} = \frac{G_F}{F}\left(0{,}5 + \frac{100}{\sigma \cdot \frac{G}{F}}\right) \quad \cdots \quad (1)$$

wo:

F = Flächeninhalt des Flügels in m²,
G = Gesamtgewicht des Flugzeuges in kg,
G_F = wirkliches Gewicht des Flügels in kg,
$G_{F\,red}$ = reduziertes Gewicht des Flügels in kg,
σ = wirkliche Bausicherheit.

Die Punkte der Abb. 5 stellen die so auf fünffache Bausicherheit und eine Flächenbelastung von 40 kg/m² reduzierten Flächeneinheitsgewichte der Flugzeuge der Everlingschen Statistik in Abhängigkeit vom Flächeninhalt ihrer Flügel dar.

Wie zu erwarten war, haben die Werte der hier auf gleiche Bausicherheit und Flächenbelastung reduzierten Einheitsflächengewichte geringere Streuung als die zu recht verschiedenen Bausicherheiten und Flächenbelastungen gehörenden Flächengewichte, wie sie in Abb. 1 der Everlingschen Arbeit dargestellt sind. Die Streuung würde noch viel geringer sein, wenn statt der in den damaligen Bau- und Lieferungsvorschriften für die verschiedenen Typen geforderten Bausicherheiten die mir leider meist nicht bekannte wirkliche Bausicherheit jedes Flugzeuges für die Reduktion hätte verwendet werden können, und wenn man außerdem die verschiedene aerodynamische Güte der einzelnen Flügel durch eine weitere Reduktion berücksichtigen könnte.

Während die wirklichen Einheitsflächengewichte der großen Flugzeuge — infolge ihrer geringeren Bausicherheit — nicht wesentlich größer waren als die kleiner Flugzeuge, nehmen die hier auf gleiche Bausicherheit reduzierten Einheitsflächengewichte sehr erheblich mit der Flügelgröße zu.

Um die Gesetzmäßigkeit dieser Zunahme des Flächeneinheitsgewichtes zu verstehen, denkt man sich das Flügelgewicht am zweckmäßigsten als aus zwei verschiedenen Teilen bestehend, von denen der eine als das ideelle Flügelgewicht, der andere als der Wirklichkeitszuschlag zu diesem bezeichnet sei. Zum ideellen Flügelgewicht gehört dabei ausschließlich das Material, welches bei voller Ausnutzung seiner Festigkeit theoretisch unbedingt erforderlich wäre, um alle Kräfte mit der verlangten Bausicherheit zu übertragen, während der Wirklichkeitszuschlag all die Gewichte umfaßt, die hierüber hinaus aufzuwenden sind, um die Teile leicht herstellbar und gegen örtliche Beanspruchungen fest genug zu machen.

Da für das ideelle Flügelgewicht seiner Definition entsprechend die Lanchesterschen Überlegungen ohne jede Einschränkung gelten, nähert es sich mit abnehmender Flügelgröße mehr und mehr dem Werte Null und wächst mit zunehmender Flügelgröße entsprechend der 1,5 ten Potenz des Gewichtsvergrößerungsverhältnisses. Im Gegensatz hierzu hat der als Wirklichkeitszuschlag bezeichnete Gewichtsanteil seinen größten Wert bei den kleinsten Flügeln. Je größer die Flügel, um so kleiner ist der Wirklichkeitszuschlag im Verhältnis zum ideellen Flügelgewicht. Wie Abb. 5 zeigt, erreicht der Wirklichkeitszuschlag bei sehr großen Flügeln allmählich einen gewissen Grenzwert, der auch bei weiterer Vergrößerung nicht unterschritten wird. Dieser Verlauf des Wirklichkeitszuschlages rührt davon her, daß bei sehr kleinen Flügeln viel mehr Teile aus Gebrauchs- oder Herstellungsgründen in bezug auf die im Fluge nötige Festigkeit überbemessen sein müssen als bei größeren Flügeln.

Naturgemäß gehören zu jeder Flügelbauart ein ganz bestimmtes ideelles Flügelgewicht und ebenso ein mit der Flügelgröße veränderlicher besonderer Wirklichkeitszuschlag. Demgemäß geben die Linien der Abb. 5 nur Durchschnittswerte für die üblichen Holz-Stahl-Doppeldeckerflügel. Für andere Bauweisen, wie z. B. Eindecker mit Furnierhaut, irgendwelche

Metallflügel usw. haben sowohl ideelles Flügelgewicht wie auch der Wirklichkeitszuschlag wesentlich andere Zahlenwerte.

Die Kurven der Abb. 5 gelten naturgemäß ausschließlich dann, wenn bei der Vergrößerung von Flugzeugen für die Flächenbelastung der Wert von 40 kg/m² bei fünffacher Bausicherheit beibehalten wird. Zu anderen Flächenbelastungen und Bausicherheiten würden andere Linien gehören.

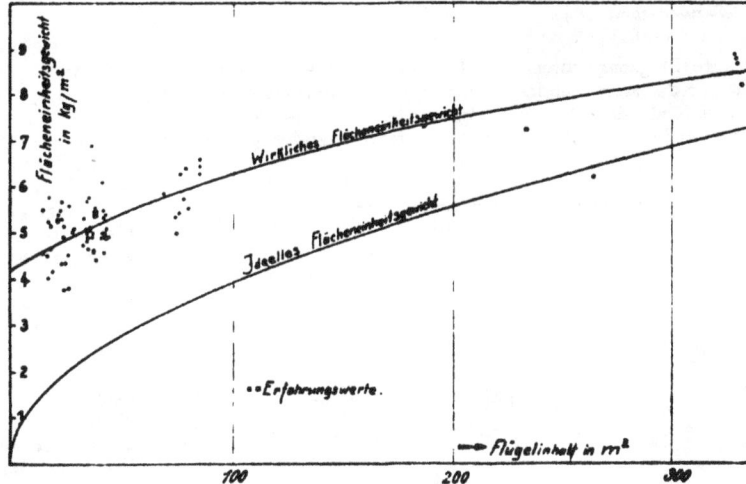

Abb. 5.

Ebenso ergeben sich ganz andere Beziehungen zwischen der Größe der Flügel und ihren beiden Gewichtsanteilen, wenn man mit der Flugzeuggröße auch die Flächenbelastung entsprechend Zahlentafel 1 steigert. Dies geht am einfachsten aus Zahlentafel 5 hervor, welche für die alte und die neue Vergrößerungsweise die Änderungsverhältnisse angibt, von welchen das ideelle Flügelgewicht abhängt. Hierbei wurde angenommen, daß die Stabquerschnitte sich im gleichen Verhältnis wie die Stabkräfte ändern. Dies ist für alle durch Zugkräfte beanspruchten Bauglieder und ebenso für die gedrückten Bauteile der Großflugzeuge alter Art richtig. Denn bei der alten Vergrößerungsweise haben einander entsprechende Stäbe, beispielsweise Stiele, in großen und in kleinen Flugzeugen das gleiche Schlankheitsverhältnis.

Zahlentafel 5. Änderungsverhältnisse der Flügelgewichte.

	Alte Art	Neue Art
Stabkräfte an ähnlich liegenden Stellen des Flügels	α	α
Stabquerschnitte	α	α
Stablängen	$\alpha^{0,5}$	$\alpha^{0,333}$
Stabschlankheit $\dfrac{\text{Stablänge}}{\text{Trägheitsradius des Querschnittes}}$	1	$\alpha^{-0,167}$
Stabgewichte	$\alpha^{1,5}$	$\alpha^{1,333}$
Ideelles Flügelgewicht	$\alpha^{1,5}$	$\alpha^{1,333}$
Ideelles Flächeneinheitsgewicht . . .	$\alpha^{0,5}$	$\alpha^{0,466}$
Ideelles Flügelgewicht pro kg Flugzeugvollgewicht	$\alpha^{0,5}$	$\alpha^{0,333}$

Bei Großflugzeugen der neuen Art könnten dagegen in Wirklichkeit die durch Druckkräfte beanspruchten Bauglieder kleinere Querschnitte haben, als in Zahlentafel 5 angegeben. Denn da bei diesen die Druckstäbe großer Flügel weniger schlank sind als die entsprechenden kleiner Flügel, könnte ihre Materialfestigkeit ohne Herabminderung der Bausicherheit mehr ausgenutzt werden. In Wirklichkeit würden also die ideellen Flügelgewichte der Großflugzeuge neuer Art um ein geringes unter den nach Zahlentafel 5 ermittelten bleiben.

Trotzdem wachsen das Flügelgewicht und das Flächeneinheitsgewicht auch bei der neuen Vergrößerungsweise schneller als das Flugzeugvollgewicht. Aber diese an sich ungünstige Gewichtszunahme geschieht doch bei der neuen Vergrößerungsart wesentlich langsamer als bei der alten.

Der Wirklichkeitszuschlag zum ideellen Flügelgewicht hat für die Großflugzeuge neuer Art dieselbe Größe wie für gleich

Zahlentafel 5a.

		Alte Art					Neue Art				
Flugzeug-Vollgewicht	kg	2000	4000	8000	16 000	32 000	2000	4000	8000	16 000	32 000
Ideelles Flächeneinheitsgewicht	kg/m²	2,8	3,96	5,60	7,92	11,20	2,8	4,45	7,05	11,2	17,8
Wirklichkeitszuschlagsfaktor		1,95	1,60	1,35	1,20	1,20	1,95	1,60	1,35	1,20	1,20
Wirkliches Flächeneinheitsgewicht	kg/m²	5,45	6,33	7,55	9,50	13,50	5,45	7,10	9,50	13,50	21,4
Wirkliches Flügelgewicht	kg	272	633	1510	3800	10 800	272	562	1200	2700	6 780
Wirkliches Flugwerkgewicht	kg	710	1645	3930	9880	28 100	710	1460	3120	7020	17 640
Bausicherheit		5	5	5	5	5	5	5	5	5	5

schwere Flugzeuge alter Art. In Zahlentafel 5 a und Abb. 6 sind für die zehn Vergleichsflugzeuge der Zahlentafel 1 a die ideellen und wirklichen Flügelgewichte sowie die Flächeneinheitsgewichte und das Flugwerkgewicht einander gegenüber gestellt.

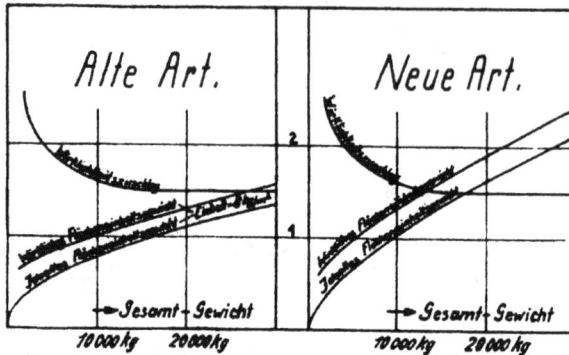

Abb. 6.

Außerdem wurden dort noch die prozentualen Gewichtsanteile der vollständigen Flugwerke verschieden schwerer Flugzeuge in Abhängigkeit vom Flugzeugvollgewicht angegeben. Im Durchschnitt wiegen die übrigen Flugwerkteile wie Rumpf, Fahrgestell, Leitwerk zusammen etwa 1,6 mal so viel wie der Flügel. Dieser Faktor kann als Durchschnittswert für alle Größen der üblichen Holz- und Stahldoppeldecker beibehalten werden; denn für Rümpfe, Leitwerke, Fahrgestelle, Schwimmer gelten die gleichen Überlegungen wie sie eben für die Flügel dargestellt wurden. Bei Flugzeugen, deren Bauart irgendwie wesentlich von der üblichen Holz- und Stahlkonstruktion abweicht, also z. B. bei allen Metallflugzeugen, hat das Verhältnis zwischen Flugwerk- und Flügelgewicht andere Werte als hier angegeben. Es muß daher für jede besondere Konstruktionsart neu bestimmt werden.

Die Ergebnisse dieses Abschnittes können in folgender Weise zusammengefaßt werden:

Die Flugwerkgewichte nehmen sowohl bei der alten wie bei der neuen Vergrößerungsart für gleichbleibende Bausicherheit schneller als das Flugzeugvollgewicht zu. Da diese an sich unerfreuliche verhältnismäßige Gewichtszunahme jedoch bei Anwendung der neuen Vergrößerungsart wesentlich langsamer als bei der alten erfolgt, ist das Flugwerk eines Großflugzeuges neuer Art erheblich leichter als das eines Flugzeuges alter Art von gleichem Vollgewicht.

Außerdem sind die Großflugzeuge neuer Art und insbesondere ihre Flügel naturgemäß viel robuster und widerstandsfähiger gegenüber zufälligen örtlichen Beanspruchungen als gleich schwere alter Art. So bedeutet eine Furnier- oder Blechhaut für den Flügel eines Großflugzeuges neuer Art ein viel weniger fühlbares Mehrgewicht als für ein großflächiges gleich schweres Flugzeug alter Art.

7. Abmessungen.

Wie schon aus Zahlentafel 1 und ferner aus Zahlentafel 6 hervorging, sind die Längenabmessungen der Großflugzeuge neuer Art infolge ihrer höheren Flächenbelastung wesentlich geringer als die gleich schwerer Flugzeuge alter Art. Dies bedeutet eine wesentliche Ersparnis an Hallenkosten.

Zur Unterbringung von Motoren, Betriebsstoffen, Besatzung und Nutzlast stehen in einem der alten Vergrößerungsweise entsprechenden Großflugzeug naturgemäß viel größere Räume zur Verfügung als in einem gleich schweren Flugzeug neuer Art oder in einem Kleinflugzeug.

Der zum Einbau der Kraftanlage erforderliche Raum wächst annähernd proportional der Motorleistung, also bei der neuen Vergrößerungsweise etwas rascher, bei der alten gerade so schnell wie das Flugzeugvollgewicht. Der Raum für die zum Überfliegen einer gewissen Strecke erforderlichen Betriebsstoffe nimmt bei beiden Vergrößerungsarten proportional dem Flugzeuggesamtgewicht zu.

Der für zahlende Last verfügbare Raum wächst demnach bei der alten Vergrößerungsweise wesentlich schneller als das Gesamtgewicht des Flugzeuges und nimmt bei den Großflugzeugen neuer Art ungefähr wie dieses zu. Da das Nutzlastgewicht bei beiden Vergrößerungsarten langsamer als das Flugzeugvollgewicht steigt, steht in Großflugzeugen zur Beförderung eines gewissen Gewichtes ein wesentlich größerer Raum zur Verfügung als in kleinen Maschinen. Da aber bei Frachten, Gepäck oder Post durchschnittlich zur Unterbringung eines bestimmten Gewichtes immer der gleiche Raum erforderlich ist, kommt der gesamte Raumgewinn ganz den Reisenden zugute und erhöht so deren Bewegungsfreiheit sehr stark.

Man begnügt sich indessen häufig auch bei Großflugzeugen mit dem in kleinen Maschinen zur Unterbringung einer gewissen Last verfügbaren Raum und hat dann den Vorteil, daß der damit mögliche geringere Rumpfquerschnitt einen kleinen schädlichen Widerstand bildet.

Zahlentafel 6. Änderungsverhältnisse der Abmessungen.

	Alte Art	Neue Art
Längen	$\alpha^{0,5}$	$\alpha^{0,333}$
Flächen	α	$\alpha^{0,666}$
Räume	$\alpha^{1,5}$	α
Raumbedarf der Kraftanlage	α	$\alpha^{1,167}$
» » Betriebsstoffe	α	α
Verfügbarer Raum für zahlende Last	$> \alpha^{1,5}$	$\sim \alpha$

8. Luftwiderstand.

Den Einfluß der beiden Vergrößerungsarten auf den Luftwiderstand der Flugzeuge kann man am besten auf Grund der Angaben der Zahlentafel 7 beurteilen.

Zahlentafel 7. Änderungsverhältnisse der Luftwiderstände.

	Alte Art	Neue Art
Induzierte Widerstände	α	α
Kennziffern für Profilwiderstände der Flügel	$\alpha^{0,5}$	$\alpha^{0,5}$
Reibungswiderstände		$\alpha^{0,974}$
Schädl. Widerstände gezogener Bauteile (Kabel)		$\alpha^{1,167}$
Schädl. Widerstände durch Druck oder Biegung beanspruchter Bauteile (Stiele)	α	α
Schädliche Widerstände von Schwimmern	$\alpha^{0,666}$	α
» » » Kühlern	α	$\alpha^{1,230}$

Zunächst übersieht man ohne weiteres, daß die Randwiderstände ähnlicher Flugzeuge unabhängig von der angewendeten Vergrößerungsart bei einander entsprechenden Flugzuständen proportional dem Flugzeugvollgewicht wachsen.

Die durch das Produkt: »Geschwindigkeit × Längenabmessung des umströmten Körpers« gegebenen Kennziffern nehmen bei beiden Vergrößerungsarten in gleichem Maße mit dem Flugzeugvollgewicht zu. Diese Zunahme der Kennziffern bedeutet, daß große Flugzeuge geringere Formwiderstände haben als kleine.

Die neue Vergrößerungsart ist in bezug auf die Reibungswiderstände, die ja nur mit der 1,85 ten Potenz der Fluggeschwindigkeit steigen, etwas günstiger als die alte. Während also bei Großflugzeugen alter Art die Reibungswiderstände proportional dem Flugzeugvollgewicht wachsen, nehmen sie bei Anwendung der neuen Vergrößerungsart etwas langsamer zu. Während die schädlichen Widerstände von Stielen und Streben bei beiden Vergrößerungsarten proportional dem Flugzeuggewicht zunehmen, ist die neue Vergrößerungsweise gegenüber der alten durch verhältnismäßig stärkeres Anwachsen der Widerstände von Kabeln, Kühlern und Schwimmern im Nachteil. Das schnellere Steigen der Kühlerwiderstände rührt bei der neuen Vergrößerungsweise davon her, daß nach Zahlentafel 1 die Motorleistung rascher wächst als die für eine gewisse Leistung erforderliche Kühlfläche infolge der größer werdenden Fluggeschwindigkeit abnimmt. Die Erfahrung, daß die bisher gebauten großen Flugzeuge verhältnismäßig geringere schädliche Widerstände als kleine Maschinen haben, hängt in erster Linie damit zusammen, daß diese alten Großflugzeuge mit geringerer Bausicherheit ausgeführt sind als die ihnen gewöhnlich gegenübergestellten kleinen. Denn zu einer kleineren Bausicherheit gehören dünnere Kabel und schmalere Streben.

Der Versuch, die Fluggeschwindigkeit k l e i n e r Flugzeuge durch Erhöhen der Flächenbelastung wesentlich zu steigern, ist bekanntlich deshalb aussichtslos, weil dann mit steigender Flächenbelastung bei sich gleichbleibenden schädlichen Widerstandsflächen das Verhältnis von Auftrieb zu Widerstand so verschlechtern, daß die bestenfalls übrigbleibenden geringen Vorteile nicht die Nachteile wert sind.

Als Ergebnis dieses Abschnittes kann festgestellt werden, daß die neue Vergrößerungsart in bezug auf die schädlichen Widerstände etwas ungünstiger als die alte Vergrößerungsweise ist. Dieser Nachteil wird um so mehr an Bedeutung verlieren, je mehr die schädlichen Widerstände im Verlauf des weiteren Fortschrittes vermindert werden.

9. Kraftanlage.

Die Großflugzeuge neuer Art müssen infolge ihrer höheren Flächenbelastung, wie schon Zahlentafel 1 angibt, um gleichen prozentualen Leistungsüberschuß zu haben, mit kleinerer Leistungsbelastung gebaut werden als gleich schwere Flugzeuge alter Art. Dabei gelten die in Zahlentafel 1 für die Motorleistungen angegebenen Änderungsverhältnisse natürlich nur unter der Voraussetzung, daß ähnliche Flugzeuge bei gleichen Anstellwinkeln gleichen Auftrieb und gleichen Widerstand haben. Für die Zwecke dieser Arbeit soll diese Annahme der Einfachheit wegen beibehalten werden. Zwar hat der vorhergehende Abschnitt gezeigt, daß sie in Wahrheit nicht genau erfüllt wird, aber die durch diese Vereinfachung in Kauf genommenen Fehler sind bei weitem nicht groß genug, um die Richtigkeit der hier mitgeteilten Ergebnisse irgendwie zu gefährden.

Die Kraftanlage kann bei keiner der beiden Vergrößerungsarten mit dem Flugzeug modellähnlich geändert werden. Da die Betrachtung der Ähnlichkeitsverhältnisse der Kraftanlage deshalb einer besonderen Arbeit vorbehalten bleiben muß, kann hier nur das mit Rücksicht auf die übrigen Abschnitte dieser Arbeit Nötige darüber gesagt werden.

Beim Einbau sehr großer Leistungen in ein Flugzeug wird man allein schon in Ermangelung genügend starker Motoren die Leistung mehr oder weniger unterteilen müssen. Wie ich früher[1] zahlenmäßig nachgewiesen habe, vermindert eine solche Anordnung von einigen voneinander in jeder Beziehung völlig unabhängigen Antriebseinheiten die Wahrscheinlichkeit von Notlandungen infolge Versagens von Teilen der Kraftanlage außerordentlich stark, wenn das Flugzeug mit einem gewissen Bruchteil seiner Antriebskraft noch genügend schwebefähig bleibt.

Bezüglich des Gesamtgewichtes der Kraftanlage kann man zunächst annehmen, daß es ebenso wie ihr stündlicher Betriebsstoffverbrauch im großen und ganzen proportional der Leistung wächst, obwohl die Gewichte einiger Hauptteile der Kraftanlage teils schneller, teils langsamer als die Leistung zunehmen.

[1] Rohrbach, Beziehungen zwischen der Betriebssicherheit der Flugzeuge und der Bauart ihrer Kraftanlagen, 4. Beiheft der ZFM, Seite 27.

Beispielsweise wachsen die Kühlergewichte bei der alten Vergrößerungsweise proportional der Motorleistung, dagegen bei den Großflugzeugen neuer Art wesentlich langsamer als diese; denn ihre größere Fluggeschwindigkeit bedingt kleinere Kühler.

Bei der alten Vergrößerungsweise könnten die Propeller an sich modellähnlich vergrößert werden; allerdings würde das Gewicht der heute üblichen Vollpropeller dabei wesentlich stärker als das Flugzeuggewicht zunehmen. Bei der neuen Vergrößerungsweise können die Luftschrauben nicht modellähnlich vergrößert werden, da die Materialfestigkeit die dazu gehörige gesteigerte Umfangsgeschwindigkeit nicht zuläßt.

Der Betriebsstoffverbrauch für eine gewisse Flugstrecke und ebenso das Gewicht der zugehörigen Betriebsstoffbehälter wächst bei beiden Flugzeugvergrößerungsweisen proportional dem Flugzeugvollgewicht. Denn bei den Großflugzeugen neuer Art wird das Mehr an Motorleistung durch die größere Fluggeschwindigkeit ausgeglichen.

10. Flugleistungen.

Bei gleichem verhältnismäßigen Leistungsüberschuß haben Großflugzeuge alter Art die gleichen Flug- und Landegeschwindigkeiten sowie gleiche Gipfelhöhe und Steiggeschwindigkeiten wie ähnliche kleine Flugzeuge. Im Gegensatz hierzu besitzen die Großflugzeuge neuer Art bei gleichem verhältnismäßigen Leistungsüberschuß zwar ebenfalls dieselbe Gipfelhöhe wie ähnliche Kleinflugzeuge, aber größere Flug- und Landegeschwindigkeit und — besonders in Bodennähe — größere Steiggeschwindigkeit als diese. Das in Zahlentafel 1 angegebene Änderungsverhältnis gilt für Flug-, Lande- und Steiggeschwindigkeit unter der bereits im vorhergehenden Abschnitt gemachten Annahme gleicher Auftriebs- und gleicher Widerstandsbeiwerte bei gleichen Anstellwinkeln ähnlicher Flugzeuge.

Ein Wind bestimmter Stärke hat auf die Reisezeit eines schnellen Großflugzeuges neuer Art viel weniger Einfluß als auf die eines kleinen Flugzeuges oder eines entsprechenden Großflugzeuges alter Art.

Die Zahlenwerte der Reiseflug- und Landegeschwindigkeiten sind in Abb. 4 für beide Vergrößerungsarten in Abhängigkeit vom Flugzeugvollgewicht für die in den früheren Abschnitten benutzten Vergleichsflugzeuge eingetragen.

Man könnte einwerfen, daß ja auch bei der alten Vergrößerungsweise oder bei kleinen Flugzeugen starke Geschwindigkeitssteigerung durch Höhenmotoren, Turbogebläse, Schlitzflügel oder ähnliches zu erreichen seien. Aber jede dieser Maßnahmen kann, wenn sie für zweckmäßig gehalten wird, ebenso gut in Verbindung mit Großflugzeugen der neuen Art ausgenutzt werden und ändert daher die grundsätzlichen Unterschiede beider Vergrößerungsarten nicht.

11. Vergrößerungsgrenzen.

Nach keiner der beiden Vergrößerungsarten kann man beliebig große Flugzeuge bauen. Denn bei der alten Vergrößerungsweise wird das Flugwerk so schwer, und bei der neuen Vergrößerungsart wachsen Flugwerk- und Kraftanlagegewicht so weit, daß zuletzt keine Nutztragfähigkeit mehr übrig bleibt. Allerdings liegt diese Grenze für die Großflugzeuge neuer Art bei einem wesentlich höheren Gesamtgewicht als für die anderen.

Dies geht am anschaulichsten aus Zahlentafel 8 und Abb. 7 hervor, welche für die zehn Vergleichsflugzeuge der Tafel 1a die prozentualen Anteile der verschiedenen Hauptgewichte am Gesamtgewicht des Flugzeuges angibt. Dabei ist das Gewicht der Kraftanlage entsprechend den neuesten bewährten ausländischen Flugmotoren von 0,9 kg/PS zu 1,5 kg/PS eingesetzt, während der Betriebsstoffverbrauch zu 230 g/PSh angenommen wurde. Die Betriebsstoffladung der Zahlentafel 8 würden zur Zurücklegung einer Strecke von 600 km mit einer durch Gegenwind gegenüber der Fluggeschwindigkeit um 40 km/h verminderten Reisegeschwindigkeit ausreichen. In Übereinstimmung mit den praktischen Erfahrungen sind die Gewichte für Besatzung, Navigationsinstrumente usw. als dem Flugzeugvollgewicht proportional eingesetzt. Der Anteil der Betriebsstoffladung am Gesamtgewicht ist bei der alten Vergrößerungsweise naturgemäß von der Flugzeuggröße unabhängig. Dagegen fällt er bei der neuen Vergrößerungsart infolge des bei schnellen Flugzeugen geringeren Einflusses des Windabzuges von 40 km/h langsam mit wachsender Größe der Maschinen. Der für zah-

Zahlentafel 8. Gewichtsanteile.

		Alte Art					Neue Art			
Flugzeug-Vollgewicht in . . . . kg	2000	4000	8000	16 000	32 000	2000	4000	8000	16 000	32 000
Flugwerk in . . . . vH	35,5	41,1	49,2	61,8	87,8	35,5	36,5	39,0	44,0	55,0
Kraftanlage in . . . . vH	18,8	18,8	18,8	18,8	18,8	18,8	21,0	23,6	26,6	29,7
Betriebsstoffladung in . . . . . . vH	13,3	13,3	13,3	13,3	13,3	13,3	12,9	12,5	12,2	11,9
Besatzung mit Instrumenten in . . . . vH	4	4	4	4	4	4	4	4	4	4
Nutzlast, zahlend, in . . . . vH	28,4	22,8	14,7	2,1	—23,9	28,4	25,6	20,9	13,2	— 0,6
Nutzlast, zahlend, in . . . . kg	577	910	1175	335	—7650	577	1015	1670	2110	—192
Mittlere Reisezeit für 600 km in . . . . h	4	4	4	4	4	4	3½	~3	2¾	~2½

lende Nutzlast verfügbare Teil der Tragfähigkeit nimmt bei der alten Vergrößerungsweise wesentlich rascher mit wachsendem Flugzeugvollgewicht ab als bei der neuen. Dies geht auch deutlich aus Abb. 8 hervor, welche zeigt, daß bei der hier gewählten Bausicherheit die Nutztragfähigkeit für die alte Vergrößerungsart bei ca. 17000 kg Flugzeugvollgewicht, für die neue Vergrößerungsart aber erst bei ca. 32000 kg Vollgewicht zu Null wird. Diese Grenzwerte sind wie alle übrigen Werte dieser Zahlenbeispiele natürlich nur für den Vergleich der beiden Vergrößerungsweisen untereinander von Bedeutung. Denn die absolute Größe dieser Grenzen hängt einerseits ganz

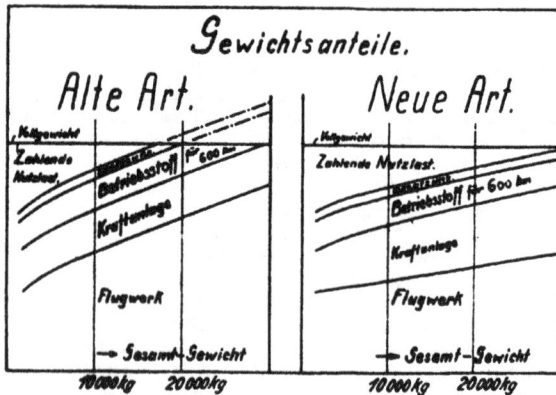

Abb. 7.

von der baulichen und aerodynamischen Güte der Flugzeuge sowie von der Leichtigkeit und dem Betriebsstoffverbrauch der Kraftanlage ab. Anderseits rückt sie nach oben, wenn die Bausicherheit vermindert und die Leistungsbelastung erhöht wird.

Es ist ja auch nicht die Aufgabe dieser Arbeit, die Grenzen der Vergrößerungsmöglichkeit für verschiedene Verhältnisse zahlenmäßig anzugeben. Die Kenntnis solcher Grenzen hat zudem kaum praktische Bedeutung. Die Angaben der Zahlentafel 8 und Abb. 8 sollen nur den großen Unterschied zeigen, der zwischen den beiden verglichenen Vergrößerungsweisen bezüglich der Transportleistungen der danach gebauten Flugzeuge besteht. Denn es ergibt sich daraus deutlich, daß ein Großflugzeug neuer Art eine größere zahlende Nutzlast mit höherer Geschwindigkeit bei etwas geringerem Betriebsstoffverbrauch befördert als ein gleich schweres Flugzeug, das entsprechend der alten Vergrößerungsweise gebaut ist.

12. Anschaffungspreise und Betriebskosten.

Nachdem die beiden Vergrößerungsarten in ihren wichtigsten technischen Eigenschaften miteinander verglichen sind,

soll kurz untersucht werden, ob den vielerlei fliegerischen und technischen Vorzügen der Großflugzeuge neuer Art nicht etwa schwerwiegende Nachteile in finanzieller Hinsicht entgegenstehen.

Die Anschaffungskosten für das Flugwerk sind angenähert seinem Gewicht proportional und werden hier zu 40 Goldmark pro kg Flugwerkgewicht angenommen. Das gleiche gilt ungefähr für die Anschaffungskosten für die Kraftanlagen, für welche ein Preis von 60 Goldmark pro PS geschätzt wurde. Diese Preise entsprechen ungefähr den Kosten von heute in kleinen Serien in Ländern mit hochstehendem Geldwert rationell hergestellten guten Flugzeugen und Motoren. Zahlen-

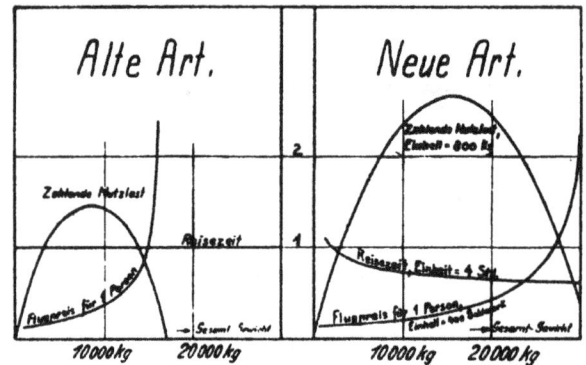

Abb. 8.

tafel 9 gibt zunächst für die zehn Vergleichsflugzeuge der Zahlentafel 1 a die mit diesen Einheitspreisen errechneten Anschaffungskosten für die Flugwerke, die Kraftanlagen und die vollständigen Flugzeuge. Es zeigt sich, daß die Großflugzeuge neuer Art durchwegs billiger in der Anschaffung sind als gleich schwere alter Art.

Aber wie steht es mit den Betriebskosten? Die Flugbetriebskosten setzen sich aus sechs Hauptgruppen zusammen, nämlich aus den Aufwendungen für die Kraftanlage, für Betriebsstoffe, für das Flugwerk, für die Besatzung, für die Verwaltung des Flugbetriebes und für Kapitalverzinsung. Dabei sei zunächst der Einfluß der für die Verzinsung des Anschaffungskapitals und für die Verwaltung des Flugbetriebes aufzuwendenden Summen auf die Flugbetriebskosten dadurch aus diesem Vergleich ausgeschaltet, daß vorausgesetzt wird, daß Großflugzeuge neuer Art innerhalb eines Jahres die gleichen Transportleistungen erledigen wie gleich teure alter Art. Allerdings übersieht man sofort, daß die Voraussetzung in Wirklichkeit nicht erfüllt sein kann, weil sie für die Großflugzeuge neuer Art zu ungünstig ist. Denn in Wahrheit erfordern die

Zahlentafel 9. Anschaffungs- und Betriebskosten in Goldmark.

		Alte Art					Neue Art			
Flugzeug-Vollgewicht in . . . . kg	2000	4000	8000	16 000	32 000	2000	4000	8000	16 000	32 000
Preis des Flugwerkes	28 400	65 700	157 500	395 000	1 123 000	28 400	58 400	125 000	281 000	705 000
Preis der Kraftanlage . . . . . , . .	15 000	30 000	60 000	120 000	240 000	15 000	33 700	75 600	170 000	380 000
Preis des vollständigen Flugzeuges	43 400	95 700	217 500	515 000	1 363 000	43 400	92 100	200 600	451 000	1 085 000
Betriebskosten des Flugwerkes je Flug . .	56,8	131,4	315	790	2246	56,8	116,8	250	562	1410
Betriebskosten der Kraftanlage je Flug . .	80,0	160	320	640	1280	80,0	157,5	311	616	1210
Betriebsstoffkosten je Flug	184	368	736	1472	2944	184	364	718	1420	2800
Gesamte Sachkosten je Flug	320,8	659,4	1371	2902	6470	320,8	638,3	1279	2598	542c
Gesamte Sachkosten je Reise (1 Passagier = 100 kg)	55,5	72,5	116,5	865	—	55,5	62,8	76,7	123,5	

Großflugzeuge neuer Art erheblich weniger Anlagekapital, also auch weniger Zinsen als gleichtragfähige alter Art. Außerdem können sie bei ihrer größeren Schnelligkeit, schon allein wegen der geringeren Abhängigkeit vom Wetter, im Jahr mehr und auch längere Flüge machen, also mehr Personenkilometer leisten als langsame Flugzeuge alter Art. Der Vorteil der größeren Geschwindigkeit und Regelmäßigkeit dürfte zudem eine bessere Ausnutzung der Tragfähigkeit durch das Publikum bewirken als bei den Großflugzeugen alter Art.

Die Aufwendungen für die Flugzeugbesatzungen sind im Vergleich zur beförderten Nutzlast bei den Großflugzeugen neuer Art geringer als bei denen alter Art. Außerdem wird die Besatzung durch einen Flug über eine gewisse Strecke in einem Großflugzeug neuer Art infolge seiner leichteren Steuerbarkeit, geringeren Böenempfindlichkeit und kürzerer Reisezeit weniger angestrengt, so daß sie wahrscheinlich mit einem solchen Flugzeug in einem gewissen Zeitraum mehr Kilometer leisten kann als in einer schwerfälligen langsamen Maschine alter Art.

Die Aufwendungen für das Flugwerk hängen in erster Linie von der Zahl der Landungen ab. Es ist bekannt, daß die Notlandungen die Flugzeuge am meisten gefährden. Zwar werden die Großflugzeuge neuer Art infolge ihrer höheren Geschwindigkeit (siehe auch Abschnitt 4) weniger Notlandungen im Verhältnis zu der durchflogenen Strecke machen. Da aber die weit verbreitete Ansicht, daß solche schneller landenden Großflugzeuge im Falle einer Notlandung mehr gefährdet seien, noch nicht durch praktische Erfahrungen widerlegt werden konnte, sei angenommen, daß bei diesen Flugzeugen die geringe Zahl ihrer Notlandungen durch entsprechend höhere Aufwendungen für die einzelne Notlandung ausgeglichen wird. Demgemäß würden die Kosten für Notlandungen und die dadurch verursachten Reparaturen für alle Flugzeuge im gleichen Verhältnis zu den im normalen Flugbetrieb für das Flugwerk aufzuwendenden Kosten stehen. In Anlehnung an die bisher vorliegenden Erfahrungen wurde die Lebensdauer eines Flugwerkes für alle Flugzeuge zu 1000 Flügen angesetzt. Dabei sind in diesem Zusammenhang alle die kleinen Probeflüge nicht mitzuzählen. Denn ihre Zahl ist ungefähr proportional der Zahl der planmäßigen Flüge. Man kann annehmen, daß für ein Flugwerk während seiner Lebensdauer von 1000 Flügen ein dem Neuwert des Flugwerkes gleicher Betrag in Form von Reparatur- und Flugbetriebswartungskosten aufzuwenden ist. Von den nach diesem Maßstab geschätzten Flugwerksaufwendungen sind in Zahlentafel 9 die Beträge angegeben, welche bei lauter gleich weiten Flügen (600 km) auf je einen Flug entfallen. Für die Kosten, welche für nicht benutzte Reserveflugzeuge aufzuwenden sind, gilt das gleiche, was weiter oben über Kapitalzinsen gesagt wurde.

Für die Höhe der Aufwendungen für die Kraftanlage ist deren Lebensdauer maßgebend. Diese wird hier auf Grund der bisherigen Erfahrungen zu durchschnittlich 1500 h angenommen. Dabei werden nur die planmäßigen Flugbetriebsstunden gezählt, während die diesen ungefähr proportionalen Probeläufe und Probeflüge nicht besonders gerechnet werden. Der für die fortlaufende Motorenwartung auf den Flugplätzen, für regelmäßige Überholungen und besondere Reparaturen aufzuwendende Betrag wird gleich dem Neuwert der Kraftanlage angenommen. Genau betrachtet haben die verschiedenen Teile der Kraftanlage durchaus nicht gleiche Lebensdauer. Beispielsweise sind Propeller am häufigsten, Motoren seltener, Tankanlagen äußerst selten durch neue zu ersetzen. Die oben angenommene Lebensdauer von 1500 h ist also auch in dieser Beziehung als Durchschnittswert aufzufassen. Die Beträge, welche von den auf diesen Grundlagen geschätzten Kraftanlagebetriebskosten auf einen Flug von 600 km entfallen, sind in Zahlentafel 9 verzeichnet. Dabei wurden die mittleren Reisegeschwindigkeiten um 20 km/h geringer als die normale Fluggeschwindigkeit angenommen. Die Kapitalaufwendungen für nicht in Dienst befindliche Reservemotoren sind ebenso zu beurteilen, wie es oben mit den Kapitalzinsen für das Betriebsmaterial geschehen ist.

Die Ausgaben für Betriebsstoffe sind der Flugzeit proportional. Als Durchschnittspreis des Betriebsstoffes, der in dem dem stündlichen Verbrauch entsprechenden Verhältnis aus Benzin und Öl gemischt zu denken ist, sind 0,80 Goldmark je kg angenommen. In diesem Preis ist der Verbrauch für Probeflüge und Probeläufe so eingeschlossen, daß zur Ermitt-

lung der Betriebsstoffkosten nur die Dauer der planmäßigen Flüge berücksichtigt zu werden braucht. Die Betriebsstoffkosten für einen Flug von 600 km sind in Übereinstimmung mit diesen Annahmen in Zahlentafel 9 angegeben. Dabei wurde die Reisegeschwindigkeit um 20 km/h geringer als die normale Fluggeschwindigkeit geschätzt. Der Betriebsstoffverbrauch wurde zu 230 g je PSh gerechnet.

Die vorletzte Zeile von Zahlentafel 9 gibt in der Summe der drei darüber stehenden Zeilen die gesamten Sachbetriebskosten für einen Flug von 600 km. Hieraus ergaben sich ohne weiteres die in der letzten Zeile für die 600 km weite Reise eines Reisenden anzunehmenden sachlichen Selbstkosten. Würden die Flugzeuge nicht voll besetzt sein, so würden sich diese Reisekosten für alle gleichmäßig erhöhen.

Das Ergebnis zeigt, was ja allgemein bekannt ist, daß Großflugzeuge alter Art wesentlich teurer befördern als kleine. Diesen höheren Kosten steht nur der Vorteil der gemeinsamen Reise von mehr Personen und der größeren Räume gegenüber. Neben diesen Vorzügen bieten die Großflugzeuge neuer Art die Vorteile kürzerer Reisezeit und größerer Pünktlichkeit und Regelmäßigkeit gegenüber kleinen Flugzeugen. Wenn der Fahrpreis als Ausgleich für diese Vorteile in dem in Zahlentafel 9 angegebenen sehr geringen Maß höher als der kleiner Maschinen sein muß, so wird das die Entwicklung kaum hindern.

Versicherungskosten wurden im vorstehenden nicht erwähnt, da sie nur als eine besondere Form der Geldbeschaffung für Reparaturen und Neuanschaffungen anzusehen und daher dem Wesen und dem Betrage nach in den oben ausdrücklich genannten Ausgabeposten mitenthalten sind.

13. Schlußbetrachtungen.

Wir haben gesehen, daß Großflugzeuge neuer Art bei geringeren Anschaffungs- und Betriebskosten, bei besserer Steuerfähigkeit, geringerer Böen- und Windempfindlichkeit, gleich guten Lande- und Notlandemöglichkeiten, bei größerer allgemeiner Derbheit ihres ganzen Baues und bei gleichem Kraftüberschuß mit wesentlich höherer Geschwindigkeit beträchtlich größere Nutzlasten befördern können als gleich schwere Großflugzeuge alter Art.

Während die Großflugzeuge alter Art den kleineren Flugzeugen gegenüber neben einigen Vorteilen viele Nachteile haben, weisen die Großflugzeuge neuer Art im Vergleich zu den kleinen mehr Vorteile und weniger Nachteile auf. Dabei kann man nicht auf Grund des gegenseitigen Verhältnisses dieser letztgenannten Vor- und Nachteile ohne weiteres sagen, nur große oder nur kleine Flugzeuge haben eine Zukunft. Heute ist das leider oft einseitig der Fall; denn fast niemand hält etwas von großen Flugzeugen. In Wahrheit werden aber für viele Zwecke Großflugzeuge viel erfolgreicher sein als kleine, die, da sie sich für ihre Aufgabe nicht eignen, nie die in sie gesetzten Hoffnungen erfüllen können.

So würde sich auch der Versuch, für längere Seereisen kleine Bäderdampfer in Dienst zu stellen, sofort als technisch und wirtschaftlich aussichtslos erweisen.

Die Entwicklung wird deshalb doch wieder große Flugzeuge schaffen. Hoffentlich trägt diese Arbeit dann etwas zur Vermeidung von Fehlschlägen bei. Denn diese können bei der Neuartigkeit all der vielen verschiedenen Bedingungen, von denen hier nur einige gestreift und die meisten gar nicht erwähnt werden konnten, nur bei sehr genauer Sachkenntnis vermieden werden. In dieser Beziehung ist es sehr zu bedauern, daß das größte nach der neuen Vergrößerungsart gebaute Flugzeug, der 1000 PS-Eindecker der Zeppelinwerke-Staaken infolge des Einspruches der I. A. A. C. C. nicht gründlicher ausprobiert werden konnte.

Aber diese ganze Arbeit soll nicht etwa den Bau sehr großer Flugzeuge als Selbstzweck befürworten. Sie soll vielmehr nur die allgemein für die Vergrößerung der Flugzeuge gültigen Zusammenhänge so darstellen, daß wir die reichen Erfahrungen, welche wir den großen Kriegsflugzeugen verdanken, möglichst restlos für weitere Fortschritte verwenden können.

Dann werden die noch neu zu erbauenden Verkehrsflugzeuge das im Verkehr beweisen, was die damaligen Riesenflugzeuge erfolgreich an der Front zeigten, nämlich daß sie die günstigste Lösung darstellen, welche auf Grund der vorgegebenen Verhältnisse und im Hinblick auf ihre Verwendung möglich war.

Aussprache.

Dr. E v e r l i n g: Meine Damen und Herren! Der Herr Vortragende hat verdienstlicherweise die Ä h n l i c h k e i t s - m e c h a n i k auf den Flugzeugbau angewandt. Sie ermöglicht uns durch eine Anzahl Modellgesetze, Naturvorgänge von einer Ausführung im kleinen auf ein Bauwerk im großen zu übertragen. Von diesen Modellgesetzen, deren es verschiedene gibt, von F r o u d e, von C a u c h y, von R e y n o l d s, von M. W e b e r und von J. J. T h o m s e n — ich habe die Reihe kürzlich erweitert — entspricht das von Froude, das aus dem Schiffbau (Wellenwiderstand) bekannt ist, dem Vergrößerungsgesetz des Herrn V o r t r a g e n d e n, das von Cauchy, aus der Elastizitätslehre, dem Gesetz von L a n c h e s t e r. Außerdem kommt für die Luftfahrt das Reynoldsche Ähnlichkeitsgesetz der reibenden Flüssigkeitsströmungen in Frage.

Je nachdem wir ein Flugzeug vom a e r o d y n a m i - s c h e n oder vom d y n a m i s c h e n oder vom s t a t i s c h e n Standpunkte werten, müssen wir das Ähnlichkeitsgesetz von Reynolds oder von Froude oder von Cauchy zugrunde legen. Da nun bei einem wirklichen Flugzeug alle drei Gesichtspunkte nebeneinander gelten, so ist es klar, daß wir eine strenge Übertragung ins Große nicht nach einem einzigen Ähnlichkeitsgesetz vornehmen dürfen. Der Herr Vortragende hat ja auch gezeigt, daß dies tatsächlich nicht möglich ist.

Dazu kommt ein zweiter Punkt: Die verschiedenen Modellregeln setzen voraus, daß die D i c h t e, das spezifische Gewicht, beim großen und kleinen Körper gleich ist. Das mag für den Baustoff zutreffen, jedenfalls aber nicht für die einzelnen Bauteile, z. B. die Holme, als Ganzes. Denn je kleiner ein Bauglied ist, um so mehr muß man auf die örtliche Festigkeit, auf »die Finger der Monteure«, Rücksicht nehmen.

Die Folge ist, daß die Ähnlichkeitsgesetze auch da, wo sie streng angewandt werden könnten, nicht streng gelten. Um die Zusammenhänge im einzelnen zu untersuchen, muß die S t a t i s t i k a u s g e f ü h r t e r F l u g z e u g e herangezogen werden. Ich beabsichtige, mit Hilfe eines Mitarbeiters meine damalige Statistik der Flugzeuggewichte zu erweitern auf neuere Flugzeuge, sie dann anzuwenden auf die verschiedenen Regeln der Ähnlichkeitsmechanik und zu prüfen, wie in Wirklichkeit die Flugzeuge vergrößert worden sind, vergrößert werden und vergrößert werden müßten. Die Anregung und die Ansätze dazu verdanke ich dem Herrn Vortragenden.

Bei dieser Gelegenheit möchte ich die Flugzeugfirmen bitten, mir, falls eine Anfrage an sie kommt, mit Material unter die Arme zu greifen, soweit sie es ohne wirtschaftliche Schäden tun können. Dann wird eine solche Statistik, ausgewertet und gedeutet mit der Form der Vernunftbetätigung, die man mit dem Namen Theorie herabzusetzen pflegt, die Frage der F l u g - z e u g g r ö ß e weiter klären helfen. Überhaupt ist ja die Statistik das beste Mittel, die leider noch allzubreite Kluft zwischen Theorie und Praxis zu überbrücken.

Professor J u n k e r s: Meine Damen und Herren! Der Herr Vortragende hat eine wichtige Frage angeschnitten, den Bau großer Flugzeuge. Er hat selbst schon erläutert, warum diese Frage wichtig ist, und ist zu dem Ergebnis gekommen, daß wir den Bau von Großflugzeugen mit größerer Geschwindigkeit betreiben müssen. Ich teile diese Auffassung durchaus. Sie gibt uns sehr gute Aussichten auf erfolgreiche Großflugzeuge, die in alter Bauart wenig aussichtsvoll waren. Die Art, wie Herr Rohrbach die Angelegenheit behandelt hat und wie er die Ergebnisse seiner Forschungen uns hier vorgetragen hat, verdient unsere vollste Anerkennung. Ich zweifle nicht daran, daß seine Ausführungen dazu beitragen werden, uns im Flugzeugbau vorwärts zu bringen und dadurch zum Wiederaufbau unseres Vaterlandes mitzuhelfen.

Dr.-Ing. H o f f: Verehrte Anwesende! Die Ausführungen des Herrn Rohrbach haben gezeigt, daß die Grenze, die Lanchester setzt, durch neue Wege hinausgeschoben werden kann. Der Diskussionsbemerkung von Herrn Everling entnehme ich, daß, was mir unbekannt war, der geschilderte Weg einem Ähnlichkeitsgesetz entspricht, das im Schiffbau Anwendung findet. Die Anwendbarkeit dieses Ähnlichkeitsgesetzes ist in Flugzeugbaukreisen noch nicht erörtert worden. Da der Vorzug der Rohrbachschen Betrachtungen darin zu erblicken ist, daß die Flugzeugströmungen ähnlich sein sollen, muß man sich eigentlich wundern, daß diese Forderung nicht schon früher gestellt

worden ist. Herr Rohrbach sagte — und das mit Recht —, daß bei der Erhöhung der Leistungsbelastung in der Bausicherheit nicht zu sehr herabgegangen werden dürfe. Ich gehe jedoch nicht so weit wie Herr Rohrbach. Der Bau der Riesenflugzeuge hat gezeigt, daß man mit deren Bausicherheit nicht ebenso ängstlich zu sein braucht, wie mit denjenigen von Jagdflugzeugen oder ähnlich hochbeanspruchten Flugzeugen. Es wird nicht zulässig sein, wenn auch nicht das geringe Lastvielfache 3,5, wie es Herr Rohrbach vorhin erwähnt hat, beizubehalten, so doch unter das Lastvielfache 5, das Herr Rohrbach ebenfalls erwähnte, herunterzugehen. Daß wir tiefer gehen können und dürfen, ist auch im Besitz guter Instrumente begründet, die uns die Beanspruchungen eines Flugzeuges dauernd beobachten lassen. Ich darf an das von Klemperer entworfene, ausgezeichnete Instrument erinnern, das von Zeiß, Jena, gebaut wird. Der Kernpunkt der Vergrößerungsmöglichkeit, die Herr Rohrbach vorschlägt, liegt in der L a n d e - g e s c h w i n d i g k e i t. Die Vergrößerung nach Rohrbach bedingt, daß eine Vergrößerung der Landegeschwindigkeit Platz greifen kann.

Herr Rohrbach hat bei dem Bau des Riesenflugzeuges, das in Staaken leider stillgelegt worden ist, gezeigt, daß bei einer Vergrößerung der Anlaufräder und einem gewandten Bau des Fahrgestells größere Lande- und Startgeschwindigkeiten möglich sind. Leider mußten durch Ententediktat diese Versuche unterbrochen werden. Herr Rohrbach hat einen neuen Ausdruck gebraucht, den Wirklichkeitszuschlag. Herr Everling hatte früher bei der Deutschen Versuchsanstalt für Luftfahrt eine Übersicht zusammengestellt, auf welche sich heute Herr Rohrbach stützen konnte. Es ist heute ein Verdienst von Herrn Rohrbach, daß er aus dieser Übersicht eine Ziffer, welche die Wirklichkeit mit der Theorie überbrückt, herausgeschält hat.

Wir wollen hoffen, daß Herrn Rohrbach bald wieder Gelegenheit gegeben wird, seine theoretischen Ausführungen, die uns heute vorliegen und die sicher befruchtend auf den Großflugzeugbau wirken werden, in die Praxis umzusetzen.

Stephan v. P r o n d z y n s k i: Um die größte Nutzlast für Großflugzeuge zu ermitteln, müssen Flügelgewicht zu dem Gewicht des Motors in einem bestimmten Verhältnis stehen. Ich habe dies Gesetz ermittelt und zunächst einmal das Gesetz aufgestellt, nach dem das Flügelgewicht bei einer bestimmten Flügelgröße und Flügelbelastung zunimmt:

Es ist:

$$G_f = G \cdot L \cdot K_f$$

Hierin bedeutet:

G_f das Flügelgewicht in kg,
G die Flügelbelastung in kg,
L die Flügellänge in cm,
K_f einen Koeffizienten, der von der Flügelkonstruktion abhängt.

Die Formel besagt, daß beispielsweise ein Flügel, der für eine Flügellast von 500 kg gebaut, bei einer Flügellänge von 3 m ein Flügelgewicht von 100 kg erfordere, bei einer Verlängerung von L auf 6 m und ähnlicher geometrischer Vergrößerung der übrigen Hauptabmessungen ein Flügelgewicht von 200 kg erfordert, vorausgesetzt, daß G — die Flügelbelastung — gleich 500 kg bleibt.

Das oben aufgestellte Gesetz stimmt mit dem von Lanchester aufgestellten, daß ein Flügelgewicht mit der dritten Potenz der Flügellänge zunimmt, überein. Denn wenn ich einen Flügel bei gleicher s p e z i f i s c h e r Belastung und ä h n l i c h e n H a u p t a b m e s s u n g e n von 3 auf 6 m verlängere, so wird:

die Flügellänge L 2 mal so groß,
die Flügelbelastung G 2 · 2 mal so groß,

also das Flügelgewicht G_f 2 · 2 · 2 = 2^3 mal so groß werden.

Das ist dasselbe Resultat, zu dem auch Lanchester kommt, nur ist die Formel $G_f = G \cdot L \cdot K_f$ vielleicht deutlicher, weil Fluggewicht und Flügellänge in der Formel auseinandergezogen sind.

In ähnlicher Weise wie für das Flügelgewicht kann man die Formel für das Motorgewicht aufstellen, das notwendig ist, um einen Flügel durch die Luft zu ziehen. Diese Formel ist:

$$G_m = \frac{G \cdot \sqrt{G}}{L} K_m$$

Hierin bedeutet:

G_m das Motorgewicht,

K_m einen Koeffizienten, der abhängt vom Einheitsgewicht des Motors je PS und den aerodynamischen Flügeleigenschaften.

Die Formel besagt, daß mit zunehmender Flügellänge das Motorgewicht abnimmt. Die Voraussetzungen der Formel sind:

1. Gleiches Seitenverhältnis der verglichenen Flugzeuge.
2. Proportionalität des Motorgewichts mit der Leistung.

Man kann die Größe der Nutzlast dadurch ermitteln, daß man vom Flügelbelastungsgewicht G das Flügelgewicht G_f und das Motorgewicht G_m abzieht.

Ich habe ein Beispiel, das möchte ich hier vorführen: Für K_f und K_m nehme ich beliebige Werte an. Für eine Flügelbelastung G_1 würde man bei einer Flügellänge von 100 cm beispielsweise ein Flügelgewicht von a kg, für 200 cm Flügellänge b kg errechnen. Das Flügelgewicht nimmt proportional der Flügellänge zu. Ich trage die errechneten Werte in das Schaubild ein. In derselben Weise trage ich die für den Motor

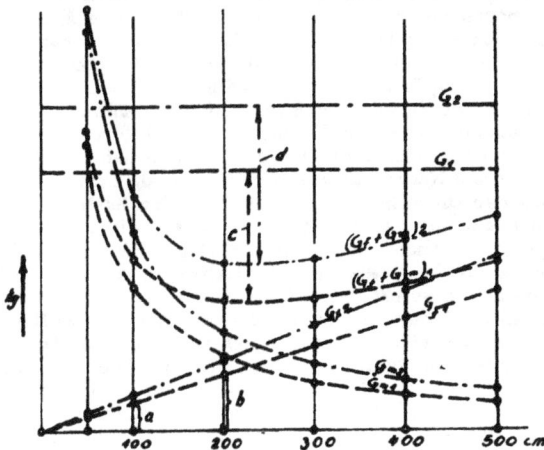

Abb. 1.

erforderlichen Gewichte G_{m1} für die verschiedenen Flügellängen ein. Die Addition beider Gewichte ergibt die Kurve $(G_f + G_m)_1$ und die Differenz zwischen dieser Kurve und der Gewichtslinie G_1 stellt die Nutzlast dar, die man bei den verschiedenen Flügellängen erreichen kann. Die größte Nutzlast c, die man erreichen kann, liegt bei d e r Flügellänge, bei der Flügelgewicht und Motorgewicht einander gleich sind.

Bei einer Vergrößerung von G beispielsweise auf G_2 liegt die größte Nutzlast d etwas weiter rechts im Schaubild und ist auch größer. Diese Vergrößerung der Nutzlast geht jedoch bei weiterer Vergrößerung von G nur bis zu einer gewissen Flügellänge, die sich errechnen läßt, danach nimmt die Nutzlast wieder ab.

Prof. W e g e n e r : Herr Rohrbach hatte auf den allgemeinen Vorteil einer Steigerung der Geschwindigkeit für die Konstruktion des Flugzeugs hingewiesen.

Ich möchte darauf aufmerksam machen, daß eine erhebliche Steigerung der Geschwindigkeit notwendig ist, wenn überhaupt von einer Luftfahrt in weiterem Sinne oder einem regelmäßigen Luftverkehr die Rede sein soll, weil die Windströmungen in der Luftfahrt eine andere Rolle spielen, als bei anderem Verkehr, z. B. bei der Schiffahrt.

Ein Flugzeug mit 80 km/h Eigengeschwindigkeit würde an mehreren Tagen im Jahr gegen den Wind keinen Fortgang mehr haben. Bei 160 km Eigengeschwindigkeit wird es mindestens 80 km/h über Grund machen, also anderen Verkehrsmitteln gegenüber wettbewerbsfähig werden, und bei 200 km/h Eigengeschwindigkeit über Grund 120—280 km/h machen, also überlegen sein. Der Windeinfluß auf die Flugzeiten nimmt rasch ab mit wachsender Eigengeschwindigkeit. Die gesteigerten Schwierigkeiten bei der Landung kann man schon in den Kauf nehmen.

Ein weiterer Vorteil schnellerer Flugzeuge ist die wachsende Unabhängigkeit von meteorologischen Störungen. Ein Flugzeug, das für geringe Eigengeschwindigkeit, also geringen Winddruck gebaut ist, wird z. B. leichter von Hagel beschädigt als ein wegen des stärkeren Stirnwiderstandes mit kräftigerer Vorderseite gebautes, schnelleres Flugzeug.

Ich möchte mit diesen Gesichtspunkten die Bedeutung einer Steigerung der Geschwindigkeit, die Herr Rohrbach schon hervorgehoben hatte, noch ergänzen.

Direktor R a s c h : Meine Damen und Herren! Wenn ich auch kein Wissenschaftler bin, bitte ich doch ein paar Worte zur Sache sagen zu dürfen. Als wir das Riesenflugzeug bauten, war ich verantwortlicher Leiter der Z.-W. Staaken und kann Ihnen verraten, daß wir Tage und Wochen lang das Problem der höheren Flächenbelastung erörtert haben. Je mehr das Flugzeug seiner Vollendung entgegenging, um so größer wurde unsere Unruhe, es könnte doch schief gehen, da wir bei der Flächenbelastung gleich auf 85 kg/m² gegangen waren. Aber die Probeflüge haben uns in Erstaunen gesetzt, Starten und Landen vollzog sich ohne Schwierigkeit. Wir können leider noch nicht auf große Erfahrungen zurückblicken, aber es sind immerhin 15 Flüge mit dem Flugzeug gemacht worden. Ich habe viele Flüge mit Riesenflugzeugen alten Systems gemacht und kaum für die Praxis merkliche Unterschiede gefunden. Voraussetzung war ein vorzügliches Fahrgestell, besonders die großen Anlaufräder, und ein vorzüglich instandgesetzter Platz zum Starten. Ich glaube auch, Herr Dr. Rohrbach ist mit mir der Meinung, daß seine Konstruktion nur Anwendung finden sollte bei Mehrmotorenflugzeugen, die in der Lage sind, sich mit 50 vH ihrer Motorleistung noch in der Luft zu halten. Ich möchte damit hinweisen auf die große Wichtigkeit der Bodenorganisation für den Luftverkehr und auf die Bedeutung, die der heutige Tag durch die Übernahme des Flughafens Bremen für den Luftverkehr hat. Dann möchte ich noch kurz auf eine Äußerung des Herrn Dr. Hoff zurückkommen, die er in bezug auf die Bausicherheit der großen Flugzeuge tat. Er meinte, man könnte bei den vergrößerten Flugzeugen mit der Bausicherheit etwas heruntergehen, man brauchte nicht die Ansprüche zu stellen, wie z. B. an Jagdflugzeuge. — Das gebe ich ohne weiteres zu. Aber es scheint mir nicht richtig zu sein, hierbei Flugzeuge ganz verschiedener Typen und Zweckbestimmung zu vergleichen. Wir dürfen nur kleine und große Flugzeuge vergleichen, die denselben Zwecken dienen, also z. B. Verkehrsflugzeuge, und dann müssen wir uns wohl der Ansicht des Herrn Dr. Rohrbach anschließen, daß damit auch die gleichen Anforderungen an die Bausicherheit gestellt werden sollten, und ich glaube, daß damit auch der Unterschied in den Ansichten zwischen den Herren Dr. Hoff und Dr. Rohrbach aufgeklärt ist.

Prof. J u n k e r s : Es bedarf keiner Beleuchtung, daß diese Frage von großer Wichtigkeit ist. Ich möchte nur bemerken, daß die Nachteile, die mit der Vergrößerung der Geschwindigkeit in wirtschaftlicher Hinsicht verbunden sind, nicht unterschätzt werden dürfen. Die größere Geschwindigkeit bringt eine Vergrößerung der Motorenanlage und dadurch eine erhebliche Erhöhung des Gewichts und entsprechende Vergrößerung des Flugzeuges mit sich, welche ihrerseits wiederum eine größere Motorenanlage usw. verlangt, und man gelangt sehr bald zu einer Grenze, wo überhaupt keine Nutzlast mehr übrigbleibt. Ich habe mich vor kurzem mit dieser Frage eingehend beschäftigt und stelle, wenn es gewünscht wird, die Ergebnisse der W. G. L. gern zur Verfügung.

Geheimrat S c h ü t t e : Ich schließe die Aussprache über den Vortrag und spreche Herrn Dr. Rohrbach den besten Dank unserer Gesellschaft aus. Wer in der Luftfahrt Bescheid weiß, wird beurteilen können, welcher Fleiß, wieviel wissenschaftliche und praktische Erfahrungen, Geld, und leider, leider auch kostbare Menschenleben nötig waren, um derartige Ausführungen machen zu können.

Um so dankenswerter ist es, wenn dies alles der Nachwelt in Form eines gedruckten Vortrages überliefert wird.

Meine Damen und Herren! Wenn noch Zeit ist, soll zwischen dem zweiten Vortrag und dem Frühstück ein kurzer Vortrag des Herrn Dr. Noltenius, Bremen, stattfinden, der besonders die Damen interessieren dürfte, weil es sich um die Wirkung von Luftdruckveränderungen beim Fliegen, oder kurz gesagt, um die Seekrankheit, handelt.

III. Das Fallgefühl im Fluge.

Vorgetragen von Friedrich Noltenius.

Die Entwicklung der Luftfahrt hat auch dem Arzt, den Physiologen mancherlei neue Probleme gestellt. Ist es doch nicht von vorn herein selbstverständlich, daß der Körper des Menschen in gleicher Weise, wie der der fliegenden Tiere, den Bedingungen des Luftraumes angepaßt sei. Daß hier Gefahren bestehen, hat schon früh der Höhenflug von S i v e l und C r o c é S p i n e l l i gezeigt, bei dem beide Forscher ums Leben kamen. Allein im allgemeinen hat die Entwicklung gelehrt, daß erhebliche Schädigungen auf die Dauer nicht eintreten. Ja in mancher Beziehung ist der Mensch sogar zu größeren Leistungen befähigt als mancher Vogel, z. B. im Nachtflug. Trotzdem ist die Frage berechtigt, ob die Sinnesorgane des Menschen gleichwohl imstande sind, dasselbe zu leisten wie die der Vögel. Für das Auge des Menschen ist das mit Sicherheit abzulehnen, denn ein Raubvogel sieht z. B. eine Maus aus einer Höhe, aus der wir nichts zu erkennen vermögen.

Wie steht es nun mit der Erhaltung des Gleichgewichtes, der Lage im Raum? Der Laie wird dieser Frage im allgemeinen größtes Gewicht beilegen. Allein der erfahrene Flieger weiß, daß hierfür in erster Linie das Auge verantwortlich ist. Doch wollen wir untersuchen, welche Organe und Organteile der Erhaltung des Gleichgewichtes dienen. Denken wir uns einen Menschen, stehend oder sitzend. Welche Komponenten sind hierbei wirksam? Siegfried Garten hat hierüber eingehende Untersuchungen angestellt.

Wie schon bemerkt, wacht in erster Linie der Gesichtssinn über die Lage im Raum (vgl. meinen Aufsatz über Raumempfindung im Fluge). Wenn wir jedoch die Augen schließen, können wir gleichwohl noch fest und sicher stehen. Wir empfinden die Berührung des Körpers mit der Unterlage, wir fühlen den Boden unter den Füßen. Der Mediziner spricht hier von der Oberflächensensibilität des Körpers, sie zeigt uns im Betasten die Dinge der Umwelt und unsere Berührung mit ihnen. Wichtiger für die Erhaltung des Gleichgewichtes ist die Tiefensensibilität, die Stellungsempfindung der Gelenke, die Spannungsempfindungen in den Muskeln. Die Natur hat uns hierzu gewissermaßen selbst ein Experiment an die Hand gegeben, die die Wirkungsweise dieser Nervenelemente darlegt. In der Rückenmarkschwindsucht, der Tabes, werden diese Nervenverbindungen unterbrochen, so daß die Impulse nicht mehr dem Großhirn zufließen können. Ein Kranker dieser Art ist nicht mehr imstande, mit geschlossenen Augen zu stehen; sein Gehen ist sehr behindert, da die feine Dosierung der Muskelspannungen fehlt.

Garten hat nun versucht, auch die Oberflächensensibilität auszuschalten, indem er durch Einspritzungen die Hautoberfläche unempfindlich machte und die Versuchspersonen bei künstlicher Atmung in eine auf das Gewicht des Körpers abgestimmte Salzlösung brachte, um die Schwere auszuschalten. Sie saßen auf einem Stuhl, der nach allen Richtungen Neigungen gestattete, und mußten ihre jeweilige Lage angeben. Dabei ergaben sich erhebliche Störungen. Auch zeigte sich, daß diese Störungen bei Taubstummen größer sind als bei Normalsinnigen. Die Erfahrung war nicht neu. Schon James hatte berichtet, daß Taubstumme, wenn sie beim Schwimmen mit dem Kopfe unter Wasser gerieten, völlig die Orientierung verlören, so daß sie in Gefahr kämen, zu ertrinken.

Warum gerade Taubstumme? — Weil wir im innern Ohr ein Organ besitzen, das spezifisch der Orientierung im Raume dient, der Vestibularapparat. Dieser Apparat besteht eigentlich aus zwei Organen, dem Bogengangsystem und dem Otolithenorgan. Jenes dient der Empfindung der Drehbewegung des Kopfes. Es besteht aus je drei im Knochen ausgesparten halbkreisförmigen Kanälchen, die nach den drei Dimensionen des Raumes orientiert sind. In den Kanälchen bewegt sich eine geringe Menge Flüssigkeit, die vermöge ihrer Trägheit bei Drehungen des Kopfes um ein Geringes zurückbleibt und empfindliche Nervenendigungen reizt. Das Otolithenorgan ist ein mit Flüssigkeit gefüllter Hohlraum, in dem beim Menschen zwei, bei Fischen und Vögeln drei bewegliche Kristallplatten, wiederum nach den Dimensionen des Raumes orientiert, auf Nervenhärchen aufgelagert sind. Ihre Wirkungsweise sei an einem Beispiel erläutert. Bei den Krebsen besteht dieses Organ aus einer derben Hohlkapsel, die mit Nervenendigungen austapeziert ist. Ein kleines Kalkkörperchen ist frei beweglich in der Kapsel. Je nach dem Punkt, den das Steinchen berührt, entsteht eine bestimmte Raumempfindung. Die Krebse werfen nun bei der Häutung dies Körperchen ab und ersetzen es später durch ein Steinchen, das sie in die Ohrkapsel einführen. Kreidl brachte nun Tiere der Krebsart Palaemon nach der Häutung in ein Becken, das Eisenstaub zum Boden hatte. Brachte er dann nach einiger Zeit einen starken Magneten über das Becken, so schwammen die Krebse auf dem Rücken.

In ähnlicher Weise muß man sich wohl die Wirkung auch beim Menschen vorstellen, etwa dergestalt, daß der verschiedenartige Druck der Kristallplättchen auf die Nervenunterlage eine jeweils bestimmte Raumempfindung erzeugt.

Das Otolithenorgan hat noch eine andere wichtige Funktion. Experimente mit Tauben, denen man das innere Ohr herausnahm, zeigten, daß die Tiere nicht nur im Flug, sondern auch im Gehen erheblich beeinträchtigt sind. Sie knicken in den Knien ein und können sich kaum aufrecht erhalten. Das rührt daher, daß von diesem Organ aus ein dauernder Spannungszustand der Muskulatur unterhalten wird, der Ewaldsche Labyrinthtonus. Die Erhaltung des Gleichgewichtes ist ein äußerst verwickelter Vorgang. Bei der kleinen Unterstützungsfläche des Körpers bedarf es eines dauernden Spiels der verschiedenen Muskelgruppen der Beine und des Körpers, um ihn aufrecht zu erhalten. Wenn der Körper sich nach vorn neigt, müssen alsbald bestimmte Muskeln sich stärker anspannen und den Körper wieder in die richtige Lage zurückziehen. Es genügen dazu nicht die groben Nervenimpulse aus dem Großhirn. Sie müssen erst äußerst fein dosiert, abgestimmt werden. Das ist vornehmlich Sache des Kleinhirns und des Otolithenorgans. Auch müssen die Muskeln dauernd in Spannung sein, da sonst der schwere Körper alsbald in sich zusammensinken würde. Es fließen also vom Otolithenorgan beständig Reize der Muskulatur zu, die vermutlich ausgelöst werden durch den Druck der Kristallplättchen auf die Nervenhärchen.

Es lag nahe anzunehmen, so wie die Bogengänge die Drehempfindung vermitteln, das Otolithenorgan die Progressivbeschleunigung des Körpers anzeige. Etwa das Anfahren oder Aufhalten im Zuge oder auch das Anfahren im Lift. Allein eine Gegenüberstellung dieser beiden Arten zeigt schon, daß hier nicht die gleichen Erscheinungen vorwalten, denn beim Anfahren im Lift tritt ein äußerst unangenehmes Gefühl auf, das beim Anfahren in einem Gefährt parallel dem Erdboden vollkommen fehlt. Es ist das Fallgefühl. Seine Erscheinungen sind etwa: starkes Unbehagen bis fast zur Übelkeit und momentane Schwäche in allen Gliedern. Es ist dasselbe Gefühl, wie wir es auch aus der Schaukel kennen. In vergröberter Form finden wir es in der Seekrankheit wieder. Der Flieger kennt es vom Übergang aus dem Horizontalflug in den Gleitflug her, und ein jeder weiß, wie unangenehm es sich bemerkbar macht.

Nun fiel mir schon früh die eigentümliche Tatsache auf, daß dieses Fallgefühl in einigen Fällen, wo man es entschieden erwarten sollte, nicht auftritt, beim Abrutschen in der Kurve und bei einigen Formen des Sturzfluges. Das Abrutschen der Kurve ist ein häufiger Vorgang, zumal der Anfänger lernt es nicht so bald, die Kurve vollkommen exakt zu fliegen. Ein Abrutschen von mehreren Metern ist dabei gewiß keine Seltenheit. Trotzdem spürt man es kaum. Ja, wenn man es nicht am Seitenwind und am veränderten Ton des Motors merkte, hätte man keine Möglichkeit, es festzustellen. Man halte dagegen, wie unangenehm sich eine leichte vertikale Luftströmung, eine Fallböe, bemerkbar macht. Ähnlich liegen die Verhältnisse beim Sturzflug. Obwohl das Flugzeug hierbei auf riesige Geschwindigkeiten kommen kann (bis 360 km Stundengeschwindigkeit), empfindet man den Fall nicht als solchen. Wie kommt das zustande?

Vergegenwärtigen wir uns einmal rein physikalisch die Kräfte, die im freien Falle wirksam sind. Zu dem Zwecke denken wir uns folgendes Versuchsobjekt. In einem metallenen Hohlkörper von etwa Tropfenform zur Verringerung des Luftwiderstandes sind zwei gleich schwere Bleikugeln in gleicher Höhe befestigt, die eine an einem starren Metallstab, die andere an einer elastischen Feder. Stelle ich den Apparat ruhig auf den Boden, so ist es klar, daß die bewegliche Kugel ein wenig tiefer hängt als die starr befestigte. Denke ich mir dagegen das System im freien Falle, so werden die Kugeln sich in gleicher Höhe einander gegenüberstehen, die Feder ist entspannt. Im ersten Falle hat die Kugel B eine etwas geringere potentielle Energie als die Kugel A. Dafür tritt Spannungsenergie in der Feder auf. Im freien Falle dagegen wird die sämtliche Energie zu kinetischer, ein Überschuß zur Biegung der Feder ist nicht vorhanden. Eine Kugel, die

im Momente des Fallbeginns in der Mitte des Hohlkörpers schwebt, bleibt an ihrer Stelle. Mit anderen Worten: für ein im freien Fall befindliches System ist für die einzelnen Teile relativ zueinander die Schwere aufgehoben.

Auf das Otolithenorgan übertragen bedeutet das, daß es sich im Moment des Falles nicht etwa um ein aktives Zurückbleiben eines spezifisch schwereren Körpers infolge seiner Trägheit handeln kann, sondern es können nur etwa bestehende Spannungen in Fortfall geraten. Nun wird aber, wie oben dargestellt, durch den Druck der Kristallplättchen auf die Nervenhärchen der Spannungszustand der Muskulatur unterhalten. Fällt jener Druck fort, so werden auch die Spannungen in Fortfall geraten. Das sind auch tatsächlich die Erscheinungen, die das Fallgefühl bietet. Anders liegen die Verhältnisse aber beim Abrutschen in der Kurve. Hier werden durch die Zentrifugalkraft die Kristallplättchen in normaler Weise gegen ihre Unterlage gedrückt. Ein Abrutschen kann nur in dem Sinne wirken, wie auf der Erde eine Seitwärtsbewegung parallel zum Boden. Dabei tritt bekanntermaßen das Fallgefühl nicht auf. Für eine besondere Art des Sturzfluges, wie ich sie im Felde angewandt habe, gilt Ähnliches.

Als Parallelerscheinung sei noch kurz die Beobachtung angeführt, daß beim Schwimmen der Kopfsprung durchaus nicht die unangenehme Empfindung auslöst wie der Sprung senkrecht ins Wasser, und Bárány hat berichtet, daß beim Anfahren im Lift das peinliche Gefühl weniger bemerkbar wird, wenn man den Kopf stark nach vorn oder auf die Seite neigt. Auch wird die Seekrankheit besser, wenn man sich hinlegt, so daß die Höhenverschiebungen nicht mehr in die Richtung der Körperachse fallen.

Diese Beobachtungen scheinen mir darzulegen, daß für die Empfindung des Fallgefühls die Richtung der Kopfachse zur Vertikalen maßgebend ist. Für Segelflieger, für die das Erkennen senkrechter Luftströmungen sicherlich Bedeutung hat, mag diese Beobachtung von Interesse sein.

IV. Mittel für die Navigierung von Luftfahrzeugen im Nebel.

Vorgetragen von H. Boykow.

Es ist eine der wichtigsten Fragen des kommenden Luftverkehrs, die wir heute anschneiden. Der Luftverkehr als solcher wird erst dann ein integrierender Faktor unseres Verkehrswesens sein, wenn er mit einer gewissen Sicherheit und Fahrplanmäßigkeit durchgeführt werden kann. Das größte Hindernis, das heute noch immer dieser Sicherheit in der Einhaltung der Verkehrszeiten hemmend gegenübersteht, ist Unsichtigkeit der Luft. Diese Unsichtigkeit der Luft behindert jedoch nicht nur die Pünktlichkeit des Verkehrs, sondern bildet auch eine Gefahrenquelle für die Luftverkehrsmittel selber.

Ich möchte nun in Kürze alle diejenigen Mittel besprechen, die uns zur Bezwingung des Nebels und der Unsichtigkeit der Atmosphäre zur Verfügung stehen bzw. stehen könnten. Da müssen wir prinzipiell drei große Gruppen unterscheiden:

1. Einrichtungen, deren Träger das Luftverkehrsmittel allein ist,
2. Einrichtungen, deren Träger die Bodenorganisation allein ist,
3. Einrichtungen, welche ein Zusammenarbeiten von Flugzeugeinrichtungen und Bodeneinrichtungen bedingen.

In die erste Gruppe, das sind Einrichtungen, deren Träger das Flugzeug allein ist, gehören neben dem Kompaß, über dessen Eigenschaften im Nebel wir noch sprechen werden, auch alle Geradflugeinrichtungen, Kursintegratoren usw. Diese Gruppe bietet ein weites Verwendungsfeld für verschiedene Kreiselkonstruktionen, über die wir noch genauer sprechen werden.

Die zweite Gruppe, das sind Einrichtungen, deren Träger die Bodenorganisation allein ist, umfaßt das gesamte Leuchtfeuerwesen und diejenigen Einrichtungen, welche der Nebelzerstreuung dienen.

Die dritte Gruppe, welche ein Zusammenarbeiten von Flugzeug und Bodenorganisation bedingt, umfaßt hauptsächlich das Gebiet der elektrischen Wellen sowohl als normale funkentelegraphische Peilung als auch alle jene Einrichtungen, welche man unter dem Begriff »Lotsenkabel« zusammenfassen kann. Hierher gehören auch etwaige akustische Einrichtungen.

Wir gehen nun über zur Besprechung der Einrichtungen, die in Gruppe 1 fallen. Hierher gehört in erster Linie der normale Kompaß. Leider ist, wie bekannt, der Kompaß im Luftfahrzeug so, wie er tatsächlich beschaffen ist, nur in beschränkter Weise brauchbar. Die Ursachen dieser beschränkten Brauchbarkeit, nämlich die unangenehme Eigenschaft des Kompasses, außer Sicht von irdischen oder astronomischen Orientierungsmarken unruhig zu werden und event. »Karussel« zu fahren, sind schon seinerzeit von mir gefunden worden, immerhin erscheint es aber doch ganz interessant, ausführlich auf diese Frage zurückzukommen, da über dieses Problem noch vielfach irrige Anschauungen herrschen.

Die alleinige Ursache dieser Kompaßstörungen im Nebel ist die Tatsache, daß zusätzliche Beschleunigungsfelder die Kompaßrose ablenken und beim Eintreten der Resonanz beliebig große Schwingungen der Kompaßrose hervorrufen. — Aus dieser Abbildung (Abb. 1) ist das Spiel der auftretenden Kräfte ohne weiteres ersichtlich. Jede Kompaßrose ist ein pendelnd aufgehangenes Magnetsystem, unterliegt also in ihrer Einstellung nicht nur den magnetischen Erdkräften, sondern auch der Schwerkraft. Würde die Rose in ihrem Massenmittelpunkt freischwingend aufgehangen, so würde sich die magnetische Achse der Rose in die Richtung der am Orte herrschenden Gesamtintensität des Erdmagnetismus einstellen. Dadurch, daß aber die Rose über ihrem Schwerpunkt aufgehangen ist, wird sie wesentlich in der Horizontalebene festgehalten und ihre magnetische Achse kann sich im allgemeinen nicht in die Richtung der Gesamtintensität einstellen; sie wird daher jene Lage

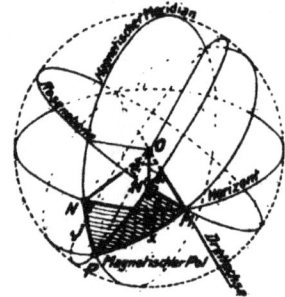

Abb. 1.

$$\varepsilon = \text{arctg} \, \frac{dv^{1})}{g \cdot dt}$$

$$\cos x = \cos \xi \, \cos J$$

$$\sin \psi = \frac{\sin J}{\sin x}$$

$$\text{tg} \, \xi' = \text{tg} \, x \cos (\varepsilon + \psi)$$

einnehmen, welche in ihrer Bewegungsebene, den kleinsten Winkel mit der Richtung der Gesamtintensität einschließt, d. i. die Richtung magnetisch Nord. Wird die durch den Einfluß der Schwerkraft bedingte wesentlich horizontale Lage der Rosenebene durch auf den Schwerpunkt wirkende zusätzliche Beschleunigungsfelder geändert, so schließt in dieser neuen Bewegungsebene in den meisten Fällen die magnetische Achse der Rose nicht mehr den kleinstmöglichen Winkel mit der Richtung der Gesamtintensität ein, und die Rose erfährt ein Drehmoment nach dieser neuen Lage hin. Die Wirkung ist also praktisch dieselbe, als wäre durch das zusätzliche Beschleunigungsfeld der magnetische Erdpol verlagert worden. Aus der Abbildung ersehen wir, daß bei horizontaler Rosenebene ON die Richtung des kleinsten Winkels darstellt. Bei der geneigten Rosenebene ist es klar, daß nunmehr die Richtung für den kleinsten Winkel sich nach $O\,N'$ verlagert hat, und zwar zunächst für eine zunächst allgemein angenommene Drehachse $O\,M$. Bezeichnen wir den Ablenkungswinkel der Rosenebene aus der Horizontalen mit ε, ferner das betreffende zusätzliche Beschleunigungsfeld $\frac{dv}{dt}$, die konstante Erdbeschleunigung mit g, so ist bekanntlich

$$\varepsilon = \text{arctg} \, \frac{dv}{g \cdot dt}\,.$$

Bezeichnen wir ferner den Winkel zwischen Nordrichtung und Drehachse, also den Winkel $N\,O\,M$ mit ξ, den Winkel zwischen der neuen Lage der magnetischen Achse und der Drehachse in der neuen Rosenebene, also den Winkel $N'O\,M$, mit ξ', ferner den Winkel $N\,O\,P$, d. i. die magnetische Inklination, mit J und den Winkel $M\,O\,P$ mit X, so kennen wir in dem rechtwinkligen sphärischen Dreieck $M\,N\,P$ die Seiten ξ und J, wir

---

1) Zusammenstellung der Formeln

können also die dritte Seite x und den Winkel bei M, den wir ψ nennen, ohne weiteres berechnen, und zwar ist

$$\cos x = \cos \xi \cos J \text{ und}$$

$$\sin \psi = \frac{\sin J}{\sin x}.$$

Gesucht wird jedoch der Ablenkungswinkel der magnetischen Rosenachse, d. i. die Differenz $\xi - \xi'$. Der Winkel ξ sei bekannt und der Winkel ξ' wird einfach aus dem rechtwinkeligen Dreieck $N' M P$ erhalten. In diesem rechtwinkeligen sphärischen Dreieck ist uns nun bekannt die Seite x und der Winkel bei M, welcher die algebraische Summe der Winkel ε und ψ darstellt. Es ist daher

$$\operatorname{tg} \xi' = \operatorname{tg} x \cos (\varepsilon + \psi).$$

Aus diesen Gleichungen geht hervor, daß neben ε und ξ die Größe des Winkels J, d: i. der magnetische Inklinationswinkel, von ausschlaggebender Bedeutung für die Größe des Fehlerwinkels $(\xi - \xi')$ ist. Wird $J = 0$, also am magnetischen Äquator oder bei auskompensierter, vertikaler Intensität, so wird $x = \xi$ und $\psi = 0$.
Daher

$$\operatorname{tg} \xi' = \operatorname{tg} \xi \cdot \cos \varepsilon,$$

woraus sich ergibt, daß für ein ε, das sich in mäßigen Grenzen hält, der Fehlerwinkel fast verschwindet. Neben J ist noch die Größe des Winkels ε von Bedeutung, wie dies aus den Abb. 2 und 3 hervorgeht, wo die Fehlerablenkungen der magnetischen Rosenachse für einen Wert von $J = 0$ und $J = 54°$ und Werte von $\varepsilon = 15°$ und $45°$ für alle Werte von ξ zwischen 0 und $90°$ dargestellt sind.

Wir sehen, daß für $J = 0$ und einen Wert für ε, der $15°$ nicht übersteigt, der Fehlerwinkel praktisch vernachlässigbar ist, denn er beträgt höchstens $0,9°$, während er für die Inklination von $54°$ den Wert von $24°$ erreicht. Nun ist ein ε von $15°$ schon recht hoch, es entspricht einem Krümmungsradius von rd. 600 m für die Flugbahn eines 150 km-Flugzeuges. Beim Nebelflug auftretende, durch mangelhaftes Steuern hervorgerufene Größen von ε dürften an sich, wenn sie nicht durch das Gieren des Kompasses unterstützt werden, den vorerwähnten Betrag keinesfalls erreichen. Ist die Schwingung der Kompaßrose nur halbwegs gedämpft, so können die durch die ε-Größen hervorgerufenen Fehlerwinkel bei Fehlen der vertikalen Intensität den Betrag von wenigen Graden auch im Resonanzfalle nicht überschreiten. In der Abb. 3 sind die Gleichungen für ein $\varepsilon = 45°$ ausgewertet. Während die Fehlerwinkel bei fehlender Vertikalintensität den Betrag von $10°$ noch nicht erreichen, wird die Kompaßrose bei einer Inklination von $54°$ bereits umgepolt, d. h. der Ablenkungswinkel bzw. Fehlerwinkel beträgt $180°$, es ist also scheinbar der magnetische Südpol an die Stelle des Nordpoles getreten.

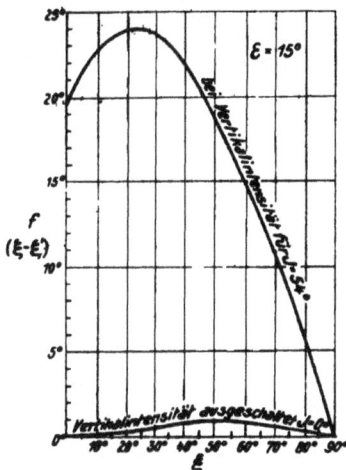

Abb. 2

Aus dem Vorgesagten geht klar hervor, daß das einzige Mittel zur Bekämpfung dieses Übelstandes darin besteht, entweder die Vertikalintensität des Erdmagnetismus auszuschalten oder der Kompaßrose nur solche Schwingungen um eine

Horizontalachse (also Pendelschwingungen) zu gestatten, deren Schwingungdauer ein Vielfaches der Rosenschwingung um die Vertikalachse darstellt. Im ersten Moment könnte man glauben, daß durch eine einseitige Beschwerung der Rose, also ein Heraus-

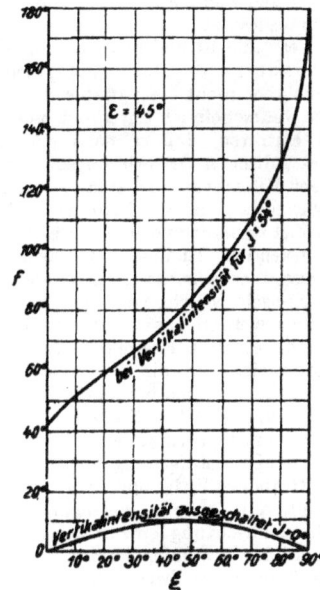

Abb. 3.

rücken des Schwerpunktes aus der vertikalen Drehachse, diesem Übelstande abgeholfen werden könnte. Dies ist jedoch keineswegs der Fall, da bei zusätzlichen Beschleunigungsfeldern diese Zusatzgewichte absolut wirkungslos bleiben. Sie bringen nur den Nachteil mit sich, daß die Massenverteilung auf der Rose unsymmetrisch geworden ist. Anders verhält es sich mit der Ausschaltung der Vertikalintensität des Erdmagnetismus. Denken Sie sich unterhalb des Kompasses ein pendelnd aufgehangenes System, welches ein vertikal magnetisches Feld besitzt von der Größe der Vertikalintensität. Denken Sie sich ferner, daß dieses Pendelsystem eine gegenüber der Rosenschwingung große Schwingungsdauer besitzt, also ein, wenn auch primitives, Kreiselpendel. So ist es klar, daß der Resonanzfall niemals eintreten kann, daß also die Störungsschwingungen der Kompaßrose ziemlich eng begrenzt bleiben.

Die zweite Möglichkeit ist ähnlicher Natur: Denken Sie sich eine Kompaßrose mit zwei Pinnen im Kompaßkessel gelagert, so daß sie gegenüber dem Kessel nur um eine vertikale Achse schwingen kann. Denken Sie sich dann diesen Kessel durch eine primitive Kreiseleinrichtung (einen kleinen Luftturbinenkreisel usw.) so stabilisiert, daß seine Schwingungsdauer ein Mehrfaches der Rosenschwingung beträgt, und ist außerdem diese Kreiselschwingung durch entsprechende Massendämpfung gut gedämpft, so haben wir denselben Fall wie vorher. Die schädliche Wirkung der zusätzlichen Beschleunigungsfelder ist auf ein Minimum reduziert.

Es ist fraglos von hoher Bedeutung für die Nebelnavigation, wenn man über einen verläßlich funktionierenden Kompaß verfügt, denn dann braucht man eigentlich nur mehr eine Angabe des Querhorizontes, wenn man sich mit der Kenntnis der allgemeinen Flugrichtung begnügt. Dieser Querhorizont kann der Kräftehorizont sein, wie er durch jede Querlibelle, Pendel usw. angegeben wird. Es ist dies die Lage senkrecht auf das Gesamtbeschleunigungsfeld. Solche Querlibellen bzw. Querneigungsmesser, die sich auf das Gesamtbeschleunigungsfeld orientieren, wurden bekanntlich vielfach herausgebracht. In diesem Falle ist der Pilot für die Führung seines Flugzeuges zunächst vollständig orientiert. Er kennt Längs- und Querneigung gegen das herrschende Kraftfeld und außerdem kann er Kurven- und Kursänderungen am richtig funktionierenden Kompaß erkennen. Dem Allernotwendigsten wäre damit Genüge geleistet. Steht kein richtig funktionierender Kompaß zur Verfügung, dann muß zu anderen Hilfsmitteln gegriffen werden, das sind z. B. die bekannten Kreiselinstrumente, Drexler-

sche- Geradflugkreisel und der Anschützsche Kreiselhorizont.
Aber auch wenn dem Flieger ein richtig funktionierender Kompaß zur Verfügung steht, ist es sehr wünschenswert, daß er nicht nur seinen allgemein gesteuerten Kurs durch die Luft sondern auch den tatsächlich geflogenen Kurs über Grund kennt. Dies ist für den Zielflug im Nebel von ganz eminenter Wichtigkeit. Vorausgesetzt, der Flieger habe einen guten Kompaß, so wird er schlecht und recht auf ungefähr 5^0 genau seinen tatsächlich durch die Luft geflogenen Gesamtkurs kennen. Er kennt aber nicht die variable Abtrift, der er mit seinem Flugzeuge wahrscheinlich unterliegt, und so könnte der Fall sehr leicht eintreten, daß er nach einstündigem Flug außer Sicht eines irdischen Orientierungsobjektes um 10, 20, ja auch noch mehr Kilometer von seiner wahren gewünschten Flugbahn abgewichen ist, und das kann zur Folge haben, daß er im Nebel sein Ziel verfehlt und nun in der Irre fliegt. Diese Gefahr läßt sich abwenden. Zu diesem Zwecke muß man wiederum auf Kreiselinstrumente zurückgreifen, und zwar auf eine Eigenschaft des Kreisels, welche wohl als die wertvollste desselben angesprochen werden kann. Das ist die Empfindlichkeit eines besonders gebauten Kreisels gegen Beschleunigungsfelder. Es handelt sich um die Eigenschaft, welche beim Kreiselkompaß auf Schiffen als besonders störend empfunden wird, nämlich um den sog. »Ballistischen Ausschlag«. Denken wir uns einen Kreisel mit horizontaler Achse weit über seinem Schwerpunkt kardanisch aufgehangen, so unterliegt dieser Kreisel dem Kraftfelde der Erde, und er ist daher mit der Erddrehung gekuppelt, d. h. er wird versuchen, sich mit seiner Achse in die Nordsüdrichtung einzustellen. In dieser Form stellt er im Prinzip den normalen Kreiselkompaß dar und ist zunächst für den besonderen Zweck, den wir im Auge haben, noch nicht brauchbar.

Ich möchte zunächst hier etwas ausholen und ganz kurz die hierher gehörenden Grundgleichungen geben. Wirkt auf die Kreiselachse irgendein Drehvektor $\mathfrak{D}$ und bezeichnen wir den Drallvektor mit J, so besteht, wie bekannt, nach dem Flächensatz die Fundamentalgleichung:

$$d\,J = \mathfrak{D} \cdot d\,t,$$

durch welche die Dralländerung sowohl nach Größe wie Richtung gegeben ist. Durch Umformung und Zerlegung dieser Gleichung kommen wir schließlich auf folgende Gleichungen:

$$J\cos\varepsilon\,\frac{d\,a}{d\,t} + J\,U\cdot\sin\varphi\cos\varepsilon - J\,U\cos\varphi\sin\varepsilon\cos a = -E$$

$$J\,\frac{d\,\varepsilon}{d\,t} + J\,U\cos\varphi\sin a = N\cos\varepsilon.$$

Wir sehen, daß in allen diesen Gleichungen die Erdrotation enthalten ist. Was bewirkt die Erdrotation? Die Erd-

$$d\,J = \mathfrak{D}\,d\,t\;{}^{1)}$$

$$J\cos\varepsilon\,\frac{d\,a}{d\,t} + J\,U\sin\varphi\cos\varepsilon - J\,U\cos\varphi\sin\varepsilon\cos a = -E$$

$$J\,\frac{d\,\varepsilon}{d\,t} + J\,U\cos\varphi\sin a = N\cos\varepsilon$$

$$J\,\frac{d\,a}{d\,t} = -E$$

$$J\,\frac{d\,\varepsilon}{d\,t} = N$$

$$\frac{E}{J} = \frac{d\,a}{d\,t}$$

$$\frac{M\cdot a\cdot v^2}{R\cdot J} = \frac{v}{R}$$

$$M\cdot a\cdot v = J$$

$$\frac{E}{J} = \frac{4\,v}{R} = \frac{16\cdot 10^3}{R}\quad R = 3200\ \text{km}$$

$$v = \frac{v^2}{R} = 0{,}0005\ \text{m} = 0{,}5\ \text{mm}$$

rotation bewirkt, daß eine ständige Kraftwirkung auf den tiefer liegenden Schwerpunkt stattfindet. Diese Kraftwirkung zwingt die Kreiselachse zu einer Horizontalpräzession nach der Nordsüdrichtung hin. Wir können nun diese Horizontal-

¹) Zusammenstellung der Formeln.

präzession aufheben, indem wir auf die horizontale Kreiselachse ein ebenso großes Kraftmoment wirken lassen, wie dasselbe auf den vertikalen Hebelarm, Aufhängepunkt · Schwerpunkt wirkt. Dann haben wir für den Kreisel die Erdrotation scheinbar ausgeschaltet, der Kreisel verliert seine Richtkraft und verhält sich nun so, als ob die Erde im Raum gegen den Fixsternhimmel still stände. In hohen Breiten in der Nähe der Pole macht sich noch ein anderes Moment geltend, doch würde eine Verfolgung dieser Sonderfrage zu weit aus dem Rahmen führen. — Unsere Gleichungen vereinfachen sich dann ganz gewaltig. Wenn wir dazu annehmen, daß, wie ja für das Funktionieren der Apparatur Bedingung ist, die Kreiselachse stets merklich horizontal ist, somit der Winkel $\varepsilon = 0$, so erhalten unsere Gleichungen die einfache Form:

$$J\,\frac{d\,a}{d\,t} = -E$$

und

$$J\,\frac{d\,\varepsilon}{d\,t} = N.$$

da wir die anderen Glieder der Gleichung als unendlich klein vernachlässigen können. Diese Gleichungen gelten streng natürlich nur für den Fall, daß der Vektor mit der Drehachse nahezu zusammenfällt, was ja angenähert stets der Fall sein wird. — Wir haben aber auch noch etwas anderes durch diesen Kunstgriff gewonnen. Der mit horizontaler Achse aufgehängte Kreisel ist nunmehr richtkraftlos, und wir können ihn zum Flugzeuge orientieren, also beispielsweise in die Querrichtung des Flugzeuges, indem man ihn z. B. an einem Torsionsdraht aufhängt.

Ich werde nun zeigen, daß ein solcher Kreisel unter bestimmten Bedingungen stets den wahren Querhorizont anzeigt, auch wenn das Flugzeug stundenlange Kurven beliebigen Durchmessers reißt. Aus der letzten Gleichung ersehen Sie, daß die Größe $\frac{d\,\varepsilon}{d\,t}$, d. i. die Winkelgeschwindigkeit um die horizontale Achse, also die Fälschung der horizontalen Lage abhängig ist von dem Momente N, das ist in diesem Falle der Präzessionswiderstand. Würde die Präzession vollkommen reibungslos erfolgen, also $N = 0$ sein, so ist auch $\frac{d\,\varepsilon}{d\,t} = 0$, d. h. die Kreiselachse behält ihre horizontale Lage unverändert bei. Eine solche reibungslose Präzession, trotzdem es paradox klingt, ist aber möglich. Wir haben in der ersten Gleichung

$$-\frac{E}{J} = \frac{d\,a}{d\,t}$$

die Beziehung zwischen Präzessionsgeschwindigkeit und Störungsmoment gegeben. Wenn wir die verschiedenen Größen so wählen, daß die Präzessionsgeschwindigkeit gleich der Winkelgeschwindigkeit des Flugzeuges in der Kurve wird, dann vollführt die Kreiselachse gegenüber dem Flugzeug keine Präzession, die Präzession gegen den Raum erfolgt daher reibungslos, und es läßt sich ferner beweisen, daß eine solche Anordnung unabhängig vom Krümmungsradius der Flugzeugkurve ist und lediglich von der Geschwindigkeit des Flugzeuges gegenüber dem Medium abhängt. Schreiben wir die Gleichung hin:

$$\frac{M\cdot a\cdot v^2}{J\cdot R} = \frac{v}{R},\quad{}^{1)}$$

wobei v die Flugzeuggeschwindigkeit gegenüber dem Medium und R den Krümmungsradius der Kurve bedeutet, so sehen wir, daß, wenn wir die Gleichung durch das rechte Glied dividieren,

$$\frac{M\cdot a\cdot v}{J} = 1$$

wird. Damit ist der Beweis erbracht, daß das Eintreten der reibungslosen Präzession der Kreiselachse in der Kurve lediglich von der Geschwindigkeit des Flugzeuges abhängt. Wir können also auf diese Weise einen absoluten Querhorizont im Flugzeuge herstellen. Wir können aber noch mehr: Ein solcher

¹) $\dfrac{M\cdot a\cdot v^2}{R}$ der Beschleunigungsdruck gleich $-E$ und $\dfrac{v}{R}$ die Drehgeschwindigkeit des Flugzeuges gleich $\dfrac{d\,a}{d\,t}$.

Kreisel wird seine Querlage zum Flugzeuge bei einer Kurve nicht ändern. Ändert er sie aber, so wäre dies, von Kreiselschwingungen abgesehen, ein Zeichen, daß das Flugzeug mit gleichbleibender Achsenrichtung eine Kurve gegenüber dem Grunde ausführt, d. h. die Ablenkung der Flugzeugbahn über Grund ist gleich der Abweichung der Kreiselachse und der Querlage.

Wählen wir nun die Konstanten der Apparatur so, daß der Ausdruck

$$\frac{M \cdot a \cdot v}{J}$$

einen Wert bekommt größer als 1. Wählen wir die Konstante *Ma* im Verhältnis zur bekannten Flugzeuggeschwindigkeit gegenüber dem Medium *v* derart, daß die Gleichung den Wert größer als 1 erhält, sagen wir 2, 3 oder 4, so wird die Apparatur den Winkelwert der Kurve anzeigen, und zwar (und dieser Punkt ist sehr wichtig) wird sie den Winkelwert der absoluten Kurve gegenüber dem Grunde anzeigen, also auch eine Änderung der Windversetzung, d. h. mit anderen Worten, das Instrument wird in diesem Falle auf jede Querbeschleunigung, aus welcher Quelle sie auch kommen möge, ansprechen, sei es nun die Zentrifugalbeschleunigung in der Kurve, sei es die Querbeschleunigung durch eine Änderung des Windzustandes. Wir erhalten somit durch dieses Instrument eine Integration sämtlicher Querbeschleunigungen, und das Instrument zeigt die im Moment herrschende Quergeschwindigkeit an.

Wir wollen nun zahlenmäßig untersuchen, mit welcher Genauigkeit ein solches Instrument Querbeschleunigungen registriert. Nehmen wir an, die Gleichung

$$\frac{M \cdot a \cdot v}{J} = 4$$

In diesem Falle, bei Annahme, daß $J = 10^7$ cgs.-Einheiten wäre und $v = 40$ m/s, so ist der Ausdruck

$$M \cdot a = \frac{4 \cdot 10^7}{4000} = 10^4, \text{[1]}$$

also noch immer eine praktisch sehr gut zu verwirklichende Größe.

Die Empfindlichkeit des Instrumentes hängt nun lediglich von der Größe des Präzessionswiderstandes, also von der Reibung des Aufhängepunktes ab. Nehmen wir sie mit ½ g/cm = 500 CGS-Einheiten = 5.10^2 an, das ist eine Größenordnung, die sich mit Leichtigkeit bewerkstelligen läßt, und setzen wir jetzt dieses Reibungsmoment als Störungsmoment ein, so bekommen wir die Gleichung

$$\frac{E}{J} = \frac{4 \cdot v}{R} = \frac{5 \cdot 10^2}{10^7} = \frac{16 \cdot 10^3}{R}$$

$$R = \frac{16 \cdot 10^{10}}{5 \cdot 10^2} = 32 \cdot 10^7$$

$R = 320\,000\,000$ cm = 3,2 Millionen m oder 3200 km.

Wir sehen, daß es in diesem Falle ein leichtes ist, das Instrument schon für einen Kurvenradius in mehreren Tausenden von Kilometern empfindlich zu machen. Die Empfindlichkeit dieser Anordnung gegen seitliche Windbeschleunigung, welche das Flugzeug von seiner Fahrt über Grund ablenkt, ist dann folgende:

Wir haben die Zentrifugalbeschleunigung

$$\frac{v^2}{R} = \frac{16 \cdot 10^6}{32 \cdot 10^7},$$

es ist also die Querwindbeschleunigung, auf welche das Instrument noch anspricht, ½ mm/s². Es wäre jetzt noch zu untersuchen, inwieweit die ja stets nur angenähert auskompensierte Erdrotation störend einwirken kann. Aus der vollen Erdrotation ergibt sich eine Richtkraft mit $J \cdot U \cos \varphi$, wobei *U* die Größe von rd. $73 \cdot 10^{-6}$ hat. Nehmen wir für $\cos \varphi = 0{,}65$, so haben wir eine größte Richtkraft des Kreisels

$$10^7 \cdot 73 \cdot 10^{-6} \cdot 0{,}65,$$

das gäbe 475 cgs-Einheiten.

Man sieht, daß die Aufhängereibung in unserem angenommenen Falle von derselben Größenordnung ist wie die durch die Erdrotation erzeugte unkompensierte Richtkraft des Kreisels, daß also der durch eine Außerachtlassung der Erd-

rotation entstehende Fehler von derselben Größenordnung wäre wie der durch das Reibungsmoment entstehende, d. h. das Flugzeug würde, wenn es im Kurs Nord oder Süd fliegt, statt geradeaus in einer Kurve von rd. 3000 km Krümmungsradius fliegen. Je mehr der Kurs von Nord gegen Ost oder West abweicht, wird dieser Krümmungsradius immer größer und die Kurve wird im Kurs Ost oder West zur Geraden. Nun ist es ein Leichtes, auch im Flugzeug die Erdrotation auf rd. 80 bis 90 vH auszukompensieren, so daß der Restfehler glatt vernachlässigt werden kann.

Solange man geradeaus fliegen will, genügt eine Apparatur in dieser Form vollkommen. Will man jedoch manövrieren, Kurven fliegen und dabei doch die exakte Angabe nicht vermissen, läßt sich dies auch durchführen, nur muß dann die mechanische Anordnung des Instrumentes etwas anders getroffen werden. Die Anordnung wird dann so getroffen, daß die Kreiselachse in der Kurve stets quer bleibt, also im Prinzip eine reibungslose Präzession durchgeführt, entweder im erstbeschriebenen Fall oder so, daß die Präzessionsgeschwindigkeit 5—10 mal größer ist als die Winkelgeschwindigkeit des Flugzeuges. Im letzteren Fall werden diese übrig bleibenden Winkel durch pulsierende Gegenmomente, die durch die beginnende Präzession der Kreiselachse gegenüber dem Flugzeuge eingeleitet werden, wieder auskompensiert und diese pulsierenden Gegenmomente werden in ihrer Größe durch einen rotierenden Zeiger registriert, woraus sich nun stets der wahre Kurs über Grund ermitteln läßt.

Bei dieser Anordnung ist es vorteilhaft, den Wert $\frac{M \cdot a \cdot v}{J}$ so groß als nur möglich anzunehmen. In diesem Falle ist es auch möglich, den Querkreisel auf bestimmte Art mit einer langseits orientierten Kreiselgruppe zu kuppeln. — Überhaupt sind dann die Kombinationsmöglichkeiten sehr zahlreich, so daß auch bestimmte Schlüsse auf die tatsächliche Reisegeschwindigkeit und damit auch Richtung und Stärke des Landungswindes in den Bereich der Möglichkeiten rücken; immerhin sind diese letzten Möglichkeiten aber noch Zukunftshoffnungen.

Es ist nun noch die Frage der Dämpfung der Kreiselschwingung zu besprechen. Diese Art von Instrumenten braucht an sich keinerlei Dämpfung der Kreiselschwingung, mit Ausnahme des Falles, wo Präzessionsgeschwindigkeit gleich Winkelgeschwindigkeit des Flugzeuges ist. In allen anderen Fällen können diese Schwingungen vom Pilot aus mit dem Flugzeuge sehr effektiv gedämpft werden. Nämlich ebenso, wie der Steuermann eines Schiffes eine Wendung des Schiffes abfängt, verfährt der Pilot mit seinem Flugzeuge. Dann kommt ihm selbst gar nicht zum Bewußtsein, ob er das Flugzeug in seiner Wendung oder durch Gegensteuerung die Kreiselschwingung abfängt.

Als letzter Punkt ist noch die Frage der Vibrationsstörung zu besprechen. Auch in diesem Falle liegt die Sache für solche Instrumente verhältnismäßig einfach, da wir es in der Hauptsache mit einer gegen eine Flugzeugebene orientierten Kreiselachse zu tun haben. Wir haben also die Vibrationen nur nach einer Richtung hin zu zerstören, damit die Ebene der Schwingungen mit einer Symmetrieebene des Trägheitsellipsoides des Kreisels zusammenfalle. Es ist mechanisch verhältnismäßig ziemlich einfach, eine solche Wirkung zu erreichen, da, wie gesagt, das Trägheitsellipsoid des Kreisels gegenüber dem Flugzeuge in einer Ebene orientiert ist.

Auf Grund dieser Überlegungen wurden schon vor mehreren Jahren seitens der Optischen Anstalt C. P. Goerz, A.-G., die einschlägigen Patentanmeldungen eingereicht.

Wir kommen nun zu den Einrichtungen, deren Träger die Bodenorganisation allein ist. Hierher gehören vor allem alle Leuchtfeuer, Scheinwerfersignale usw. Über Scheinwerfersignale im Nebel lauten die Urteile aus der Praxis zum Teil widersprechend. Es ist naturgemäß sehr schwierig, die verschiedenen Urteile so zu sagen auf einen gemeinsamen Maßstab zu bringen, da die Bedingungen, unter welchen diese Erfahrungen gemacht wurden, natürlich sehr stark voneinander abweichen. In erster Linie ist natürlich neben der Art und Größe des verwendeten Scheinwerfers die Dichtigkeit des Nebels maßgebend, und die Bezeichnungen »dichter Nebel« oder »sehr dichter« Nebel sind naturgemäß nur vage. Ferner hängt die Wirksam-

---

[1] *v* selbstverständlich in cm ausgedrückt.

keit auch von der Entfernung des Beobachters vom Scheinwerferstrahl ab, und zwar in doppeltem Sinne! Einerseits von der Lichtquelle selbst und anderseits von der kürzesten Entfernung vom Strahlenbüschel. Selbstverständlich ist auch noch die Größe und Fokussierung des Scheinwerfers maßgebend. Meine persönlichen Erfahrungen mit Scheinwerfern im Nebel bei Nacht, obwohl sie sich noch nicht auf die später zu besprechenden modernen Scheinwerfer beziehen, würden mich entschieden zu dem Schluß führen, daß Scheinwerfer recht wohl ein sehr nützliches Hilfsmittel zur Auffindung des Landungsplatzes sein können. Ist die Nebelschicht, die am Boden liegt, nicht sehr dick, so daß sie zwar sämtliche Bodendetails unsichtbar macht, aber höchstens eine Mächtigkeit von 50—100 m besitzt, so wird ein gut fokussierter Scheinwerferstrahl sich auf der Oberfläche des Nebels bei Nacht, wenn es nicht gerade eine klare Vollmondnacht ist, recht deutlich markieren, mindestens als ein milchig schimmernder Fleck. Die Sichtbarkeit eines nach oben gerichteten fokussierten Scheinwerferstrahles ist ja überhaupt von einer gewissen Unreinheit der Atmosphäre abhängig. Bei vollkommen klarer Luft würde ein solcher Scheinwerferstrahl von außerhalb ja überhaupt kaum sichtbar sein. Aber schon die normale unvermeidliche Verunreinigung der Luft genügt, um einen solchen Strahl bei Nacht auf sehr weite Strecken hin sichtbar zu machen. Ist die Nebelschicht sehr dicht und mächtig — steht das Luftfahrzeug weit vom Scheinwerferstrahl selbst ab oder herrscht klarer Vollmondschein — dann beginnen die kleinen Scheinwerfer zu versagen. Aus diesen Umständen erklären sich auch ohne weiteres die widerstreitenden Urteile, welche aus der Praxis heraus über dieses Hilfsmittel gefällt werden. Sehr vorteilhaft würde es sein, die Kohlen durch entsprechende chemische „Präparation dahin zu bringen, daß das Spektrum des Lichtbogens im roten Teile möglichst angereichert wird.

Alle Erfahrungen größeren Stiles beziehen sich leider auf altartige Scheinwerfer, wie sie während des Krieges verwendet wurden.

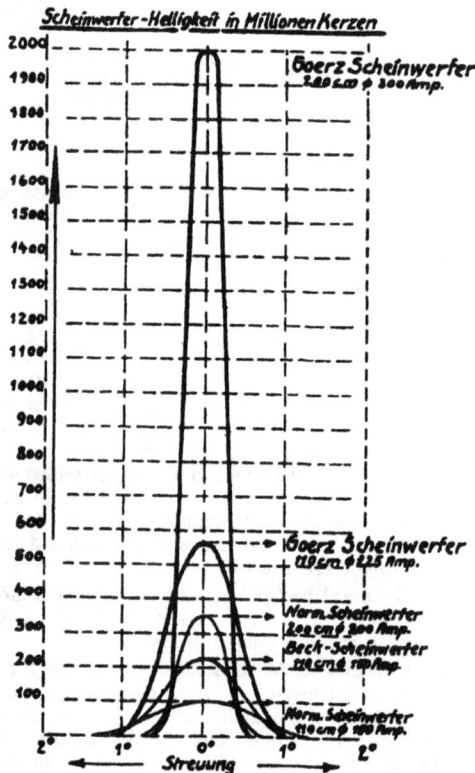

Abb. 4.

Es ist vielleicht ganz interessant, bei dieser Gelegenheit den Wirkungsgrad moderner Scheinwerferkonstruktionen zu streifen. Wir hatten bis vor kurzem, etwa bis zum letzten Kriegsjahre, lediglich Scheinwerfer, welche mit normalem Bogenlicht arbeiteten. In der Abb. 4 sind diese als normale

Scheinwerfer bezeichnet. Dann trat infolge der Notwendigkeit größerer Lichtstärke die sog. Beck-Lampe auf den Plan, welche durch Verwendung von Metallsalz-Zusätzen zu den Kohlen und Umspülung der Kohlen mit Gas schon einen erheblich besseren Effekt abgab. Inzwischen wurde von der Optischen Anstalt C. P. Goerz, Abteilung Scheinwerferbau, gegen Ende des Krieges der sog. Goerz-Scheinwerfer herausgebracht, dessen Lampe einen weiteren Ausbau des Beckschen Prinzips bedeutet. Die lästige Gasspülung fiel fort und die Kohle wurde mit einem aus unverbrennbarem Material erzeugten, bis nahe an die Spitze reichenden Mantel umgeben, welcher praktisch dieselben Dienste leistet wie die Gasspülung. Durch Verbesserung in der Herstellung der Kohlen wurde der Wirkungsgrad noch ganz beträchtlich erhöht. — Wie Sie aus dem Diagramm (Abb. 4) ersehen können, erreicht ein 110 cm Normal-Scheinwerfer eine Helligkeit von etwa 100 Mill. Kerzen, ein Beck-Scheinwerfer bereits eine Helligkeit von 220 Mill. Kerzen, während der Goerz-Scheinwerfer von 110 cm Durchm. bei einer Belastung für die Kohle von 225 Amp. eine Helligkeit von 560 Mill. Kerzen entwickelt. Der 200 cm-Goerz-Scheinwerfer entwickelt bei 300 Amp. die fast märchenhafte Helligkeit von 2 Milliarden Kerzen; also auch in der Scheinwerfertechnik ist man schon bei den Milliarden in vollwertiger Lichtvaluta angekommen! Was das bedeutet, mag ein kleines Beispiel klar machen! Der 2 m-Goerz-Scheinwerfer mit 2 Milliarden Helligkeit würde in Mondentfernung von der Erde aus als Stern 6. Größe, d. h. noch mit bloßem Augen, sichtbar sein. Das Lichtsignal über kosmische Entfernungen ist also dadurch verwirklicht.

Aus dem eben Gesagten erhellt wohl zur Genüge, daß man mit modernen Scheinwerfern, etwa wie dem Goerzschen, gut recht beträchtliche Nebelschichten durchdringen kann. Denn wenn ein normaler Scheinwerfer von 110 cm Durchm. 100 Mill. Kerzen entwickelt, so entwickelt derselbe Scheinwerfer mit Goerz-Lampe 560 Mill. also mehr als die fünffache Flächenhelligkeit, ist also imstande, eine so und so viel dickere oder dichtere Nebelschicht zu durchdringen. — Wären die Werturteile, die aus der Praxis über Scheinwerfersignale und Positionen im Nebel gefällt werden, nur auf solche Scheinwerfer bezogen worden, dann würde jedenfalls das Urteil wesentlich einheitlicher lauten. Hinzu kommt noch, daß beim Goerz-Scheinwerfer die Rotstrahlung gegenüber dem Normalscheinwerfer 4,3 mal so groß ist.

Diese Angaben entsprechen der amtlichen Prüfung durch die seinerzeitige Artillerie-Prüfungs-Kommission (Sommer-Herbst 1918).

Gänzlich entraten können wir im Nebel der Scheinwerfer also auf keinen Fall, sie bilden im Gegenteil ein unentbehrliches Requisit jedes größeren Flughafens. Zum mindesten werden sie gebraucht werden, um das eventuell durch andere Mittel herangeführte Flugzeug nunmehr genau über Lage des Landungsplatzes, Bodenwindrichtung usw. zu orientieren. Außerdem wird er in vielen Fällen für die Landung selbst von Vorteil sein, doch scheidet dieses Verwendungsgebiet als außerhalb des Rahmens des Vortrages fallend aus.

In dieser Gruppe ist jetzt noch ein Komplex von Einrichtungen zu erwähnen, die vielleicht eine bedeutende Zukunft haben können. Es sind die Einrichtungen, um vom Boden aus den Nebel über gewissen Gebieten zu zerstreuen, so daß ein mehr oder weniger großes Loch in der Nebeldecke entsteht. Dieses Loch braucht nicht einmal sehr umfangreich zu sein. Es würde genügen, wenn man dadurch in den Stand gesetzt würde, einen vertikalen Scheinwerferstrahl durch die Nebelschicht in die freie Atmosphäre hinauszuschicken.

Ich möchte an dieser Stelle vermeiden, näher auf diese Einrichtungen einzugehen und dem geistigen Vater dieser Einrichtungen, Herrn Professor Wigand, Halle, in keiner Weise vorgreifen.

Zum Schlusse dieses Absatzes möchte ich noch kurz über jene Maßnahmen sprechen, welche im Kriege mit recht gutem Erfolg verwendet wurden, nämlich die Leuchtgranaten.

Ich brauche es wohl kaum auszusprechen, daß diese an sich sehr gute Einrichtung für Friedensluftfahrzeuge kaum in Frage kommt wegen der mit ihrem Gebrauch verknüpften Gefahren.

Wir kommen nun zur letzten Gruppe von Einrichtungen, das sind Einrichtungen, welche ein Zusammenarbeiten von

Flugzeug und Bodenorganisation bedingen. Hierher gehört vor allen Dingen das große Gebiet der funkentelegraphischen Peilung. Die Frage dieser funkentelegraphischen Peilung kann auf Grund der neuesten Errungenschaften wohl als gelöst betrachtet werden in rein technischer Hinsicht. Etwas anderes ist es mit der Frage der Nutzanwendung im navigatorischen Sinne. Die funkentelegraphische Peilung ist verhältnismäßig scharf auf größere Distanzen. Es genügte für die Ortsbestimmung, wenn von jedem Punkte des zu überfliegenden Gebietes zwei Stationen im Abstande von mehreren hundert Kilometern peilbar sind. Diese Ortsbestimmung ist natürlich nicht exakt, sondern im besten Falle auf höchstens 10 km richtig. Immerhin geben solche Ortsbestimmungen unter Umständen einen rohen Anhalt. Ist die funkentelegraphische Sendestation sehr nahe, so ist die Peilung der Station mit Schwierigkeiten verknüpft, so daß m. E. die exakte Bestimmung des Ortes auf mindestens 50 m durch funkentelegraphische Peilung einer dann naturgemäß ziemlich naheliegenden Station kaum möglich ist, wenigstens geben die mir bekannten Einrichtungen diese Möglichkeit nicht. Da aber viel auf diesem Gebiete gearbeitet wird, ist es immerhin möglich, daß event. derartige Einrichtungen bestehen oder im Werden begriffen sind, und es wäre dankbar zu begrüßen, wenn in diesem Falle die Diskussion Brauchbares zutage fördern würde.

Ich sprach vorhin von nur zwei notwendigen Peilungen. Dies setzt bei der Art der funkentelegraphischen Peilung voraus, daß die Richtung des Flugzeuges zum Meridian, mit anderen Worten der Kurs, bekannt sei. Sonst ist natürlich die Zweipeilung unbestimmt. Unter der Voraussetzung, daß das Flugzeug einen brauchbaren und richtig zeigenden Magnetkompaß besitzt oder auf Grund anderer Einrichtungen seinen Kurs kennt, ergeben die zwei Peilungen zusammen mit dem Kurs die für die Lösung des Pothenotschen Problems nötigen drei Visuren, die mit Hilfe einer einfachen Kartenvorrichtung und eines Zirkels mechanisch einfach binnen wenigen Sekunden aufgelöst werden können. Trotzdem ist die funkentelegraphische Peilung im Flugzeug immer noch eine ziemlich prekäre Sache, namentlich wenn das Flugzeug in der Nähe seines Bestimmungsortes nun diesen suchen soll. Wir haben im Abschnitt 1 gezeigt, daß es möglich ist, ein Flugzeug auch außer Sicht irdischer und astronomischer Objekte über größere Strecken in die Nähe seines Bestimmungsortes zu bringen mit etwa einem Maximal-Seitenfehler von höchstens 3 km. Es handelte sich also lediglich darum, das Flugzeug, diesen Restfehler und den Sinn des Fehlers erkennen zu machen, um es gefahrlos, unabhängig von der Sicht auf seinen Landungsplatz zu führen. In gut drei Viertel der Fälle wird dies event. schon mit Scheinwerfern allein möglich sein. Für das restliche Viertel wird man Zusatzeinrichtungen benötigen, die das Flugzeug noch näher auf etwa 50 bis höchstens 200 m am Scheinwerferstand vorbeiführen.

Mitte März etwa, d. i. zur Zeit, als dieser Vortrag geschrieben wurde, ging durch die Fachpresse eine Notiz über Versuche, die mit dem Lothschen Lotsenkabel in Villa Coublay gemacht wurden. Dieser Notiz zufolge sind die Versuche recht günstig ausgefallen, so daß das ca. 3 km lange Kabel, das mit nur 3 Amp. beschickt wurde, auf Abstände von 2000—3000 m konstatiert und auch aufgefunden wurde. Die Fassung dieser Notiz ist so, daß sie vermuten ließe, dieses Lotsenkabel wäre eine rein französische Angelegenheit. Ich möchte an dieser Stelle öffentlich bemerken, daß solche Lotsenkabel für die Seenavigation in Deutschland bereits während des Krieges angewendet wurden und daß ihre Verwendung für die Luftnavigierung im Nebel von mir schon seit längerer Zeit ins Auge gefaßt worden war, bis ich schließlich am 5. Mai 1921 diese ganze Frage anläßlich einer Sitzung des Navigierungsausschusses der WGL ventilierte und u. a. auch auf diese Lotsenkabel und ihre Bedeutung für die Luftnavigierung hinwies und Behauptungen anstellte, wie sie jetzt durch die französischen Versuche bestätigt wurden. Schon damals aber war ich mir darüber klar, daß die einfache Übertragung des Prinzipes des Lotsenkabels, wie es in der Seenavigation jetzt üblich ist, auf die Luftnavigierung nicht die vorteilhafteste Lösung darstellen dürfte. Man wird in dieser Frage event. mit dem Einsatz von Drahtwellen bessere Resultate erzielen. Es handelt sich bei dieser Frage darum können Drahtwellen genügend scharf polarisiert werden und ist die Reichweite eine genügend große, also mindestens 3 km? Dann wäre es möglich, mit Hilfe von etwa vier fest in das Flugzeug eingebauten Rahmenantennen und Überleitung der event. zu verstärkenden Ströme mit besonderer Kombination auf zwei Steinrelais (die bekannten neuen Johnson-Rabeckschen Relais der Firma Huth), die in einer bestimmten Kombination auf einen oder auch auf zwei Zeiger wirken, so daß auf diese Weise gewissermaßen ein Wegweiser im Flugzeug entsteht, der dem Piloten einfach anzeigt »du bist rechts oder links vom Kabel, dein Kurs wird das Kabel schneiden, du befindest dich über dem Kabel, du verfolgst, über dem Kabel fliegend, die Richtung des Kabels«. Wenn diese Aufgabe gelöst ist, dann kann das etwa sich mit einer gewissen Abweichung dem Flugplatze nähernde Flugzeug durch das Kabel abgefangen und über dasselbe geführt werden und auf diese Weise dazu gebracht werden, daß es in minimalem Seitenabstand einen Scheinwerfer überfliegt, welcher ihm das flugplatzseitige Ende des Kabels und mithin den Beginn des für die Landung geeigneten Bodens anzeigt. Außerdem kann ihm durch den Scheinwerfer auch noch die zu vollführende Wendung und der Landungskurs vorgeschrieben werden. Die Frage, ob es möglich ist, eine solche Apparatur im Flugzeuge zu schaffen, muß noch als ziemlich offen betrachtet werden. Im Augenblick, wo dieser Vortrag geschrieben wird, ist das Urteil noch nicht abgeschlossen. Die Frage ist äußerst verwickelt, da unbedingt mit Erdstörung gerechnet werden muß, so daß lediglich eingehende empirische Untersuchungen volle Klarheit schaffen könnten. Bezüglich der zu erwartenden Reichweite solcher Drahtwellensignale gehen die Erfahrungen der Firma Dr. E. F. Huth, welche mir durch Herrn Dr. Rottgart in liebenswürdigster Weise zur Verfügung gestellt wurden, etwa dahin:

Bei einer Sendeenergie von nur 10—20 W in der Berlin-Hamburger Leitung kann auf 20—30 m Entfernung im fahrenden Zuge die telephonische Sprachübermittlung aufgenommen werden. Wenn es sich nur darum handelt, einfache Signale, etwa kürzere oder längere Töne, aufzunehmen, so sind schon bei diesen minimalen Sendeenergien Mindestreichweiten von 100—200 m zu erwarten. Auf entsprechend kürzeren Leitungen von etwa 5—10 km liegen die Verhältnisse noch günstiger, so daß also bezüglich der Reichweite zu erwarten steht, daß bei entsprechender Sendeenergie die für die Navigierung notwendigen Distanzen ohne weiteres erreicht werden dürften.

Es wäre nun noch der Vollständigkeit halber ein letztes Verständigungsmittel zu erwähnen, das ist die Akustik. Es läßt sich denken, daß beispielsweise das Motorgeräusch eines Flugzeuges vom Bodes aus gepeilt und dann dem Flugzeuge drahtlos Weisungen zugehen, oder man versucht, dasselbe mit einem Scheinwerfer anzublinken. Ob eine solche Methode viel Erfolg zeitigen würde, steht noch dahin. Es läßt sich ferner noch die Möglichkeit denken, vom Flugzeuge aus Schallsignale am Boden aufzunehmen. Dies wäre an sich trotz der sich dieser Verständigung entgegenstellenden großen Hindernisse ebenfalls möglich. Nur müßte dann wahrscheinlich die Schallempfindung nicht auf das Ohr, das durch das Motorgeräusch doch wahrscheinlich zu sehr abgestumpft ist, übermittelt, sondern durch Umwandlung optisch sichtbar gemacht werden. Auch dieses ist möglich. Wir können uns Schallempfänger denken, welche hauptsächlich auf eine bestimmte Schallwelle abgestimmt sind. Wir können uns ferner denken, daß wir durch rotierende Prismen o. dgl. von dem normalen Flugzeuggeräusch ein halbwegs ruhiges optisches Bild erhalten können, so daß sich die von außen kommende Schallwelle, für welche der Schallempfänger besonders abgestimmt ist, das vorhandene Schallbild merklich verändern könnte. Es fragt sich nur, ob solche Einrichtungen zu solcher technischer Vollkommenheit durchgebildet werden können, daß sie praktisch im Flugzeuge von Wert sein könnten; dann fragt es sich außerdem noch, ob solche Einrichtungen mit den vorerwähnten als ebenbürtig zu betrachten sind.

Ist die Lösung wenigstens eines Teiles der angeführten Probleme möglich, und bei den im ersten Absatz angeführten Einrichtungen ist dies mit größter Wahrscheinlichkeit der Fall, dann ist die Nebelnavigierung ihrer Schrecken, Nervenbeanspruchung und auch Gefahren beraubt, denn dann haben wir die Möglichkeit, ein Luftfahrzeug unbekümmert um die während des Fluges herrschende Sicht richtig und fahrplanmäßig an seinen Bestimmungsort zu bringen. Dann erst und nur dann, wenn der Luftverkehr mit derselben Pünktlichkeit, wie der

Eisenbahnverkehr funktionieren kann, wird derselbe auch bald einen integrierenden Faktor im modernen Verkehrsleben darstellen.

Aussprache.

Major v. T s c h u d i: Der Herr Vortragende hat gesagt, daß eine Nebelnavigierung mittels des Instrumentes in den nördlichen Breiten nur mit Einschränkung angewandt werden kann. Das ist aber gerade die Gegend, wo das Instrument am nötigsten wäre. Es wäre von Wert, zu wissen, ob die Einschränkungen so einschneidend sind.

Major J o l y: Gestatten Sie mir, daß ich einige Bemerkungen aus der Praxis mache.

Ich bin der Ansicht, daß ein Verkehrsflugzeug weder heute noch in den nächsten Jahren bei wirklichem Nebel verkehren kann. Wohl ist es möglich, durch Instrumente und Signale ein Flugzeug sicher an den Flugplatz heranzubringen, unmöglich ist es aber, dasselbe gefahrlos zu landen. Es mag Mittel geben, um den Nebel zu zerstreuen, aber diese werden in der Hauptsache den Zweck haben, mit Scheinwerferlicht durchzudringen zu können. Es ist vor allen Dingen notwendig, Mittel zu finden, um die eigentliche Landung im Nebel zu ermöglichen.

Ich halte den normalen Fluidkompaß für sehr brauchbar und für die meisten Flüge ausreichend. Als ich im Jahre 1912 einen kurzen Flug durch eine Wolke ohne Kompaß machte, passierte es mir, daß ich nach etwa 5 min fast genau an derselben Stelle aus der Wolke herauskam, an der ich in dieselbe hineingeflogen war. Seit dieser Zeit habe ich stets einen Kompaß mitgeführt und diesen bei gutem und schlechtem Wetter beobachtet. Bei Nebel habe ich unbedingt nach demselben gesteuert, auch wenn ich das Gefühl hatte, ich flöge nicht geradeaus. Ich habe tausende Kilometer ohne Sicht der Erde geflogen, und ich habe nie beobachtet, daß der Kompaß »Karussel« gefahren ist, und ich habe es immer als ein Märchen erklärt, wenn es mir erzählt wurde. Ich bin stets dahin gekommen, wohin ich wollte, abgesehen von kleineren Abweichungen, welche sich nie vermeiden lassen.

Bis heute habe ich auf die Frage, weshalb soll der Kompaß nur im Nebel oder in den Wolken kreisen, bei klarem Wetter aber nicht, keine befriedigende Antwort erhalten. Vielleicht kann hierüber der Herr Vortragende eine Aufklärung geben. Ferner habe ich auch nie gehört, daß ein Luftschiffkompaß im Nebel gekreist hätte. Ich glaube deshalb, daß das Karusselfahren des Kompasses weniger am Kompaß als am Flieger liegt, der das Gefühl hat, daß der Kompaß nicht richtig zeigt.

Professor v. K á r m á n. Zu den Ausführungen des letzten Redners möchte ich unterstreichen, daß in der Tat die größte Schwierigkeit darin besteht, im Nebel oder in der Nacht zu landen. Es ist aber nicht unmöglich, Einrichtungen zu finden, welche die Landung bei mäßig dichtem Nebel erleichtern. In Österreich werden z. B. bei Nebel zwei Scheinwerfer gekreuzt angebracht. Sie wurden dazu benutzt, die Punkte zu bezeichnen, wo der Flieger das Gleiten anzusetzen hat und ein weiter Schnittpunkt der umgeklappten Scheinwerfer bezeichnete den Landungspunkt. Diese Versuche sind bei Nacht sehr gut ausgefallen und haben auch bei mäßigem Nebel gute Dienste geleistet.

Dr. N o l t e n i u s: Meine Herren! Ich möchte nur ein paar Bemerkungen über den Flug in den Wolken machen. Einen Einfluß des Nebels auf den Kompaß halte ich für durchaus unwahrscheinlich. Der Grund der Drehbewegungen ist m. E. ein anderer.

In den Wolken gelingt ein Kurshalten nicht. Ich habe es oft versucht, da es wesentlich war für Ballonangriffe, fast immer mit negativem Erfolg. Das rührt daher, weil es in den Wolken nicht möglich ist, die Querachse des Flugzeugs horizontal zu halten. Mit den Augen kann der Flieger nicht beurteilen, ob seine Maschine noch horizontal liegt und das Gefühl dafür ist völlig unzureichend. So senkt sich der eine Flügel, die Maschine rutscht, und es tritt Seitenwind auf. Der Führer wird durch Seitensteuerausschlag parieren und das Flugzeug gerät in die Kurve, ohne daß der Führer imstande ist, das zu empfinden. Er wird nach wie vor annehmen, horizontal zu fliegen und nur die Kompaßnadel dreht sich und zeigt damit die Kurve an.

Als Mittel dagegen kommt nur der Kreiselkompaß in Betracht in einer Anordnung, die erlaubt, die Querlage des Flugzeuges streng einzuhalten. Wäre das nicht gegeben, so müßte auch der Kreiselkompaß sich drehen.

Dr. K o p p e: Meine Damen und Herren! Es ist darauf hingewiesen worden, daß der Flieger bei der Landung im Nebel durch eigene oder fremde Scheinwerfer unterstützt werden kann; es darf hierbei aber nicht übersehen werden, daß dieses sonst gute Hilfsmittel naturgemäß nur in der Nacht oder bei Dunkelheit Anwendung finden kann.

Zu der Entnebelung des Flugplatzes möchte ich Folgendes bemerken: Die in unseren Breiten am häufigsten auftretenden Nebel sind nicht besonders mächtig und zumeist mit ganz schwacher Luftbewegung verbunden. Wäre es nun möglich — und dahingehende Versuche zu praktischen Erfolgen führen — nur eine, wenn auch kleine Stelle des Flugplatzes nebelfrei zu machen, so würde sich von dieser ausgehend mit dem schwachen Bodenwinde eine nebelfreie Gasse bilden, die sich eben soweit erstreckt, als neue Kondensation erfolgt, oder neue Nebelmassen von den Seiten einströmen. In diese Gasse hinein, die zugleich ein gutes Landzeichen gibt, könnte der Flieger dann bequem landen.

Es gibt auch noch ein anderes Hilfsmittel, das den Flieger im Nebel sicher zum Landen bringen könnte; das ist der Höhenmesser. Wenn sich ein Flugzeug bereits über dem Flugplatz befindet, so wird sich sein Führer letzten Endes auch in erheblichem Maße auf einen genauen Höhenmesser verlassen können. Wir haben gerade in einer der letzten Sitzungen des Navigierungsausschusses von der Vervollkommnung des Höhenmessers gesprochen; es steht zu hoffen, daß wir in Bälde ein Instrument bekommen, das absolute Angaben über die Höhe des Flugplatzes bzw. des Flugzeuges geben und so das Landen erleichtern kann.

Professor L i n k e: Die Ausführungen des Vorredners veranlassen mich, etwas Wasser in den Wein zu gießen. Es sind zwei Vorschläge gemacht worden: 1. Die Luft zu entnebeln durch Elektrisierung der Luft. Die elektrischen Kräfte dazu müssen aber so außerordentlich groß sein, daß ich einen praktischen Erfolg bezweifle. 2. Mit einem Höhenmesser zu landen, möchte ich auch nicht raten. Die Apparate sind, nachdem sie 3 bis 4000 m Höhe hinter sich haben, nicht mehr so empfindlich, daß man sich unbedingt darauf verlassen kann. Der Flieger weiß ja auch gar nicht, wenn er von einem Höhenflug zurückkommt, wie sich mittlerweile der Luftdruck geändert hat. Eine Landung nach dem Höhenmesser (auch für akustische) halte ich für ausgeschlossen.

Major J o l y: Ich wollte in der Hauptsache auf das hinweisen, was Herr Professor Linke soeben bereits gesagt hat.

Wohl kann durch Lichtzeichen einem Flugzeugführer gesagt werden, daß er jetzt landen soll, nicht aber kann man ihm von der Erde aus durch Signal den Augenblick angeben, in welchem er das Flugzeug aufrichten muß. Man muß damit rechnen, daß auch dasselbe Flugzeug je nach den Umständen — entsprechend Witterungsverhältnissen, Temperatur-, Luftdruck- und Belastungsunterschieden des Flugzeuges usw. — ganz verschieden gelandet werden muß.

Dr. K o p p e: Ich habe leider bei meinen ersten Ausführungen nicht genügend darauf hingewiesen, daß außer der barometrischen Höhenmessung auch eine andere Art, nämlich: die akustische besonders im Anschluß an die Versuche, die die Marine mit dem Tiefenlot gemacht hat, in Frage kommt. Ich bin mir selbstverständlich klar, daß eine rein barometrische Höhenmessung zur Erleichterung der Landung im Nebel nicht dienen kann, weil die Luftdruckverhältnisse sich im Laufe des Fluges bedeutend ändern können und über die Art und Größe dieser Luftdruckänderung nichts bekannt ist, falls keine funkentelegraphische Verbindung mit dem Flugzeug besteht. Ist diese vorhanden, dann würde natürlich auch der reinen Luftdruckmessung ein gewisses Gewicht beizulegen sein. Tatsächlich haben diese bei Luftschifflandungen im Nebel eine bedeutende Rolle gespielt.

Diese Art der Höhenmessung schwebte mir indessen nicht vor, sondern ein anderes Verfahren, das unabhängig ist vom Luftdruck und das wahrscheinlich in Zukunft eine sehr erhebliche Rolle spielen wird. (Anm.: Vgl. holländisches Preisausschreiben.)

Sulpiz Traine: Ich kann eine Erfahrung aus der Praxis mitteilen, wo mein Nachtbombengeschwader beim Anflug auf Paris abgedrängt wurde. 18 Flugzeuge gerieten vor ein schweres, von Südwesten heraufziehendes Gewitter, so daß wir stark haben ausgreifen müssen, um unser Ziel zu erreichen. Wir sind schließlich von Osten hineingekommen, obgleich wir von Westen hineinkommen wollten. Von diesen 18 Flugzeugen haben 12 gemeldet, daß bei dem Entlangfliegen an dieser heranrückenden Gewitterwand, also möglichst nahe an der Gewitterwalze entlang, bei jedem Umfliegen eines Wolkenturmes der Kompaß bei ihnen, wenn auch nicht direkt in Trudeln geriet, aber Ansätze zu Trudeln zeigte und sowie sie um den Wolkenturm herum waren, langsam wieder in die Ruhelage zurückging. Ich selbst habe fünfmal bei dieser Gelegenheit einen starken Ausschlag, wie er eben bezweifelt wurde, gesehen. Das habe ich nicht zurückgeführt auf ein bestimmtes Potentialgefälle, sondern auf irgendwelche elektrische Wirbel, die am Rande von solchen Gewitterwänden entstehen. Ich habe mir keine andere Erklärung dafür geben können.

Dann möchte ich aber dringend warnen vor einem Vorschlage, der vorhin gemacht wurde, daß man nämlich starke Scheinwerfer sehr passend bei dichtem Nebel zur Erleuchtung der Landebahn benutzen könne. Gewiß bei 2—300 m dicker Nebelschicht kann man in die Höhe gestellte 90 cm Scheinwerfer hervorragend benutzen, um an der Oberfläche der Nebelschicht mit zwei leuchtenden Punkten anzuzeigen, wo die Flugzeuge landen sollen. Auf diese Weise sind bei mir in Flandern einmal 12 Flugzeuge bei dichtestem Nachtnebel ohne schwere Schäden gelandet. Ganz falsch wäre es dann aber, wie vorgeschlagen wurde, im Moment der Landung eines Flugzeuges durch einen starken Scheinwerfer von der Einlaufseite her die Landebahn beleuchten zu wollen. Denn ein erleuchteter Nebel ist wegen seiner Blendung das Jämmerlichste für einen Flugzeugführer, das er sich bei der Landung denken kann.

Kapitän Boykow (Schlußwort). Meine Damen und Herren! Ich möchte zunächst auf die Anfrage von Herrn Major von Tschudi eingehen. Herr Major von Tschudi hat mich scheinbar mißverstanden. Ich wollte absolut nicht sagen, daß irgendeine Kreiseleinrichtung, die ich beschrieben habe, in der Nähe des Poles oder am Pol selber unwirksam werde. Im Gegenteil, sie sind die einzigen Mittel, um, abgesehen von der funkentelegraphischen Peilung, in der Nähe des Poles zu navigieren, da die navigatorischen Verhältnisse der Polarzone so ziemlich das Ungünstigste sind, was man sich vorstellen kann. Weder der magnetische Kompaß, noch der Kreiselkompaß funktionieren in diesen Regionen. Nun ist ja für das bekannte Brunssche Projekt der nördlichen Durchfahrt, von Herrn Pungs in der D. A. Z. ein Plan ausgearbeitet worden, um für das Projekt der Polnavigation im Luftschiff ein weites Netz von Funkenstationen aufzustellen. Es handelt sich dabei um etwa sechs besonders zu errichtende Stationen. Bei Zuhilfenahme der im Vortrage behandelten Kreiselinstrumente würde sich die Zahl der zu errichtenden Funkenstationen auf 1 bis 2 verringern. Wenn ich sagte, daß in der Nähe des Poles die Verhältnisse andere sind, ist damit noch nicht gesagt, daß sie ungünstiger sind. Es sind zwei verschiedene Funktionen der Erddrehung zu berücksichtigen. Die eine ist eine Sinusfunktion, die andere eine Cosinusfunktion der Breite. In der Nähe des Poles kommt also nur eine etwas andere Kompensierungsart der Erddrehung in Frage, das Resultat bleibt aber dasselbe. Im Gegenteil, möchte ich die Frage des Herrn Major von Tschudi dahin beantworten, daß es in der Nähe des Poles überhaupt nur Navigierungsmittel gibt, wie ich sie beschrieben habe, weil alle übrigen normalen Mittel versagen. Es könnte nun behauptet werden, ein Kreiselkompaß arbeitet im Laboratorium mit einem Zehntel seiner Richtkraft nicht genau, als einer Breite von 85° entsprechen würde. Aber da der Breitenfehler der durch die ja nie ganz genau bekannte Nord-Geschwindigkeit entsteht, am Pol selbst 90° beträgt, wird eine Anzeige der Richtung aus diesem Grunde schon ziemlich illusorisch. Wie jedoch gesagt, ist durch den Ballistischen

Kreisel, wie man ihn nennen kann, eine Navigierung auch am Pol möglich, sogar das einzige Mittel. Dann wurde hier vom Karussefahren des Kompasses gesprochen. Es wurde auch auf elektrische Störungen als ev. Ursache hingewiesen. Ich habe in meinem Vortrage die einzig mögliche physikalisch-mechanisch-plausible Erklärung für dieses Phänomen gegeben. Es ist ja möglich, daß im seltensten Einzelfall, wie von Herrn Major Sulpiz Traine angeführt, der längst einer ausgedehnten Gewitterwolke Störungen des Kompasses beobachtet hat, elektrische Störungen auftreten könnten, aber, im Hinblick auf die von mir gegebene einwandfreie Erklärung, möchte ich mich in bezug auf elektrische Störungen doch den Darlegungen des Herrn Professors Linke anschließen. Es ist zweifellos, daß, sagen wir zu 99 vH die Unruhe des Kompasses außer Sicht irdischer oder astronomischer Objekte eine reine Folge der Steuermanöver des Piloten ist. Es ist klar, daß außer Sicht der Erde oder eines astronomischen Merkpunktes ein Flugzeug nicht so stetig fliegt, als in Sicht solcher Objekte. Durch diese Steuermanöver werden Beschleunigungsfelder hervorgerufen, die, wie ich gezeigt habe, ablenkend auf den Kompaß wirken und wobei von Haus aus der Resonanzfall leicht eintreten kann. Die ganze Sache ist eine Funktion der Nerven und Geschicklichkeit des Fliegers. Herr Professor von Kármán erwähnt die Scheinwerfer. Ich hätte gedacht, daß Herr von Kármán auch auf die von ihm durchgeführten Versuche mit Scheinwerfern im Flugzeug selbst zu sprechen kommen würde. Ich habe seinerzeit im Nebel Versuche gemacht — es waren eher Zwangsversuche — wo durch Scheinwerfer die Wasserfläche beleuchtet wurde, und ich habe gefunden, daß auch in recht dickem Nebel man noch recht gut die Wasserfläche sehen konnte und was noch wichtiger war, auch die ziemlich zahlreichen Bojen, die sehr störend wirken können, wenn man zufällig auf eine solche landet. Es hängt dabei wesentlich davon ab, wie der Scheinwerferstrahl zur Flugrichtung steht. Ich habe gefunden, daß die beste Position des Scheinwerfers zum Flugzeug achter ca. 3 Strich seitlich und etwas über der Landungsfläche erhöht ist. Ferner hatte ich vielfach Gelegenheit die Beobachtung zu machen, daß auch in nebelfreier Nacht, eine vollkommen glatte Wasserfläche ein recht unangenehmes Landungsterrain darstellt, und daß in solchen Fällen ein von achter leuchtender Scheinwerfer gute Dienste leistet, während man sich beim Fehlen eines solchen mit einer Loteinrichtung behelfen muß. Ist das Landungsgelände so beschaffen, daß es Lichtstrahlen diffus zerstreut zurückwirft, dann sind Beleuchtungseinrichtungen im Flugzeuge selbst von großem Werte. Ich komme auf diese Dinge erst im Schlußworte zu sprechen, da die Landung nicht im Rahmen des Vortrages lag, aber in der Diskussion angeschnitten wurde. Ich habe in dieser Beziehung seinerzeit vielversprechende Versuche angefangen, konnte diese jedoch nicht zu Ende durchführen. Zwei Lichtbänder, die vom Fahrgestell des Flugzeuges ausgingen und in einer Ebene lagen, die etwas gegen die Flugebene nach abwärts geneigt war, kreuzten sich in einem gewissen Abstand vor dem Flugzeug, der in der Hauptsache von der Neigung der Ebene der Lichtstrahlen gegen die Flugbahnebene abhängig war. Der Kreuzungspunkt dieser Lichtbänder war auch bei nebligem Wetter noch ganz gut erkennbar und ebenso die Punkte, in denen die Lichtbänder auf den Boden trafen. Mit dieser Einrichtung konnten Kampfflieger auch in mondlosen Nächten und vorhandenem Bodendunst vollkommen glatte Landungen durchführen. Namentlich dann, wenn das Landungsterrain so hergerichtet war, daß es die auffallenden Lichtstrahlen gut zurückwarf, was durch ein Bestreuen des Bodens mit feinem Kies erreicht wurde. Die Lichtstärke der hierbei verwandten Lampen, vor welche Kondensoren geschaltet waren, betrug bei den Versuchen 100 Kerzen; es erwies sich diese Lichtstärke auch als ausreichend.

Geheimrat Schütte: Ich danke Herrn Kapitän Boykow für seine Ausführungen, und ich glaube, die WGL stimmt in meinen Wunsch ein, daß in Zukunft die Flugzeuge auf Minuten und Sekunden so zuverlässig sind, wie es die Eisenbahn seit langem schon ist.

V. Die Dampfturbine im Luftfahrzeug.

Vorgetragen von **Rudolf Wagner**.

I. Teil.

Das Thema, über das ich, einer Anregung der WGL folgend, nachstehend berichte, knüpft an Ausführungen an, die bereits Herr Dipl.-Ing. Noack im Mai 1920 in einem Sprechabend der WGL in Berlin über die Dampfturbine in der Flugtechnik gebracht hat. Der sonst übliche historische Rückblick auf ähnliche Bestrebungen kann übergangen werden, da der erfolgreichste Versuch auf diesem Gebiet von Sir Hiram Maxim im Jahre 1894, bei dem eine rd. 300pferdige Kolbendampfmaschine auf einem flugzeugähnlichen Gebilde eingebaut war, bekannt ist; ferner auch deswegen, als diese Vorläufer im allgemeinen doch kein Fundament bilden, auf dem man, wie z. B. in der Entwicklung der Gasmaschine auf den Arbeiten Ottos, erfolgreich hätte weiterbauen können. Ich gestatte mir hier vielmehr von eigenen Arbeiten auf dem vorliegenden Gebiet zu berichten, deren Ausgangspunkt bereits jahrelang zurückliegt und seine Anregung in einer ausgedehnten Beschäftigung mit Torpedobootsmaschinenanlagen gefunden hat. Bei diesen spielt bekanntlich ebenfalls die Gewichtsersparnis eine Hauptrolle, ferner waren dabei die für den vorliegenden Fall allein brauchbaren Elemente, wenigstens bei neueren Anlagen mit Getriebeturbinen, abgesehen vom luftgekühlten Kondensator, gegeben. Durch die Hinzunahme eines größeren Konstruktionsbureaus in den Jahren 1919 bis 1921 haben dann diese Arbeiten eine wesentliche Erweiterung und gewisse Abrundung erfahren, so daß heute, wenn auch noch nicht die Ergebnisse einer praktischen Ausführung, so doch ein gewisses abschließendes Urteil über die konstruktiven Untersuchungen der Frage gegeben werden kann.

Bevor ich in Konstruktions-Einzelheiten eintrete, mögen einige grundlegende Fragen diskutiert werden. Die Hauptvorteile, auf denen m. E. die Zukunft des Dampfturbinenantriebs für Luftfahrzeuge beruht, sind folgende:

1. Erhöhung der Betriebssicherheit und Lebensdauer der Maschinenanlage,
2. Möglichkeit der Verwendung eines billigen, wenig feuergefährlichen Betriebsstoffes, wie z. B. Teeröl, Masut usw., dessen Preis heute nur ca. $^1/_5$—$^1/_6$ des von Benzins beträgt,
3. Möglichkeit relativ großer Leistungseinheiten von rd. 100 PS beginnend bis rd. 2000 PS. Für den Kessel muß dies heute aus Gewichtsgründen etwa als obere Grenze bezeichnet werden, für die Turbine ist diese ziemlich unbeschränkt. Selbstverständlich lassen sich durch Kombination solcher Einheiten Anlagen von derartiger Leistungsfähigkeit schaffen, die auch den weitestgesteckten Zielen in der Luftfahrt genügen und für die sowieso, falls es sich um mehrere 1000 PS handelt, eine Unterteilung am Platze ist.

Diesen Vorteilen scheinen zunächst als Nachteile gegenüberzustehen, daß heute sowohl das Maschinengewicht als auch der Brennstoffverbrauch und Kondensatorwiderstand teilweise noch etwas höher sind als die entsprechenden Ziffern bzw. der Kühlerwiderstand bei Motoranlagen. Auf diese drei wesentlichen Punkte sei nachstehend etwas näher eingegangen.

1. Maschinengewicht.

Auf Grund werkstattreif ausgearbeiteter Zeichnungen für eine komplette, für mittlere Verhältnisse hinsichtlich Kesselspannung, Überhitzung und Vakuum entworfene Leichtturbinenanlage von rd. 1000 PS ergab sich einschließlich Betriebs- und Vorratswasser und Schmieröl ein Gewicht je

PS von rd. 3 kg. Bei dieser ersten Anlage war jedoch, um Fehlschläge zu vermeiden, mit Absicht das Gewicht nicht gar zu sehr gekniffen, insbesondere waren für den Kessel noch Belastungsziffern gewählt, die auf Grund der Erfahrungen mit Torpedobootskesseln sicher einzuhalten waren, ferner war im Interesse der Ausscheidung unnötiger Materialrisiken noch kein Gebrauch von Leichtmetallen für manche wenig beanspruchte Teile, wie z. B. Getriebe- und Kesselgehäuse usw., gemacht, die später zweifellos aus solchen Materialien hergestellt werden können. Unter Berücksichtigung solcher Maßnahmen und der möglich erscheinenden höheren Belastung des Kessels bei dessen systematischer Weiterentwicklung — worauf noch zurückgekommen sei — erscheint es sehr wahrscheinlich, daß man in Zukunft das Einheitsgewicht bis auf etwa 2 kg und weniger herabdrücken kann. Beim Vergleich mit Gewichten von Motoranlagen könnten nun — vom Standpunkt des Dampftechnikers aus gesehen — zugunsten des Dampfantriebs noch einige Vorteile angeführt werden, wie z. B. geringeres Gewicht je PS in derselben Flughöhe, mittelbare Ersparnis von Widerständen und Gewichten infolge möglicher größerer Zentralisierung der Anlage, eventuell auch etwas leichtere Verbände, Fundamente usw. infolge Fortfalls der Massenwirkungen usw., indessen sei von allen solchen Momenten, die zweifellos für den Dampfantrieb günstig liegen, hier abgesehen, da sie heute teilweise zahlenmäßig noch nicht recht zu fassen sind und bei modernen Motoranlagen auch nicht mehr so erheblich als früher in Erscheinung treten. Immerhin ergibt sich bei größeren Anlagen bereits eine derart wesentliche Ersparnis an Maschinenpersonal, daß das entsprechende Mindergewicht dem Dampfantrieb bereits jetzt schon ziffernmäßig zugute gebracht werden kann.

Zusammenfassend kann man daher sagen, daß zwar heute das Gewicht einer Dampfanlage das einer Motoranlage im allgemeinen noch etwas überschreitet, daß dagegen in Zukunft praktische Gleichheit der Gewichte sicher zu erreichen sein wird. Bei größeren Anlagen mit mehreren Maschinensätzen ist übrigens annähernd gleiches Gesamtgewicht bereits jetzt schon vorhanden; demnach ist zu erwarten, daß für solche Fälle die Dampfanlage in Zukunft sogar leichter als die Motoranlage wird. Denn daß letztere mit noch geringerem Gewicht gebaut werden könne, als dies jetzt der Fall, kann kaum angenommen werden. Insbesondere dann nicht, wenn gemäß den neuerdings zugunsten einer größeren Lebensdauer oder zwecks Einführung des Schwerölmotors vorhandenen Bestrebungen notgedrungen Gewichtskonzessionen gemacht werden müssen. Welchen Einfluß übrigens ein etwaiges Mehrgewicht der Dampfanlage auf die Flugeigenschaften tatsächlich besitzt, werden wir später sehen.

Des Interesses halber sei noch erwähnt, daß sich das vorgenannte Gewicht der 1000 PS-Dampfanlage zu etwa 45 vH auf den kompletten Kessel inklusive Betriebs- und Vorratswasser, zu etwa 16 vH auf Turbine mit Getriebe, zu etwa 23 vH auf den Kondensator mit Zuführungsrohren usw., und der Rest von etwa 16 vH auf die Hilfsmaschinen, Rohrleitungen, Schmieröl usw. verteilt.

Aus diesen Ziffern, die sich selbstverständlich je nach Kesseldruck, Vakuum, Bauart der Turbine usw. etwas verschieben, ersieht man bereits, wo hauptsächlich der Hebel für weitere Gewichtserleichterungen anzusetzen ist.

Daß mit wachsender Leistungseinheit das Gewicht einer Dampfturbinenanlage je PS aus leicht verständlichen Gründen abnimmt, bei kleineren wächst, dürfte bekannt sein. So wird z. B., ausgehend von den vorgenannten 3 kg für das erste 1000 PS-Aggregat, für ein nach gleichen Grundsätzen bereits entworfenes Aggregat von 500 PS rd. 3,6 kg, für ein 1500 PS-Aggregat schätzungsweise rd. 2,5 bis 2,6 kg je PS zu erwarten sein. Selbstverständlich kann der genauere Verlauf erst dann angegeben werden, wenn auf Grund der Erfahrungen mit dem ersten Aggregat verschiedene Einheiten genau durchgearbeitet sind. Soviel läßt sich indessen bereits erkennen, daß anscheinend unterhalb einer gewissen Leistungsgrenze, sagen wir einmal je 100 PS, wegen der dann erheblich abnehmenden Ökonomie der Turbine die Dampfanlage für Luftfahrzeuge zu schwer wird, es sei denn, daß man sich z. B. für Postflugzeuge u. dgl. mit relativ kürzeren Fahrzeiten begnügt oder aber die weitere aerodynamische Entwicklung des Flugzeugs selbst die Anwendung eines höheren Maschinengewichts im Interesse der größeren Lebensdauer gestattet. Weiterhin lassen die vorgenannten Ziffern erkennen, daß es bei Dampfantrieb vorteilhaft ist, entweder nur eine einzige Einheit oder aber bei größeren Leistungen über rd. 500—1000 PS nur wenige größere Einheiten zu wählen, eine Maßnahme, die im allgemeinen der bequemeren Überwachung und Führung nur zugute kommt.

2. Brennstoffverbrauch.

Die ersten Entwürfe für eine 1000 PS-Probeanlage waren, wie bereits bemerkt, im Interesse möglichster Vermeidung aller Risiken noch für relativ mäßige Werte hinsichtlich Dampfdruck, Überhitzung und Luftleere entworfen, und zwar für 35 at Kesseldruck, 340° C. Überhitzungstemperatur und 55 vH Vakuum; einerseits um betreffs dieser Werte innerhalb bereits bis dahin erprobter Grenzen zu bleiben, ferner eine möglichst gedrängte einfache Turbine mit wenigen Stufen und einen wegen des höheren Temperaturgefälles kleineren Kondensator zu erhalten. Die weitere Steigerung aller Werte sollte für spätere Ausführungen vorbehalten bleiben. Der rechnungsmäßige Dampfverbrauch der Hauptturbine ergab sich für die vorgenannten Werte zu rd. 5,3 kg/PSh und der Brennstoffverbrauch (einschließlich des Wärmebedarfs für die Hilfsmaschinen) zu rd. 0,41 kg pro PSh. Das war natürlich reichlich hoch und nicht gerade geeignet, der Dampfturbine eine allgemeinere Einführung in der Luftfahrt zu erleichtern. Um daher den Forderungen des Luftschiff- bzw. Flugzeugbaues von vornherein mehr entgegenzukommen, hatte ich mich in der Folge zu wesentlich höheren Werten bezüglich Druck, Temperatur und Vakuum entschlossen, und zwar zu rd. 60 at Kesseldruck, ca. 500° Dampftemperatur und 90 vH Vakuum. Zur Bestärkung in diesen Annahmen habe ich dann später gesehen, daß auch die Fa. Schmidt, Cassel, gemäß dem Vortrag von Herrn Dir. Hartmann in der vorjährigen Hauptversammlung des V. d. I. dieselben Werte bezüglich Kesseldruck und Dampftemperatur ihren Versuchen zugrunde gelegt hat. Ganz zufällig ist dieses Zusammentreffen vielleicht nicht, indem bereits aus dem Diagramm der Wirkungsgrade der verlustlosen Turbine von Schüle hervorgeht, daß der Gewinn an thermischem Wirkungsgrad über 40 at hinaus nur noch gering ist, dagegen die praktischen Schwierigkeiten naturgemäß erheblich wachsen.

Für die vorgenannten Werte stellt sich nun unter vorsichtiger Wahl der Düsen- und Schaufelkoeffizienten der Turbine rechnungsmäßig bei einem 1000 PS-Aggregat der Dampfverbrauch pro PSh auf rd. 3,3 kg, ein Wert, der bei Anwendung von Zwischenüberhitzung noch auf etwa 2,8 bis 2,9 kg herabgedrückt werden kann. Für ein 500 PS-Aggregat ergab sich unter denselben Verhältnissen rd. 3,6 bzw. 3,1 kg/PSh. Dementsprechend ergibt sich unter den günstigsten Bedingungen (also mit Zwischenüberhitzung) ein Brennstoffverbrauch (unter Einschluß des Wärmeverbrauchs der Hilfsmaschinen):

bei 500 PS von rd. 0,29—0,30 kg pro PSh,
» 1000 » » » 0,27—0,28 » »

Hierbei ist ein Heizöl von rd. 10000 WE Heizwert angenommen. Eine rohe Bestätigung der Richtigkeit dieser Ziffern ist daraus ersichtlich, daß die Fa. Schmidt einen Wärmeverbrauch von rd. 2200 WE pro PS ohne Berücksichtigung der Hilfsmaschinen und des Kesselwirkungsgrades festgestellt hat. Berücksichtigt man ferner, daß heute derartige Kleinturbinen noch einen etwas schlechteren thermodynamischen Wirkungsgrad besitzen als die von der Fa. Schmidt benützte Kolben-

maschine, so kommt man annähernd auf dieselben Verbräuche, ein Beweis, daß die oben errechneten Werte erreichbar sind. Es erscheint vielmehr nicht ausgeschlossen, daß sich diese bei möglicher weiterer Verbesserung besonders der Beschaufelung der Laufräder noch weiter herabdrücken und ebenso günstig als bei einer Kolbenmaschine gestalten lassen, wobei die neuzeitlichen Erkenntnisse in der Aerodynamik eventuell gute Dienste leisten können.

Immerhin können auch die vorgenannten Ziffern gegenüber dem Motorantrieb (einschließlich dessen Schmierölverbrauch) zweifellos schon in Parallele treten und ermöglichen dieselben ohne weiteres die größten Aufgaben in der Luftfahrt, gegebenenfalls unter geringer Vergrößerung des Deplacements bzw. der Tragfläche bei Forderung gleicher Nutzlast. Daß übrigens für normale Fahrzeiten das entsprechende Brennstoffgewicht dank der besonderen Eigenschaften des Dampfantriebs völlig belanglos ist, geht aus der Betrachtung der Kondensatorfrage hervor.

Interessant ist übrigens noch die Tatsache, daß trotz der bedeutenden Erhöhung des Vakuums von 55 auf 90 vH gegenüber dem ersten Entwurf die erforderliche Kondensatorkühlfläche trotzdem praktisch gleich groß wird, da sich die geringere Temperaturdifferenz zur Außenluft annähernd mit dem bedeutend geringeren je PS abzuführenden Wärmebetrag (ca. 1700 bis 1800 WE je PSh bei einem Aggregat von 1000 PS) in einer mittleren Flughöhe von rd. 1500 m mit einem Jahresmittel von ca. + 3° C annähernd ausgleicht.

Als weiterer Vorteil der Dampfanlage muß an dieser Stelle erwähnt werden, daß der Brennstoffverbrauch je PSh bei allen Fahrthöhen ungeändert bleibt, während derselbe bei normalen Benzinmotoren bekanntlich ungefähr reziprok mit der Wurzel aus den Luftdichten zunimmt. Wenn auch bei neuzeitlichen Flugmotoren durch besondere Vergaserbauarten dieser Einfluß vermindert ist, so wird er sich doch bei der Fahrt in größeren Höhen, die abgesehen von Kriegsflugzeugen auch für die Überwindung größerer Strecken bei der Verkehrsluftfahrt zukünftig in Frage kommen kann, wieder ungünstig bemerkbar machen. Für diese Fälle wird somit ein weiterer Ausgleich der Brennstoffverbräuche der Dampf- und Motoranlage eintreten.

3. Kondensatorwiderstand.

Bei einem Flugmotor sind bekanntlich pro PSh nur etwa 400 bis 450 WE an das Kühlwasser abzuführen. Die ebengenannte Ziffer für die bei einer Dampfanlage unter den gekennzeichneten Umständen im Kondensator abzuführende Wärme würde somit rund den vierfachen Betrag darstellen. Ähnliche Konstruktion des Kondensators wie ein Kühler, ferner gleiche Lufterwärmung vorausgesetzt, würde somit bei der Dampfanlage rund die vierfache Brutto-Stirnfläche erforderlich sein. Berücksichtigt man ferner, daß bei 90 vH Vakuum, entsprechend einer Innentemperatur von ca. 45° C auch das Temperaturgefälle gegenüber dem Motorkühler mit einer Kühlwassertemperatur von rd. 60 bis 70° geringer ist, so wäre bei gleichen Übergangskoeffizienten die im Kondensator erforderliche Kühlfläche rd. fünf- bis sechsmal so groß. Damit würde dessen Widerstand sowie die zur Überwindung desselben erforderliche Leistung auf rund das Fünffache der entsprechenden Beträge beim Motorflugzeug anwachsen. Den Kühlerwiderstand für gute Konstruktion zu mindestens etwa 5 vH des Propellerzugs bei einer Geschwindigkeit von etwa 150 km/h und einen Luftschraubenwirkungsgrad von 70 vH vorausgesetzt, würde somit der Kondensatorwiderstand unter diesen Voraussetzungen zu etwa 25 vH des Propellerzugs zu veranschlagen sein. Wenn nun auch vorausgesehen werden konnte, daß bei geschickter Durchbildung des Kondensators, vor allem unter Ausnutzung des anderen Aggregatzustandes des zu kühlenden Mittels, daher möglicher anderer Form und Anordnung der Kühlelemente sowie aerodynamisch günstiger Gestaltung derselben der vorgenannte Prozentsatz wesentlich herabgedrückt werden könne, so war es doch erwünscht, von vornherein volle Klarheit in der Frage zu gewinnen. Es wurde daher eine rechnerische Untersuchung angestellt, wie weit die flugtechnischen Eigenschaften beeinflußt werden, selbst wenn der Kondensatorwiderstand etwa 15 bis 20 vH oder darüber betrüge oder das Maschinengewicht einschließlich Brennstoff für eine bestimmte Fahrzeit wesentlich höher als beim Motor wäre. Auf den ersten Blick war man naturgemäß geneigt, anzunehmen, daß durch solche Einflüsse die bei einem Turbinenflugzeug verbleibende Nutzlast wesentlich vermindert und das letztere wegen des höheren Kondensatorwiderstands nicht die hohen Geschwindigkeiten des Motorflugzeugs erreichen könne. Bei einer derartigen Schlußfolgerung übersieht man jedoch zwei grundlegend wichtige Betriebseigenschaften der Turbinenanlage:

1. Diese besitzt ohne Einbau besonderer komplizierender oder Mehrgewicht ergebender Apparate (Zusatzkompressoren, Überdimensionierung usw.) in allen Flughöhen die gleiche Leistung, während die Leistung des normalen Benzinmotors ungefähr proportional der Luftdichte abnimmt.

2. Die Turbinen- und Kesselanlage kann ohne jede Schwierigkeit etwa eine Stunde lang bis auf etwa das 1,3 fache ihrer normalen Leistung überlastet werden. Bei Kriegsschiffen wurde beispielsweise bei den Probefahrten meist eine noch weit höhere Überschreitung der kontraktlichen Leistung erzielt.

Die rechnerische Untersuchung der Frage zeigte nun, daß die anscheinenden, noch heute bestehenden Nachteile des Dampfantriebs durch dessen vorgenannte beiden Eigenschaften nicht nur ausgeglichen werden, sondern daß das Turbinenflugzeug dem Motorflugzeug sogar noch erheblich überlegen ist.

Für die Untersuchung, die sich auf die Ermittlung der Gipfelhöhe, Steigzeit auf 2000 m Höhe und Geschwindigkeit in 1500 m bei einem normalen Motorflugzeug mit 5 vH Kühlerwiderstand und fünf verschiedenen Turbinenflugzeugen erstreckte, wurde die Arbeit von Kann aus T. B. 6, Bd. II der Flugzeugmeisterei benützt. Hierbei wurde für sämtliche sechs Flugzeuge der Luftschraubenwirkungsgrad zu 70 vH, ebenso die gleiche Kurve: »Auftriebsziffer in Abhängigkeit von der Widerstandsziffer« angenommen.

Vergleich zwischen einem normalen Motorflugzeug und verschiedenen Turbinenflugzeugen.

		Motorflugzeug	Turbinenflugzeuge				
			I	II	III	IV	V
Flächenbelastung .	kg/m²	46,0	46,0	46,0	46,0	59,0	52,0
Leistungsbelastung .	kg/PS	10,6	10,6	10,6	10,6	13,4	12,0
Widerstand d. Kühlers bzw. Kondensators	vH	5,0	5,0	15,0	30,0	5,0	15,0
Gipfelhöhe (ohne Überlastung) . .	m	3640	10920	8780	5110	4100	5260
Steigzeit auf 2000 m Höhe (Turbinen um 30 vH überlastet) .	min	23,1	8,4	9,5	12,8	17,7	14,5
Steigzeit auf 2000 m Höhe (Turbinen nicht überlastet)	min	23,1	15,4	20,4	34,6	57,1	37,6
desgl.	m/s	42,5	46,0	43,2	39,6	43,5	42,5

In der obigen Zahlentafel sind die zugrunde liegenden Annahmen sowie die Resultate der Rechnung zusammengestellt. Für die Turbinenflugzeuge I bis III ist hierbei die gleiche Flächen- und Leistungsbelastung wie beim Motorflugzeug angenommen und nur der Kondensatorwiderstand von 5 vH bei I auf 15 vH bei II bzw. auf 30 vH bei III erhöht. Bei Turbinenflugzeug IV und V sind dann höhere Belastungsziffern angenommen, um den Einfluß einer Erhöhung des Maschinen- oder Brennstoffgewichts zu zeigen.

Die Zahlentafel läßt nun in überzeugender Weise erkennen, daß selbst unter den ungünstigsten Annahmen die Dampfanlage infolge deren Betriebseigenschaften dem Motor überlegen ist. Besonders in die Augen fallend sind die Ziffern des Turbinenflugzeugs I, das dieselben Belastungs- und Widerstandsziffern hat wie das Motorflugzeug, so daß hier die Vorteile, die durch die günstigeren Betriebseigenschaften des Dampfantriebs erreicht werden, ohne Einschränkung zutage treten, vorausgesetzt natürlich, daß es gelingt, annähernd dasselbe Maschinen- und Brennstoffgewicht zu erzielen und den Kon-

densatorwiderstand auf denselben Wert wie beim Motorflugzeug zu drücken. Während das letztere eine Gipfelhöhe von nur 3640 m erreicht, eine Steigzeit von 23,1 min gebraucht und in 1500 m Höhe eine Geschwindigkeit von 153 km/h aufweist, sind die entsprechenden Zahlen bei dem Turbinenflugzeug I folgende: Gipfelhöhe ohne Überlastung der Turbine 10920 m, Steigzeit auf 2000 m ohne Überlastung der Turbine 15,4 min, mit Überlastung 8,4 min, Geschwindigkeit in 1500 m Höhe 165,7 km/h. Ohne Überlastung der Turbine erreicht somit das Turbinenflugzeug I die dreifache Gipfelhöhe, ferner weist es eine um ca. 33 vH geringere Steigzeit auf und erreicht in der normalen Flughöhe eine um 8 vH größere Geschwindigkeit. Bei Überlastung der Turbine fällt sogar die Steigzeit auf 2000 m Höhe auf ungefähr den dritten Teil derjenigen des normalen Motorflugzeugs, und es wird eine schon beinahe phantastisch zu nennende Gipfelhöhe von rd. 13400 m erreicht. Diese überragend bessere Steigfähigkeit des Turbinenflugzeugs erlaubt somit wesentlich größere Geschwindigkeiten in großen Höhen und neue Flugmethoden (z. B. abwechselnder Steig- und Gleitflug), deren Tragweite auch für Verkehrsflugzeuge über große Strecken heute noch gar nicht übersehen werden kann. Jedenfalls gewinnt dabei auch die Frage des Brennstoffverbrauchs ein anderes Bild.

Den Einfluß des höheren Kondensatorwiderstandes ersehen wir bei den Flugzeugen II und III. Trotzdem derselbe bei II zu 15 vH, bei III sogar zu dem praktisch unmöglichen Wert von 30 vH angenommen ist, ist in beiden Fällen die Gipfelhöhe noch immer erheblich größer als beim Motorflugzeug. Bei II ist die Steigzeit sogar ohne Überlastung der Turbine geringer als beim Motorflugzeug und nur bei III wächst sie auf 34,6 min an, ein Wert, der aber noch ohne weiteres zulässig ist, ferner ist lediglich die Geschwindigkeit bei diesem Flugzeug in der normalen Flughöhe 7 vH geringer geworden.

Damit ist der Beweis erbracht, daß selbst bei einem abnorm hohen Kondensatorwiderstand von 30 vH die Flugeigenschaften nicht nennenswert beeinträchtigt werden, Gipfelhöhe und Steigzeit sogar noch günstiger als beim normalen Motorflugzeug gestaltet werden können.

Von den Turbinenflugzeugen IV und V mit den erhöhten Belastungsziffern erscheinen für eine erste Ausführung am wichtigsten die Ziffern von V, bei dem ein nach heutiger Erkenntnis relativ hoher, sicher einzuhaltender Kondensatorwiderstand von 15 vH, eine Leistungsbelastung von 12 kg und eine Flächenbelastung von 52 kg/m² gewählt sind. Wie die Zahlentafel zeigt, weist dieses Flugzeug trotzdem die gleiche Geschwindigkeit in 1500 m Höhe auf wie das Motorflugzeug; die erreichbare Gipfelhöhe ist erheblich größer als bei diesem (5260 m gegenüber 3640 m); ferner beträgt die Steigzeit bei der zulässigen Überlastung der Turbine nur 14,5 min statt 23,1 min; lediglich im Falle ohne Überlastung steigt sie auf 37,6 min, welcher Wert für praktische Bedürfnisse auch noch zulässig sein dürfte.

Die Gewichtsbilanz würde sich beim Turbinenflugzeug V und Motorflugzeug, beidemal eine Leistung von 1000 PS und eine Fahrtdauer von 6 h zugrunde gelegt, etwa wie folgt stellen. Hierbei ist beim Motorantrieb mit einem Maschinengewicht (inkl. Kühler, Kühlwasser, Rohrleitungen usw.) von 2 kg, einem Brennstoffverbrauch (inkl. Schmieröl) von 0,24 kg je PSh und bei Dampfantrieb mit den sicheren Ziffern von 3 kg Maschinengewicht und 0,3 kg Brennstoffverbrauch gerechnet.

	Motorflugzeug	Turbinenflugzeug
Maschine	2000 kg	3000 kg
Betriebsstoff	1440 »	1800 »
Sa.	3440 kg	4800 kg
Gesamtgewicht des Flugzeugs .	10600 kg	12000 kg
Rest (für Leergewicht des Rumpfes inkl. Tragflügel und Nutzlast .	7160 kg	7200 kg

Die verbleibenden Restgewichte sind somit praktisch einander gleich, d. h. bereits bei einer ersten Ausführung mit höheren Ziffern für Maschinengewicht, Brennstoff und Kondensatorwiderstand sind bei gleicher Nutzlast und Tragflächengröße wesentlich bessere Flugeigenschaften als beim normalen Motorantrieb zu erwarten. Diese würden, wie das Beispiel von Turbinenflugzeug V zeigt, selbst dann nicht wesentlich beeinträchtigt, falls wider Erwarten sich ein etwas höheres Maschinengewicht als 3 kg und ein etwas höherer Brennstoffverbrauch als 0,3 kg ergeben sollte.

Wie wiederholt betont, ist bei dem vorerwähnten rechnerischen Vergleich stets ein normales Motorflugzeug, also ohne Vorkompressor oder Überdimensionierung gegenübergestellt. Bei Anwendung solcher Maßnahmen verbessern sich naturgemäß dessen Ziffern, aber nicht so weit, daß sie die grundsätzliche Überlegenheit des Dampfantriebs, die in idealster Form bei den Turbinenflugzeugen I und II ausgeprägt ist — denn zwischen deren Widerstandsziffern wird sich voraussichtlich der Kondensatorwiderstand in Wirklichkeit bewegen — übertreffen oder paralysieren könnten. Und selbst wenn eine Paralysierung der flugtechnischen Überlegenheit der Fall wäre, stehen immer noch beim Dampfantrieb als wichtige Aktivposten, von denen zweifellos die Wirtschaftlichkeit des Luftverkehrs in hohem Maße abhängt, die größere Betriebssicherheit, längere Lebensdauer und billigerer Betriebsstoff dem Motorantrieb gegenüber, so daß man zugunsten dieser Gesichtspunkte entsprechend den neueren Tendenzen im Flugmotorenbau auch gewisse Konzessionen hinsichtlich Maschinen- oder Brennstoffgewicht zulassen könnte. Überdies steht der Dampfantrieb — und darauf sei noch hingewiesen — erst am Anfang seiner Entwicklung, sodaß der Erwartung Ausdruck gegeben werden kann, daß auch der Dampfantrieb über das heutige Stadium noch wesentlich verbesserungsfähig ist. —

Nachdem durch die erwähnte Untersuchung dem Kondensatorgespenst seine Schrecken genommen und gewisse Klarheit über den Einfluß eines höheren Maschinen- und Brennstoffgewichts vorzugsweise bei Flugzeugen geschaffen war, erschien es selbstverständlich nötig, auch eine praktisch gute Lösung für den Kondensator zu finden, die einen möglichst hohen Wärmeübergangskoeffizienten bei geringstmöglichem Widerstand und Gewicht erzielen ließ, gleichzeitig eine dauerhafte und billige Herstellung ermöglichte und auch den sonstigen Anforderungen an einen Dampfkondensator, wie gute Entwässerung und Entlüftung usw., entsprach. Da über diese Fragen noch keine brauchbaren Resultate vorlagen, wurden dieselben durch eigene systematische Versuche mit zahlreichen Luftkondensatormodellen und verschiedenen Kombinationen der gleichen Elemente weitgehend geklärt. Die Modelle wurden hierbei in der Weise erprobt, daß sie in einem Kanal beweglich aufgehängt und einem durch ein Gebläse erzeugten Luftstrom mit verschiedenen Geschwindigkeiten bis rd. 40 m/s ausgesetzt waren, wobei der Luftwiderstand und die niedergeschlagene Dampfmenge festgestellt wurden. Untersucht wurden verschiedene Kondensatormodelle teils in Lamellen- bzw. Taschenform mit ebenen und gewellten Wänden oder aufgesetzten Rippen, teils in Form von Reihen hintereinandergestellter Röhren mit außen aufgesetzten Rippenblechen u. dgl. Für bestimmte Typen wurden die Versuche in der Weise systematisch abgeändert, daß einmal der Abstand der Taschen bei gleicher axialer Tiefe, das andere Mal die axiale Tiefe bei gleichem Abstand geändert wurde. Eine ausführliche Wiedergabe der Versuchsergebnisse würde natürlich weit über den Rahmen dieses Vortrags hinausgehen. Es möge jedoch folgendes daraus erwähnt werden, was zum Teil auch schon durch Versuche von anderer Seite gefunden worden ist:

1. Der Übergangskoeffizient a kann in Abhängigkeit von der Geschwindigkeit v ziemlich genau durch die Formel

$$a = c \cdot v^{0,65}$$

dargestellt werden, wo die Konstante c in gewissem Grade von Abstand und der Oberflächenbeschaffenheit der Elemente, insbesondere aber vom Typ und der axialen Tiefe derselben abhängig ist. Mit Vergrößerung der axialen Tiefe nimmt z. B. a nicht unwesentlich ab, nähert sich aber bei verhältnismäßig größerer Tiefe einem gewissen Grenzwert, ein Ergebnis, das wichtig ist für Fall langgestreckter Kondensatorformen, wie sie z. B. bei Luftschiffen möglich und zweckmäßig erscheinen. Der Typ des Kondensators hat sich insofern stark auf a geäußert, als sich z. B. bei den Röhren-

kondensatoren wesentlich höhere Werte für a, infolge der erhöhten Turbulenz aber auch stark erhöhte Widerstandsziffern ergaben. Dieser Typ erscheint daher nur für mäßige Luftgeschwindigkeiten geeignet.

2. Der Luftwiderstand nimmt quadratisch mit der Geschwindigkeit zu.

3. Der Luftwiderstand je m² Kühlfläche war, wie bereits bemerkt, in hohem Grad vom Typ des Kondensators, d. h. der Form der Elemente, sodann vom Verhältnis

$$\frac{\text{Abstand der Elemente}}{\text{axiale Tiefe}} \quad \text{und} \quad \frac{\text{Dicke der Elemente}}{\text{Abstand}} \quad \text{abhängig,}$$

mit anderen Worten, je größer der Abstand relativ zur Tiefe und je geringer die verhältnismäßige Dicke der Elemente ist, um so kleiner ist der spezifische Luftwiderstand, ein Resultat, das ohne weiteres verständlich ist. Bei geringster Dicke der Taschen und größtem untersuchten Abstand von 120 mm nähert sich die Widerstandsziffer bereits erheblich dem Wert, der für dünne glatte Platten gilt, d. h. mit Vergrößerung des Abstandes nähert man sich schließlich der reinen Oberflächenreibung. Natürlich würde hierbei der Kondensator sehr sperrig werden, so daß man ein Kompromiß wählen muß.

Ausgehend von den Versuchswerten ergab sich nun beispielsweise für das vorerwähnte Aggregat von 1000 PS mit den günstigsten Betriebsbedingungen für den Fall, daß der Kondensator in Form von Wellblechlamellen von mittlerer Tiefe ausgeführt ist, für 150 km/h Geschwindigkeit eine Kondensator-Kühlfläche von rd. 270 m². Der hierfür ermittelte Widerstandswert je m² ergibt bei rd. 100 mm Abstand der Elemente einen Gesamtwiderstand von rd. 175 kg, also rd. 14 vH des Schraubenzugs (bei $\eta_s = 70$ vH). Damit war der Beweis erbracht, daß, wie von vornherein von mir erwartet, der Kondensatorwiderstand bei geeigneter Durchbildung weit unter den bei rohem Überschlag beim Ausgang von einem Motorkühler sich ergebenden Wert herabgedrückt werden könne; damit war aber auch die Konkurrenzfähigkeit oder vielmehr Überlegenheit des Turbinenflugzeugs erwiesen.

Betreffs des Kondensatorgewichts wäre noch zu bemerken, daß sich dasselbe bei Verwendung von Kupferblech in solcher Stärke, das in Wellenform mit genügender Sicherheit dem äußeren Überdruck standhält, einschließlich der Dampfzuführungsrohre und sämtlicher Armaturen auf rd. 1,5 bis 2 kg/m² herabdrücken läßt. Bei den früher erwähnten Prozentsätzen des Gewichtes habe ich zur Sicherheit noch mit der höheren Ziffer gerechnet.

Die konstruktive Ausbildung des Kondensators aus einer Reihe nebeneinanderstehender Taschen, die z. B. bei einem Eindecker auf der Ober- und Unterseite der Tragflügel an innerhalb von deren Profil verlaufende Dampfverteilungsrohre angesetzt würden, kann vom betriebstechnischen Standpunkt nicht gerade als ideale Lösung angesprochen werden. Bei dem 1000 PS-Flugzeug würden z. B. die nebeneinander gesetzten Elemente bei 100 mm Abstand eine Breite von 13,5 m, also rd. ⅓ der für einen solchen Eindecker rd. 40 m betragenden Spannweite einnehmen. Es ist klar, daß eine derartige Anordnung leicht Beschädigungen ausgesetzt wäre, abgesehen davon, daß die vielen Lötstellen und Verbindungen unter Umständen zu häufigen Undichtigkeiten Veranlassung geben könnten.

Bei meinen weiteren Arbeiten hatte ich daher zunächst eine andere Lösung ins Auge gefaßt, welche diesen praktischen Anforderungen besser Rechnung trägt, nämlich als Luftröhrenkondensator mit etwa in Rohrplatten befestigten Kühlröhren, also eine ähnliche Form, wie sie ja auch bei Motorkühlern vielfach zur Anwendung kommt. Bei Wahl ähnlicher Verhältnisse von lichtem Querschnitt zu achsialer Rohrlänge könnte hier bei Wahl von z. B. ca. 15 mm l. Durchm. den Luftröhren eine Länge von ca. 500 bis 600 mm gegeben werden. Naturgemäß wäre für einen solchen Röhrenkondensator der freie Einbau wie bei einem Motorkühler insbesondere nicht bei einem Flugzeug zulässig, da sich sonst der eingangs genannte hohe Widerstandsanteil ergeben würde. Vielmehr wäre der Einbau des Kondensators in einen stromlinienförmig umkleideten Kanal mit vom Luftein- und -austritt bis zur Stelle des Kondensators sich erweiterndem Querschnitt zweckmäßig Selbstverständlich ist bei einer solchen Lösung wegen der geringeren Luftgeschwindigkeit im Kondensator als bei freiem Anbau eine wesentlich größere Kühlfläche und größeres Gewicht erforderlich, was aber belanglos wäre, da wegen der geringeren Luftgeschwindigkeit der Widerstand quadratisch abnimmt, während die Kühlwirkung nur mit rd. der 0,65. Potenz kleiner wird, so daß ein höheres Gewicht zulässig ist. Innerhalb zulässiger Gewichtsgrenzen könnte auf diese Weise bei Luftfahrzeugen der Kondensatorwiderstand bzw. die zu dessen Überwindung erforderliche Leistung bis auf wenige Prozent der Hauptmaschinenleistung herabgedrückt werden. Vorzugsweise bei Luftschiffen kann hierbei zweckmäßig in der Ein- oder Ansaugsöffnung des Kanals noch ein Luftpropeller als Gebläse angeordnet sein, um hinsichtlich der Kühlwirkung von der Fahrgeschwindigkeit, Außentemperatur usw. möglichst unabhängig zu sein und dieselbe regeln zu können.

Aber auch diese Lösung der Kondensatorfrage mit in Kanälen eingebauten Kondensatoren erschien mir zuletzt besonders für Flugzeuge nicht mehr recht geeignet und zwar hauptsächlich deshalb, als nicht vorauszusehen ist, ob hierbei nicht etwa die Tragflügelwirkung an den Stellen der Kanäle ungünstig beeinflußt wird.

Das neuere Streben nach wesentlich höherer Geschwindigkeit als 150 km/h und der geringe Dampfverbrauch bei meinen neueren Entwürfen läßt mich daher meine erste Idee für Flugzeuge als vorteilhafteste Lösung erscheinen, einen Teil von deren Tragfläche selbst als Kondensator auszubilden. Diesen ziemlich naheliegenden Gedanken hatte ich nur deshalb früher nicht weiter verfolgt, als hauptsächlich der große Dampfverbrauch die Heranziehung fast der ganzen Außenhaut erfordert hätte. Hierdurch wäre ein großes Mehrgewicht für innere Absteifungen entstanden, ferner hätte das ganze Strebenwerk im Dampfraum gelegen, falls man die Außenhaut nicht selbst wieder doppelwandig ausbilden wollte, auch wäre die schnelle Rückführung des Niederschlagwassers nach der Kondensatpumpe, besonders bei Schräglagen des Fahrzeugs, fraglich erschienen usw. Eine genaue Nachrechnung für die heutigen Bedingungen läßt es nun durchaus ausführbar erscheinen, wenn nur der vordere Teil der Tragfläche etwa bis zum ersten Holm als Kondensator herangezogen und dieser möglichst als von dem übrigen Teil der Tragfläche unabhängiges Rohr ausgebildet wird. Wenn hierbei außerdem auf dessen Vorderkante z. B. noch längs der Fahrtrichtung verlaufende Kühlröhren als zusätzliche Kühlfläche aufgelegt werden, so läßt sich die erforderliche Kühlfläche bequem unterbringen. Besonders zweckmäßig erscheint mir diese Ausbildung im Falle eines unterteilten Profils, so daß der vordere, im frischen Luftzug liegende Profilabschnitt zugleich als Kondensator dienen kann, der von beiden Seiten gekühlt wird. Jedenfalls läßt sich auf diese Weise, ohne daß ein nennenswertes Mehrgewicht entsteht, der Kondensatorwiderstand erheblich herabdrücken und ihn in die Nähe des Kühlerwiderstands einer gleichstarken Motoranlage bringen. Auf diese Weise wird somit der Motor auch hinsichtlich dieses Punktes nichts mehr vor der Dampfanlage voraus haben. Die letztere Ausführungsart hat den weiteren Vorteil, daß ein großer Teil des für den Kondensator vorgesehenen Gewichts von vornherein entfällt und daher auch das Maschinengewicht geringer wird. Auch bei Luftschiffen läßt sich eine weitere, sinngemäß etwas verwandte Anordnung treffen, indem etwa der Hauptteil der Kühlfläche in Form langgestreckter Aluminiumröhren auf der unteren Ballonseite untergebracht wird.

Selbstverständlich ist die Kondensatorfrage von Fall zu Fall je nach Art und Geschwindigkeit des Fahrzeugs unter Berücksichtigung aller Punkte genau zu prüfen und je nach Erfordernis von der einen oder anderen Ausführungs- und Anordnungsart Gebrauch zu machen. Dabei ist jeweils auch das günstigste Vakuum zu bestimmen, d. h. bei dem sich das kleinste Gesamtgewicht von Maschinenanlage einschl. Brennstoffvorrat ergibt. Denn naturgemäß nimmt bei hohem Vakuum zwar das Brennstoffgewicht, der Dampfverbrauch und damit auch das Kesselgewicht ab, dafür aber wird wegen des geringeren Temperaturgefälles Gewicht und Widerstand des Kondensators höher, ebenso wird die Turbine wegen der größeren Anzahl Stufen schwerer, während bei verringertem Vakuum sich alle Verhältnisse umkehren. Besondere Schwierigkeiten kann ich aber in der ganzen Kondensatorfrage, nachdem ich

mich nun jahrelang mit der Materie beschäftigt habe, nicht mehr erblicken.

II. Teil.

Konstruktive Einzelheiten der Maschinenanlage und Anordnung.

Nach der Erörterung der Vorfragen seien einige typische Konstruktionen der von mir beabsichtigten Kessel- und Turbinenanlage besprochen

1. Kessel.

Ich glaube annehmen zu dürfen, daß ein gut Teil der Voreingenommenheit, die in flugtechnischen Kreisen bisher gegen die Verwendung des Dampfes bei Luftfaahrzeugen besteht oder bestanden hat, auf den Ausdruck »Kessel« selbst zurückzuführen ist, indem man damit gewöhnlich den Begriff eines äußerst schweren schmutzigen Ungetüms verbindet, das man mißtrauisch als ein etwas gefährliches Stück Möbel betrachtet, nachdem man trotz aller Fortschritte hin und wieder von Kesselexplosionen hört. Von solchen Vorstellungen ausgehend erscheint es allerdings manchem Motorfachmann als äußerst gewagt, mit einem solchen Monstrum in die Luft steigen zu wollen. In Wirklichkeit ist aber der Dampferzeuger im vorliegenden Falle in anbetracht von dessen relativer Kleinheit ein äußerst harmloser Geselle, dem man allerlei zumuten kann. Er muß nur mit etwas Liebe behandelt und nicht, wie es bisher geschah, als Stiefkind in der Dampftechnik betrachtet werden, um in jeder Beziehung erstaunlich viel mehr aus ihm herauszuholen, als man bisher in der Kesseltechnik gewohnt ist. Insbesondere ist es notwendig, ihn zu verfeinern und organisch mit allem Zubehör vereint, mehr als hochwertige Maschine zu entwickeln.

Für das System des Kessels erschien mir in anbetracht der großen zu übertragenden Wärmemengen und notwendigerweise geringen Rohrwandstärken nicht etwa ein Serpolletkessel mit glühender Rohrschlange, in die das Speisewasser eingespritzt wird, oder ein sog. Rohrschlangenkessel ohne Umlauf geeignet, sondern nur ein Wasserröhrenkessel mit zwar möglichst kleinem Wasserinhalt, aber doch vorhandenem, und zwar möglichst schnellem Umlauf. Dieser ist notwendig, um jede Stagnation von Dampfblasen bzw. innere Entblößung der am meist geheizten Rohre von Wasser sicher zu vermeiden. Als nächstliegendes Vorbild hierfür bot sich, wie bereits eingangs bemerkt, der ölbefeuerte Torpedobootskessel, der unter Verwertung der damit gemachten Erfahrungen entsprechend umzugestalten war. Für die einschneidende Gewichtsreduktion kam von vornherein für den vorliegenden Fall als günstiger Umstand in Betracht, daß z. B. für eine Leistungseinheit von 1000 PS die Abmessungen des oberen und unteren Sammlers für Wasser und Dampf beim Dampferzeuger noch so gering bleiben, daß diese von auf den Stirnseiten befindlichen Handlöchern aus noch von Hand (z. B. zwecks Einwalzens der Rohre) vollkommen zugänglich sind, also nicht durch einen Mann selbst im Innern bedient werden müssen, das Gewicht dieser Teile je PS konnte daher von vornherein auf einen Bruchteil desjenigen bei Torpedobootskesseln reduziert werden, ebenso das des Rohrbündels und dessen Wasserinhalt infolge der nur einen Bruchteil bei solchen Kesseln besitzenden Rohrdurchmesser und Wandstärken. Die weitere Gewichtserleichterung war nicht durch eine übermäßige Beanspruchung der Heizfläche, sondern durch eine geschickte Durchkonstruktion zu erreichen. Zu diesem Zweck habe ich im allgemeinen auf die Anordnung zweier Röhrenbündel für den eigentlichen Dampferzeuger mit zwei unteren Sammlern verzichtet und den letzteren ähnlich Landsteilrohrkesseln nur mit einem oberen und unteren Sammler und einem dazwischen befindlichen Röhrenbündel versehen, dem die Verbrennungskammer unmittelbar vorgelagert ist. Auf diese Weise ist eine Umlenkung der Flamme beim Eintritt in das Röhrenbündel nicht nötig; sämtliche Heizflächenteile werden gleichmäßig bestrahlt bzw. von den Gasen bestrichen, daher auch ein höherer mittlerer Ausnutzungsgrad erreicht, ferner kann der Gewinn an Gebläsedruck infolge Vermeidung der wiederholten Umlenkung der Heizgase für eine Erhöhung der Gasgeschwindigkeit selbst, also auch der betreffenden Übergangsbeiwerte ausgenutzt werden. Die unmittelbar vorgelagerte Verbrennungskammer erlaubt durch diese Anordnung zugleich eine höhere Verbrennungstemperatur bei geringem Luftüberschuß, daher höherem Kesselwirkungsgrad, ohne daß die feuerfeste Auskleidung der Verbrennungskammer eine zu hohe Temperatur annimmt, da deren Wärme an allen Stellen direkt auf die Heizfläche strahlt, außerdem die Wände nur von tangierenden Flammen bestrichen werden. Die Gesamtanordnung eines nach diesen Grundsätzen für eine Dampfleistung für normal rd. 1000 PS entworfenen Kessels ist aus dem Schaubild, Abb. 1, ersichtlich. Bei diesem Entwurf ist im

Abb. 1.

Sinne der Heizgasströmung hinter dem eigentlichen Dampferzeuger noch ein Überhitzer, sowie ein Luftvorwärmer (gegebenenfalls auch noch ein Speisewasservorwärmer) angeordnet, so daß die abziehenden Gase weitgehend abgekühlt und je nach der Abgastemperatur ein Kesselwirkungsgrad von rd. 90 bis 92 vH erreichbar ist. Dies um so eher, als bei den relativ geringen Abmessungen aller Teile ein besserer Wärmeschutz bei geringem Gewichtsaufwand als bei größen Kesseln möglich erscheint. Charakteristisch ist der von der trichterförmigen Verbrennungskammer ausgehende, annähernd gerade und sich entsprechend der Abkühlung der Gase verengende Gaskanal, so daß verlustbringende tote Ecken wie bei bisherigen Kesseln möglichst vermieden sind. Außerdem wird hierdurch der ganze Aufbau leicht zerlegbar und gut reinigungsfähig. Die Belastung der Heizfläche des Dampferzeugers, Überhitzers usw. hinsichtlich erzeugten Dampfgewicht, zu übertragender Wärmemenge und zu verbrennendem Heizöl je m³ und h sind für eine erste Ausführung eher noch geringer gewählt als nach den Erfahrungen bei Torpedobootskesseln zulässig wäre, um eine Überanstrengung besonders der ersten Rohrreihen mit Sicherheit zu vermeiden. Trotzdem ließ sich das Gewicht dieses Kessels einschließlich Betriebswasser auf rd. 1200 kg herabdrücken, ohne daß etwa selbstverständlich die üblichen zulässigen Beanspruchungen der Hauptteile überschritten wurden. Zur Würdigung dieses relativ geringen Gewichts mag beispielsweise erwähnt werden, daß das Gewicht eines normalen Landsteilrohrkessels ohne Einmauerung und ohne Schornstein für 1000 PS rd. 40 kg je PS beträgt. Die verhältnismäßig geringen Abmessungen des Kessels läßt das Schaubild vergleichsweise gut erkennen. Wie man aus demselben ersieht, ist das Gebläse, ebenso die (nicht gezeichnete) Brennstoffpumpe organisch mit dem Kessel vereinigt und ein geschlossener Luftweg zu der vorn liegenden Luftvorkammer mit den Luft- und Zerstäuberdüsen geschaffen, so daß also auch bei Luftschiffen keine Feuergefahr entsteht. Die Kühlung der Verbrennungskammer ist in der Weise gedacht, daß ein Teil der Frischluft vom Gebläse durch einen die Verbrennungskammer umgebenden Luftmantel entweder durchgesaugt oder gedrückt wird. Eine wesentliche Einzelheit des Kessels ist der Wasserstandsapparat, der in unterteilter Form mit separat gefaßten starken Glaspfropfen ausgebildet ist.

Hierdurch ist einem Zerspringen derselben, wie bei Röhren- oder Flachgläsern durch den inneren Druck oder unsanfte Landungsstöße sicher vorgebeugt. Derselbe erlaubt zwar keine kontinuierliche Verfolgung des Wasserstandes, was auch nicht nötig ist, da der Wasserstandsapparat nur als grobe Kontrolle dienen soll, während die genaue Regelung des Wasserstandes auf die einzuhaltende Höhe vielmehr einem genau ansprechenden Wasserstandsregler überlassen ist.

Aus der eingangs angedeuteten Gewichtsverteilung geht bereits hervor, daß die Bestrebungen für weitere Gewichtsersparnisse naturgemäß in erster Linie bei dem Kessel einzusetzen hätten. Dies kann selbstredend nur durch grundsätzliche Mittel geschehen, ist übrigens auch sehr wahrscheinlich, da z. B. der Übergangskoeffizient, für das ganze Rohrbündel des Dampferzeugers bezogen, immer noch erst ca. den zehnten Teil, für die ersten Rohre etwa den dritten Teil des entsprechenden Wertes bei den Zylindern eines Flugmotors beträgt, also noch ein großer Spielraum vorhanden ist. Vor allen Dingen kann m. E. ein Fortschritt durch Verbesserung des Wasserumlaufs erreicht werden. Um diesen hat man sich bisher im Kesselbau ziemlich wenig gekümmert, in der Annahme, daß das durch die aufsteigenden Dampfblasen vorn emporgerissene Wasser schon selbst wieder seinen Weg durch sog. Fallrohre nach unten finden wird. Erstes Erfordernis ist selbstverständlich bei einem solch relativ hoch beanspruchten Kessel, daß dessen dem Feuer zunächst liegenden Rohre nicht in kurzer Zeit durchbrennen, und zwar auch dann nicht, wenn sie im Innern nicht mehr ganz rein sein sollten. Man könnte zur Verbesserung des Umlaufs zunächst an einen mechanisch angetriebenen Rührer od. dgl. denken; das ergibt aber nicht unerhebliche bauliche Komplikationen und Betriebsschwierigkeiten. Systematische Beobachtungen des Umlaufs mit einem Kesselabschnittmodell in natürlicher Größe mit im Ober- und Unterkessel eingesetzten Glasplatten, wobei die Rohre möglichst ähnlich wie in Wirklichkeit durch eine große Lötlampe beheizt wurden, haben mir nun gezeigt, daß dem Ziel auf einfacherer Weise näher gekommen werden kann. Das Endergebnis der in verschiedener Richtung abgeänderten Versuche ließ erkennen, daß durch geeignete Anordnung des Rohrbündels und Bemessung der Querschnittsverhältnisse bei möglichster Vermeidung aller inneren Widerstände usw. der Dampferzeuger sozusagen als kurzgeschlossener Injektor ausgebildet werden kann, dessen Betriebsdampf im System selbst erzeugt wird. Hierbei wird ein in gewissem Maße zwangsläufiger Umlauf erreicht, der bei höherer Dampferzeugung immer mehr beschleunigt wird, wie dies auch notwendig ist.

Durch derartige Maßnahmen, die zum Teil bei den bisherigen Entwürfen noch nicht berücksichtigt sind, steht zu erwarten, daß das Gesamtgewicht der Anlage noch wesentlich herabgedrückt werden kann und zugleich die Lebensdauer des Kessels noch erhöht wird. Die weitere Entwicklung muß natürlich den praktischen Ausführungen überlassen bleiben. Erwähnt sei noch, daß sich die vorliegende Kesselbauart vorzugsweise wegen des geraden Gasweges voraussichtlich auch für die Verwendung von Staubkohle gut eignen wird, wobei nur die Verbrennungskammer entsprechend anzupassen wäre.

2. Turbine.

In Anbetracht der sich ergebenden hohen Drehzahlen konnte für das System der Turbine im Interesse der Betriebssicherheit und Gewichtsersparnis vorzugsweise nur eine reine Aktions-Gleichdruckturbine in Frage kommen. Die Laufräder sind aus den gleichen Rücksichten stets als durchgehende Scheiben ohne mittlere Bohrung angenommen, wodurch sie bekanntlich die geringste Stärke erhalten. Die Lager der Turbinen sind mit Benutzung der neuesten Erfahrungen über »Schmierung bei großen Umfangsgeschwindigkeiten« kurz und trotzdem betriebssicher. Dadurch ist es möglich, selbst bei den höchsten Drehzahlen bis zu 30 000 U/min unterhalb der kritischen Wellendrehzahl zu bleiben und im Gegensatz zu der Lavalturbine, die bekanntlich mit einer biegsamen Welle im überkritischen Gebiet arbeitet, verhältnismäßig kurze und starre Rotoren zu erhalten.

Abb. 2 zeigt eine nach diesen Grundsätzen entworfene 1000 PS-Turbine von 12 500 Umdr./min, für die noch ein Kesseldruck von nur 35 at und ein verhältnismäßig geringes Vakuum von 55 vH zugrundegelegt war. Es war deshalb möglich, das Spannungsgefälle in einer einzigen Turbine mit nur drei Rädern zu verarbeiten; der Dampfverbrauch dieser Turbine beträgt hierbei, wie bereits erwähnt, allerdings noch ca. 5,3 kg/PSh. Die Turbine wiegt komplett mit allem Zubehör und Verkleidung 235 kg, was als erstaunlich gering bezeichnet werden muß, wenn man bedenkt, daß das

Welchen Einfluß übrigens das Vakuum auf die Größe und das Gewicht der Turbine besitzt, zeigte der Gegenentwurf einer Turbine für ebenfalls 1000 PS, dem sonst ganz gleiche Verhältnisse wie bei der ersten Turbine zugrundegelegt waren, nur ist die Luftleere im Kondensator von 55 auf 30 vH verringert. Dadurch konnte die normale Umdrehungszahl auf 18 000 U/min gesteigert, die Stufenzahl auf zwei und das Gewicht auf rd. 120 kg verringert werden. Der Dampfverbrauch steigt hierbei etwa von 5,3 auf 5,6 kg/PSh. Eine derartige Turbine, die natürlich auch einen wesentlich

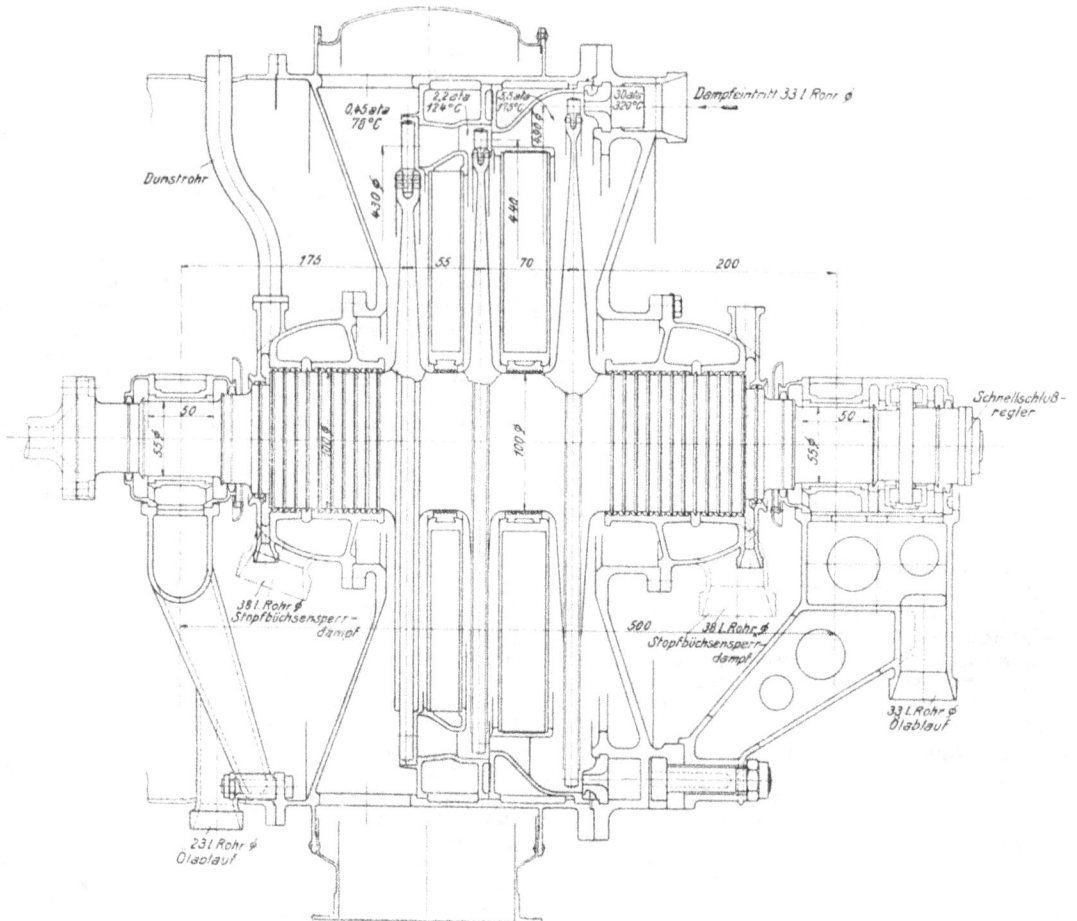

Abb. 2.

Gewicht einer gleich starken normalen Landdampfturbine für 3000 U/min (ebenfalls ohne Kondensator) rd. 12 t beträgt. Erreicht wird dieses geringe Gewicht im wesentlichen durch die gegenüber normalen Anlagen höhere Anfangs- und Endspannung, wodurch sich kürzere Schaufellängen ergeben, teils durch kleinere Schaufelprofile. Beide letztgenannte Faktoren ermöglichen wesentlich höhere Drehzahlen und geringere Radstärken, wobei jedoch der Sicherheit halber die Umfangsgeschwindigkeiten, sowie Schaufel- und Radbeanspruchungen noch unter den heute im Turbinenbau als zulässig erachteten Werten gehalten sind. Die weitere Gewichtsersparnis ist durch besonders geeignete Konstruktion erzielt, indem z. B. das Turbinengehäuse mit Deckel als allseitig bearbeitbarer Drehkörper ohne Horizontalfuge aus Stahl angenommen ist. Die Einzelteile, wie z. B. Düsen, Labyrinthstopfbuchsen, Schaufelbefestigung usw. sind in bei schnellaufenden Turbinen bewährter Durchbildung angenommen. Die kritische Drehzahl des Rotors dieser Turbine liegt bei ca. 25 400 Umdr./min, liegt also weit über der höchsten Betriebs- und auch Schnellschlußdrehzahl. Nebenbei bemerkt, hat auch die Kreiselwirkung, wie eine Nachrechnung für die in Betracht kommenden schnellsten Steuerbewegungen ergab, auf die Lagerbelastungen nur einen geringfügigen Einfluß.

kleineren Kondensator erfordert (30 vH Vakuum entspricht bereits einer Temperatur von 89,5° gegenüber 78° bei 55 vH) könnte z. B. in Frage kommen, im Falle es sich um relativ kurze Fahrzeiten und geringstes Maschinengewicht, also z. B. um den Antrieb von Schraubenflugzeugen oder Postflugzeugen handelt, bei denen die Ersparnis an Maschinengewicht diejenige an Brennstoff überwiegt oder eine besonders einfache, billige Maschine verlangt wird.

Als Gegenstück hierzu ergab der Entwurf für eine hochökonomische Maschine von 500 PS, bei der ein Kesseldruck von 60 at und ein Vakuum von 90 vH zugrundegelegt war, einen stündlichen Dampfverbrauch von, wie bereits eingangs erwähnt, rd. 3,6 kg/PS ohne Zwischenüberhitzung, mit dieser ca. 3,1 kg/PS, also Werte, die weit die für heutige normale Dampfturbinen gültigen Ziffern unterschreiten. Das hohe Spannungsgefälle läßt hierbei die Spaltung in eine Hochdruck- und Niederdruckturbine als zweckmäßig erscheinen, wobei die erstere den Druck bis auf etwa 8 at herunterarbeitet. Deren überraschend geringe Abmessungen gehen daraus hervor, daß die etwa mit 30 000 Umdr./min laufende Hochdruckturbine nur ein einziges Laufrad von rd. 200 mm Schaufelkreisdurchmesser, die mit rd. 18 000 Umdr./min laufende Niederdruckturbine vier Räder von rd.

310 mm mittleren Durchmesser besitzt. Die relativ hohen Drehzahlen von rd. 30 000 und 18 000 U/min haben nichts auf sich, solange selbstverständlich die Umfangsgeschwindigkeiten und Beanspruchungen infolge der Fliehkräfte, sowie die Umfangsgeschwindigkeit der angetriebenen Ritzel mit genügender Sicherheit innerhalb der zulässigen Grenzen bleiben und die Betriebsdrehzahl noch reichlich unter der kritischen Drehzahl liegt. Übrigens hat auch Laval bereits vor rd. 25 Jahren mit Drehzahlen in der Nähe von 30 000 U/min anstandslos gearbeitet. Wichtig ist bei solch hohen Drehzahlen vor allen Dingen die S c h a u f e l b e f e s t i g u n g , damit ein Losewerden der Schaufelfüße oder gar ein Abreißen der Schaufeln unter allen Umständen ausgeschlossen ist. Indessen ist auch für diese Einzelheit eine neuere durchaus sichere Lösung gefunden.

Bei dem betreffenden Turbinenentwurf ist die HDr. und NDr. Turbine zu einem kompletten Aggregt vereinigt angenommen, wobei jede Turbine mit ihrem eigenen Untersetzungsgetriebe gesondert auf ein großes Rad auf der Pro

doppelten, diametral gegenüberliegenden Eingriff in zwei Vorgelegeräder möglich ist. Dieses erste schnellaufende Ritzel ist m. E. überhaupt der K e r n p u n k t der ganzen Getriebe- und Turbinenfrage, indem bei diesem eine gewisse Schwierigkeit in der s i c h e r e n W ä r m e a b f u h r besteht. Diese Schwierigkeit ist im vorliegenden Fall dadurch behoben, daß die Kühlung von der Schmierung getrennt wird, indem den Zähnen von außen nur soviel Öl zugeführt wird, als zur eigentlichen Schmierung, d. h. Verminderung der gleitenden Reibung erforderlich ist, während die erzeugte Reibungswärme durch eine Ölinnenkühlung des hohlen Ritzels abgeführt wird. Hierdurch wird vermieden, daß das Kühlöl, wie bei der üblichen Außenkühlung, wie man sagt »verbuttert« wird.

Ein B e i s p i e l eines solchen Getriebes zeigt der Entwurf, Abb. 3, für die 1000 PS-Eingehäuseturbine, das die Umdrehungszahl der Turbine von 12 500 U/min in zwei Stufen auf etwa 600 U/min des Propellers herabsetzt. Charakteristisch ist der gedrungene kurze Aufbau in koaxialer Lage mit der Turbine, der sich zwecks Verringerung der Federung

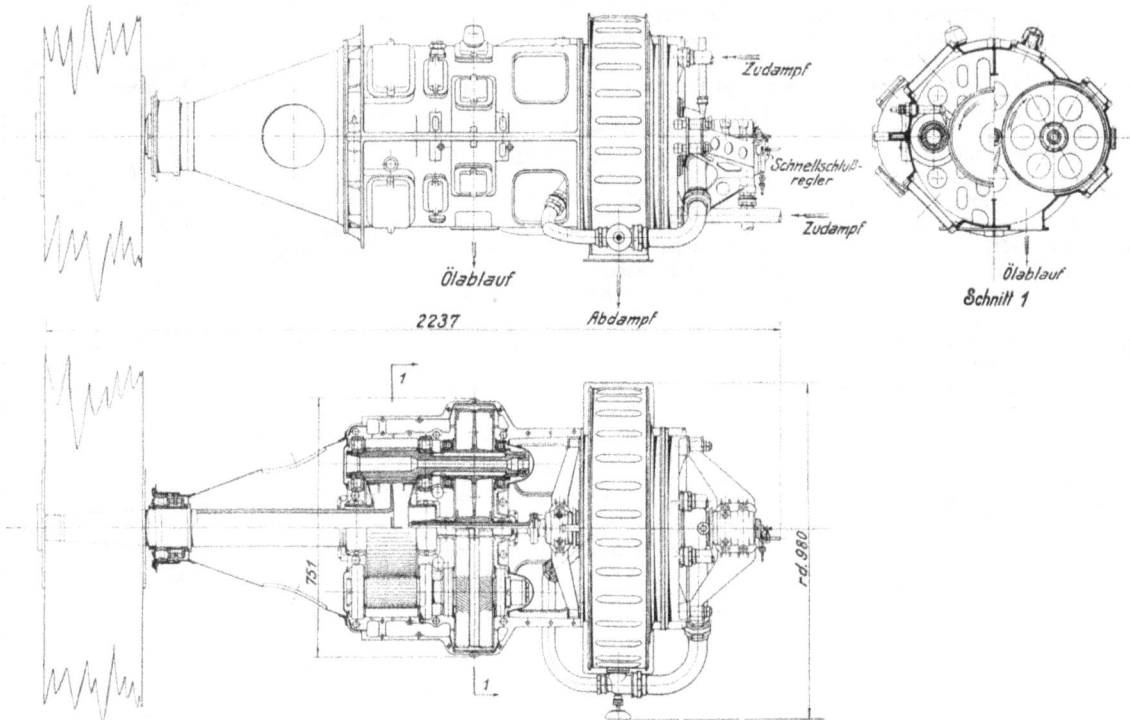

Abb. 3.

pellerwelle arbeitet; für viele Luftfahrzwecke kann aber auch zweckmäßig die Niederdruckturbine eine b e s o n d e r e , entweder gleichachsig oder entfernt von der Propellerwelle der Hochdruckturbine liegende Luftschraube antreiben, so daß eine völlige Unabhängigkeit der beiden Turbinen und eine große Betriebssicherheit erreicht wird.

R ü c k w ä r t s r ä d e r waren bei den hiserigen Turbinenentwürfen im Interesse der Einfachheit noch nicht vorgesehen; doch lassen sich solche, falls ein Rückwärtsgang z. B. für Luftschiffzwecke oder für Großflugzeuge erforderlich sein sollte, entsprechend wie bei Schiffsturbinen ohne Schwierigkeit in das Gehäuse der Niederdruckturbine einbauen.

3. Getriebe.

Für die Untersetzung der Turbinendrehzahl auf diejenige der Luftschrauben- bzw. Arbeitswelle konnte mit Rücksicht auf hohen Wirkungsgrad, Gewichtsersparnis und Betriebssicherheit heute nur ein Z a h n r a d g e t r i e b e in Frage kommen, wobei in anbetracht der hohen Primärdrehzahlen sich von selbst eine zweistufige Untersetzung ins Langsame ergab. Dies auch schon deshalb, als hierbei eine bequeme Entlastung des ersten schnellaufenden Ritzels vom Lagerdruck durch

der Ritzel teils durch gleichzeitige Anwendung gemischter Lager, also von Gleit- und Rollen- oder Kugellagern, teils durch Anwendung von Pfeilverzahnung bei der ersten Stufe und Geradflankenverzahnung bei der zweiten erreichen ließ. Das Gesamtgewicht des Getriebes einschließlich verbindender Laterne mit der Turbine ließ sich durch diese Maßnahmen auf rd. 240 kg, also etwa den 30. bis 40. Teil eines gleich starken Schiffsgetriebes herabdrücken. Hierbei ist übrigens, wie bereits früher bemerkt, für das Gehäuse noch Bronze angenommen, so daß bei späterer, zweifellos möglicher Verwendung von Aluminium eine weitere Gewichtsersparnis möglich ist. Besonderer Wert ist auf eine s t a r r e V e r b i n d u n g des Getriebes mit der Turbine gelegt, ohne daß jedoch zuviel Wärme hinübergeleitet wird, damit das gute Arbeiten der Turbine oder des Getriebes nicht von Formänderungen des Rumpfes oder Fundamentes u. dgl. beeinflußt wird. Für die U m l a u f s c h m i e r u n g — und Kühlung ist eine besondere Zahnradölpumpe mit reichlichen Abmessungen vorgesehen. Diese führt das Öl in z. B. bei Schiffsgetrieben üblicher Weise nach Filterung und Kühlung den Schmierstellen immer wieder im Kreislauf zu, so daß also nicht wie bei Motoren eine relativ große Schmierölmenge dauernd ersetzt werden muß.

4. Hilfsmaschinen und sonstige Einrichtungen.

Die Hilfsmaschinen, wie Speisepumpe, Kondensat- und Luftpumpe, Kesselgebläse, Brennstoff- und Schmierölpumpe usw., nehmen im vorliegenden Fall eine fast wichtigere Stellung als bei sonstigen Dampfanlagen ein, da in erster Linie unbedingte Zuverlässigkeit bei geringem Gewicht gefordert wird und zweitens deren Ökonomie einen weit größeren Einfluß auf das Gesamtergebnis ausübt. Bei anderen Anlagen trägt man natürlich auch der Betriebssicherheit Rechnung, hat es aber in der Hand, da das Gewicht im allgemeinen keine so ausschlaggebende Rolle spielt, genügend Reserveeinrichtungen zu schaffen, falls die eine oder andere Maschine wegen irgend einer Störung ausfallen sollte. Eine derartige Störung ohne sofortiges Einspringen einer Reservemaschine würde im vorliegenden Fall natürlich meist auch den Hauptbetrieb lahmlegen und damit zu ev. unangenehmen Folgen führen. Dazu kommt als weiterer erschwerender Umstand, daß die Leistung der Hilfsmaschinen, insbesondere der Speisepumpe wegen des hohen Förderdruckes relativ höher und daher bei normaler Betriebsweise, d. h. wenn wie üblich die Antriebsmaschinen für die Hilfseinrichtungen ziemlich unökonomisch arbeiten, auch deren Dampfverbrauch einen größeren Prozentsatz zur Hauptturbine ausmacht. Dieser wächst naturgemäß umsomehr an, je ökonomischer die Hauptturbine ist. Es besteht dann die Schwierigkeit, daß man die latente Wärme des Abdampfes der Hilfsmaschinen unter Umständen nicht mehr vollständig in den Kreislauf zurückführen kann. Denn es gibt naturgemäß eine gewisse Grenze, bei der das Speisewasser, ohne eine zu hohe Vorwärmung zu erzielen, gar nicht mehr wärmeaufnahmefähig ist. Eine möglichst vollkommene Zurückführung der Abwärme des Betriebsdampfes der Hilfsmaschinen, z. B. in einem Hochdruck-Speisewasservorwärmer, ist aber unbedingt anzustreben, da sonst der durch die Verbesserung der Hauptturbine erreichte Vorteil wieder zunichte gemacht würde.

Es waren daher eingehende Erwägungen erstens über das geeignetste System der einzelnen Hilfsmaschinen, sodann über deren beste Betriebs- und Schaltungsart anzustellen, wobei aber in jedem Fall die Forderung auf größte Einfachheit in der Bauweise und Bedienung, ferner in der möglichsten gegenseitigen Unabhängigkeit im Betrieb vorangestellt wurde. Es würde zu weit führen, diese Erwägungen, Berechnungen usw., die überdies von Fall zu Fall zu etwas verschiedener Anordnung oder Betriebsweise führen, hier eingehend erörtern zu wollen. Es sei nur das Folgende daraus erwähnt. Hinsichtlich des Systems der Maschinen konnten schon im Interesse der Einheitlichkeit der Anlage, geringer Wartung und Abnutzung, Vermeidung innerer Schmierung usw. für die in Frage kommende Leistung nur umlaufende Fördereinrichtungen, also entweder Kreiselrad- oder Zahnradpumpen, letztere z. B. für die Brennstoff- und Schmierölpumpe, oder einer Strahlpumpe für die Luftabsaugung aus dem Kondensator in Frage kommen, denn z. B. eine Kolbenspeisepumpe für 1000 PS würde auch bei mehrstiefeliger Anordnung beinahe so schwer wie die Hauptturbine. Hinsichtlich der Betriebsart ergab es sich für einen gewissen Fall als zweckmäßig, die im Betrieb zusammengehörigen Hilfsmaschinen auch baulich zu kuppeln, also z. B. die Brennstoffpumpe von der Gebläsemaschine und die Kondensatpumpe von der Speisepumpe aus anzutreiben, wodurch große Einfachheit in der Anordnung und im Betrieb erzielt werden konnte. Nebenbei bemerkt, wird das Gebläse mit Brennstoffpumpe vom Dampfdruck und die Speisepumpe wie üblich vom Druck in der Speiseleitung geregelt, so daß also, wenn einmal richtig eingestellt, der Maschinist mit allen diesen Hilfsmaschinen im Betrieb nichts mehr zu tun hat, die Anlage also nicht mehr Aufmerksamkeit erfordert, als ein größerer Motor. Als interessantes Beispiel für eine solche bauliche Zusammenziehung sei nur der Entwurf einer Turbospeisepumpe in Kombination mit der Kondensatpumpe erwähnt. Die letztere wird hierbei mittelst eines Getriebes mit geringerer Drehzahl von der Speisepumpenwelle angetrieben, so daß sie sicher aus dem Kondensator ansaugt und sozusagen als Zubringerpumpe das Wasser der mit etwa 25 000 Umdr./min laufenden eigentlichen Speisepumpe mit einem gewissen Druck zuführt. Auf diese Weise ist einmal ein geschlossener Kreislauf des Wassers erreicht, indem das Speisewasser nicht erst wie bei sonstigen Dampfanlagen von der Kondensatpumpe in einen offenen Behälter gefördert wird, aus dem dann erst die Speisepumpe saugt, wobei das Wasser viel Luft aufnimmt. Zweitens kann der unmittelbar mit einer kleinen Dampfturbine gekuppelte Läufer der Speisepumpe mit weniger Stufen ausgerüstet werden, so daß derselbe kurz wird und die kritische Drehzahl nicht überschreitet. Außerdem wird hierbei ein weit günstigerer hydraulischer Wirkungsgrad und geringeres Gewicht erzielt, als wenn die Speisepumpe etwa unmittelbar aus dem Kondensator saugen würde. In diesem Falle müßte dieselbe wegen des Ansaugens langsam laufen und daher sehr viele Druckstufen erhalten, deren Wirkungsgrad in anbetracht der relativ geringen Wassermenge naturgemäß sehr schlecht wäre. Im vorliegenden Fall ist das ganze Pumpenaggregat für 1000 PS mit rd. doppelter normaler Förderleistung nur ca. 50 cm lang und wiegt komplett nur etwa 40 kg.

Das Kesselgebläse ist mit einem einfachen Kreiselrad versehen, das mittels eines Übersetzungsgetriebes ebenfalls mit einer schnellaufenden kleinen Dampfturbine angetrieben wird, wobei deren Abdampf, ebenso wie der von der Turbospeisepumpe, in einem Hochdruckvorwärmer niedergeschlagen wird.

Durch derartige und ähnliche Maßnahmen ist es gelungen, den Dampfverbrauch der gesamten Hilfsmaschinen, für den man bei Torpedobootsanlagen etwa 20 bis 25 vH des Verbrauches der Hauptturbine rechnet, auf rd. 12 vH, den zusätzlichen Wärme- d. h. Brennstoffverbrauch sogar auf rd. 5 bis 6 vH herabzudrücken. Anderseits ist ziemliche Einfachheit erreicht, so daß in Anbetracht einer reichlichen Bemessung aller dieser Einrichtungen auf die Anlage komplizierende Reservemaschinen im allgemeinen verzichtet werden kann. —

5. Allgemeine Anordnung der Maschinenanlage.

Im allgemeinen kann die Turbine mit Kessel und Zubehör an derselben Stelle und ähnlich wie eine Motoranlage in das Fahrzeug eingebaut werden. So war z. B. bei einem früheren Entwurf für eine 1000 PS-Anlage bei einem Flugzeug Turbine und Kessel mit Hilfsmaschinen im vorderen Teil des Rumpfes in einem gemeinschaftlichen Bedienungsraum untergebracht, wobei erstere einen Zugpropeller antreibt; der Kessel ist mit seiner Achse längsgerichtet, da er sich bei dieser Aufstellung einerseits den Raumverhältnissen gut anpaßt, anderseits sein Oberkessel quer liegt, so daß verschiedene Neigungen der Längsachse des Flugzeuges, z. B. beim Anstieg nur geringen Einfluß auf die Wasserstandslage im Oberkessel ausüben. Auch Querneigungen, z. B. beim Kurvenflug ergeben keine Änderung, da ja die Resultierende aus Flieh- und Schwerkraft den Wasserspiegel stets parallel zur Achse des Oberkessels hält.

Bei einem anderen Einbaubeispiel für eine kleinere Anlage bei einem Flugzeug, gleichfalls noch den ersten Entwürfen entstammend, war die Turbine ähnlich wie bei einer Lokomobile unmittelbar über dem Kessel befindlich angenommen, so daß sich einerseits eine kurze Frischdampfleitung ergibt, anderseits die ganze Anlage bequem vom Führer überwacht werden kann.

Bei Luftschiffgondeln können selbstredend ähnliche Anordnungen getroffen werden.

In Anbetracht der maschinellen Unabhängigkeit von Kessel und Turbine und des Umstandes, daß derartige Turbinen sehr zuverlässige Maschinen darstellen, die, wenn einmal hinsichtlich der Ölzufuhr zu den Lagern und Getriebe richtig eingestellt, praktisch im Betrieb keiner Überwachung bedürfen, können jedoch die Turbinen auch örtlich getrennt vom Kessel mit Hilfsmaschinen angeordnet werden. Man hat daher einen viel größeren Spielraum als bei Motorflugzeugen, um den flugtechnischen Anforderungen, z. B. hinsichtlich Gewichtsverteilung, Antrieb mehrerer Luftschrauben von einer zentralen Kesselanlage bzw. einem Bedienungsstand aus, ev. Anordnung von Druckpropellern usw., in weitgehender Weise Rechnung zu tragen.

Die mögliche Mannigfaltigkeit in der Anordnung wird noch größer, sobald man die Turbine aus Ökonomiegründen in eine Hochdruck- und eine oder mehrere Niederdruckturbinen spaltet. Hierbei kann z. B. die gegen Wärmeverluste empfindlichere Hochdruckturbine in der Nähe des Kessels verbleiben, wodurch sich auch eine kurze Frischdampfleitung ergibt, während die robusteren Niederdruckturbinen mit den niedrigeren Temperaturen an beliebigen Orten angebracht werden können, jede für sich einen Propeller antreibend. So können z. B. bei einem Luftschiff oder Großflugzeug der oder die Kessel mit der Hochdruckturbine (gegebenenfalls auch einer Mitteldruckturbine) im Mittelrumpf, die Niederdruckturbinen mit zugehörigem Getriebe paarig zu beiden Seiten desselben angeordnet werden. Selbstredend muß man hierbei für möglichst geringe Spannungs- und Wärmeverlust sowie eine gewisse Beweglichkeit in den Überströmleitungen Sorge tragen, welche Fragen naturgemäß bei längeren Dampfwegen besondere Aufmerksamkeit erfordern, jedoch keine grundsätzliche Schwierigkeiten bieten.

Die vorstehend angedeuteten Beispiele lassen somit erkennen, daß die Eigenart der Dampfanlage noch einige nicht unwichtige **mittelbare** Vorteile infolge der **besonderen Anordnung**, z. B. Verringerung der Gondelzahl und damit auch der Widerstände, günstigere Propelleranordnung oder Gewichtsverteilung, Verminderung des Bedienungspersonals usw. erzielen läßt, Vorteile die vorzugsweise bei Luftschiffen in die Erscheinung treten. Man darf daher auch bei **diesen Fahrzeugen** den Dampf- und Motorantrieb nicht lediglich betreffs des Gewichtes oder Kondensatorwiderstandes vergleichen. Es kann daher zweifellos bereits heute der Dampfantrieb nicht nur für Luftschiffe für relativ kurze Fahrten, sondern auch z. B. für solche für **regelmäßige Ozeanüberquerung**, wie sie neuerdings von verschiedenen Seiten geplant sind, in Betracht gezogen werden. Als weiterer günstiger Umstand kann dabei dem Dampfantrieb wohl zugute gerechnet werden, daß man wegen der größeren Betriebssicherheit die normale Leistung und Geschwindigkeit besser durchzuhalten in der Lage sein wird, daher keine so große Reserve an Betriebsstoff für ev. längeren Kurs benötigt.

Verwendungszwecke der leichten Hochspannungs-Turbinenanlage.

Nach Beschreibung der Einzelheiten und des Einbaues der Dampfanlage bei Flugzeugen und Luftschiffen seien des Interesses halber nachstehend noch einige weitere Anwendungsbeispiele des leichten Hochspannungs-Turbinenantriebes erwähnt, die dessen große Bedeutung nicht nur für die Luftfahrt, sondern für das ganze Kraftmaschinen-, insbesondere Verkehrswesen erkennen lassen. Die betreffenden Projekte — das möchte ich vorausschicken — sollen nur dartun, was sich auf Grund der bisherigen Vorarbeiten letzten Endes mit der leichten Dampfanlage **technisch** alles machen läßt; deren **Ausführung** ist natürlich mehr eine Geldfrage und von sonstigen Umständen abhängig, vor allen Dingen auch der Energie, mit der sie verfolgt werden.

Als Zukunftsaufgabe, die für Motorantrieb heute wohl noch als unlösbar bezeichnet werden dürfte, wurde z. B. der Entwurf eines **Rieseneindeckers** für Atlantikverkehr von rd. 10 000 PS und rd. 140 m Spannweite in großen Zügen maschinell und flugtechnisch durchgearbeitet. Dabei hat sich ergeben, daß ein derartiger Rieseneindecker auch flugtechnisch durchaus erscheint, wobei außer rd. 140 Reisenden mit Gepäck rd. 60 t Brennstoff mitgenommen werden können. Dies würde ausreichen, um bei den heute erreichbaren Geschwindigkeiten in ununterbrochener Fahrt von der englischen oder spanischen Küste aus mindestens Neufundland, wenn nicht gar New York selbst in **knapp einem Tage** sicher anzulaufen. Dabei waren zwei Maschinensätze von je 5000 PS, sich zusammensetzend aus einer Kombination mehrerer kleinerer Turbinen und je vier Kesseln von 1250 PS gedacht. Also gegenüber den früher durchgearbeiteten Projekten maschinentechnisch nichts prinzipiell Neues. Die Frage, ob ein solcher Rieseneindecker oder ein Großluftschiff für Atlantikverkehr zweckmäßiger und wirtschaftlicher ist, möchte ich damit im gegenwärtigen Zeitpunkt nicht anschneiden; sie ist jedenfalls spruchreif und zugunsten des Großflugzeugs entschieden, sobald ein erstes größeres Dampfaggregat erprobt ist.

Ferner wurde die Einbaumöglichkeit einer Dampfanlage bei einem 1000 PS-**Schraubenflieger** entwurfsmäßig untersucht. Als wichtige Neuerung war bei demselben die Anbringung eines sog. **feststehenden Gegenpropellers**

vorgesehen, der im vorliegenden Fall einen dreifachen Zweck hat: 1. die Erzielung eines zusätzlichen Schubes nach oben, 2. die Aufnahme des Drehmoments, also die Verhinderung der Drehung des Rumpfes um seine Achse, und 3. die vertikale Stabilisierung. Unten sind noch Steuerflächen zwecks Korrektur des etwaigen restlichen freien Drehmomentes und für die Seitenbewegung angeordnet. Der Dampfantrieb ist hier, abgesehen von dessen sonstigen günstigen Eigenschaften, insbesondere wegen der **größeren Betriebssicherheit**, die naturgemäß bei einem Schraubenflugzeug eine ausschlaggebende Rolle spielt, gegenüber Motorantrieb im Vorteil, da die Turbinen natürlich in jeder Lage arbeiten können, so daß Winkelgetriebe wie bei Motorantrieb entfallen. Auch die Kondensatorfrage bietet in anbetracht der relativ geringen Vertikalgeschwindigkeit hier keine Schwierigkeiten, Es scheint, als ob der Dampfantrieb in Verbindung mit dem Gegenpropeller berufen wäre, auch dieses wichtige Problem der Luftfahrt in einer praktisch brauchbaren Weise zu lösen.

Der Luftfahrt nahestehend, technisch interessant und für die Weltwirtschaft vielleicht wichtig erscheint ein weiteres Anwendungsgebiet. Dieses betrifft propeller**bene Schnellbahnen** nach dem Schwebebahnsystem für Geschwindigkeiten bis zu etwa 300 km/h. Eine derartige Aufgabe ist wenigstens für die höheren Geschwindigkeiten über etwa 150 km technisch und wirtschaftlich **eigentlich nur mit dem leichten Dampfantrieb zu lösen**. Ein ausführliches Projekt hat ja bekanntlich vor einer Reihe von Jahren Scherl mit einer Einschienenbahn vorgeschlagen. Daß es aber damit oder mit gewöhnlichen sog. elektrischen Schnellbahnen in erster Linie in **wirtschaftlicher Hinsicht** gänzlich unmöglich ist, das Problem zu lösen, wird sofort klar, wenn man die pro Person bewegten **Totgewichte** verschiedener Verkehrsmittel vergleicht. Es ergibt sich dabei, daß bei einer gewöhnlichen Standbahn, z. B. bei einem normalen Schnellzug mit ca. 80 km/h Geschwindigkeit bereits rd. 1000 kg Totgewicht für Wagen und Lokomotivanteil je Person befördert werden müssen, während bei einer Geschwindigkeit von rd. 200 km (Schnellbahn Berlin-Zossen) das Totgewicht sogar auf rd. 2000 kg pro Person anwächst. Das Problem wurde soweit als zur Beurteilung nötig konstruktiv durchgearbeitet und der annähernde Fahrkörperwiderstand von der Berliner Versuchsanstalt für Wasserbau und Schiffbau durch Modellversuche ermittelt. Es stellte sich heraus, daß ein torpedoartiger Fahrkörper von rd. 45 m Länge unter reichlicher Berücksichtigung aller zusätzlichen Widerstände eine Geschwindigkeit von 300 km/h mit höchstens 1500 PS sicher erreicht werden kann. Die nächste Forderung war natürlich geringstes Wagengewicht in Aluminiumkonstruktion unter Heranziehung von dessen ganzer Höhe als Träger, was wiederum eine leichte, weitgespannten Oberbau ermöglicht. Bei einem derartigen Projekt war der Wagen kardanisch mittelst zweier starker Hohlzapfen an zwei Laufwagen aufgehängt angenommen. Selbstverständlich erfordert eine derart hohe Geschwindigkeit schon im Interesse der absoluten Sicherheit die Loslösung von einem Schienensystem und eine zwangsmäßige Führung bzw. Aufhängung an einem Oberbau. Die Nachrechnung hat gezeigt, daß unter Benutzung möglichst von Hohlprofilen und Anwendung ähnlicher Gesichtspunkte wie bei Flugzeugrümpfen **höchstens** etwa das doppelte Eisengewicht je lfd. m erforderlich ist als bei einer jetzigen Standbahn für Schienen, Schwellen usw., so daß eine gute Wirtschaftlichkeit durchaus möglich erscheint, besonders wenn man berücksichtigt, daß nur rd. 200—250 kg Totgewicht je Person befördert werden muß, ferner nur ein verschwindender Bruchteil des Geländes wie bei einem Bahndamm für die Fundamente der Pfeiler und nur geringe Erdbewegungen erforderlich sind. Ein derartiges Projekt käme natürlich in erster Linie für Fernstrecken in Frage, mit kleinerer Geschwindigkeit bis zu 100 und 150 km aber auch z. B. für erweiterten Vorortverkehr, so daß Landsiedlungen und Gartenstädte usw. in größerer Entfernung von den Großstädten angelegt werden können. Angestellte Rentabilitätsberechnungen haben gezeigt, daß dabei noch geringere Fahrpreise als bei den jetzigen Bahnsystemen bei guter Rentabilität möglich sind. Welchen Einfluß die Lieferung von Oberbauabschnitten z. B. für eine große Fernstrecke im Ausland, die selbstredend als fertige Massenstücke

9*

in den heimischen Werken herzustellen wären, auf das deutsche Wirtschaftsleben hätte, will ich nicht weiter erörtern, ebenso nicht den Einfluß auf das gesamte Verkehrswesen, der durch die Entlastung des Eisenbahnnetzes von den jetzigen sog. »Schnellzügen« zugunsten des Güterverkehrs entstünde. —

Ganz kurz möchte ich noch zwei weitere wichtige Anwendungsgebiete, das von Turbo-Lokomotiven und -Lokomobilen streifen. Das erstere Problem wird ja neuerdings, wie durch Pressenotizen bekanntgeworden, auch von verschiedener anderer Seite verfolgt. Ob indessen diese Bestrebungen zu einem vollen Erfolg führen werden, so lange man den jetzigen Lokomotizkessel als das unantastbare Merkmal einer Lokomotive betrachtet oder die Turbine in mechanisch-zwangsmäßige Verbindung mit den Triebrädern bringt, erscheint zweifelhaft. Im vorliegenden Fall ist dagegen die Hochspannungsturbinenanlage mit einem elektrischen Generator kombiniert, der seinen Strom unmittelbar an die Laufräder antreibenden Motoren abgibt. Hierbei werden die Vorteile des Dampfantriebes mit dem des elektrischen verbunden, ohne die Nachteile der von einer Zentrale abhängigen elektrischen Lokomotive oder die Betriebsschwierigkeiten einer Diesellokomotive zu besitzen, ferner fällt die lästige Wasserübernahme und häufige Kesselreinigung fort. Vor allen Dingen aber können vorwiegend bei Staubfeuerung bis rd. 50 vH an Kohlen erspart werden, so daß der jetzigen Kohlenkalamität wirksam begegnet werden könnte. Selbstverständlich kann der Kessel für die vorliegenden Zwecke mit Rücksicht auf die größere Lebensdauer reichlicher dimensioniert sein; trotzdem ist dann immer noch eine so große Gewichtsersparnis gegenüber dem jetzigen schweren Lokomotivkessel vorhanden, daß das Mehrgewicht für Generator, Motoren, Kondensator und Brennstoff bei Einbau auf demselben Rahmengestell ausgeglichen wird und. sich ein Tender erübrigt. Diesbezügliche Projekte ließen die bequeme Einbaumöglichkeit erkennen, wobei die Kondensatoren vorn seitlich angeordnet sind, während ein in der vorderen Öffnung befindlicher Propeller den Fahrwind unterstützt.

Als Variante zeigte der Entwurf einer 500 PS-Lokomobile die erheblichen Vorteile des neuen turboelektrischen Antriebs, indem eine solche sozusagen als wandernde elektrische Zentrale z. B. für große Erdarbeiten oder landwirtschaftliche Großbetriebe u. dgl. gute Dienste leisten kann und in dieser Leistungsfähigkeit und Ökonomie nicht entfernt von den jetzigen Lokomobilen erreicht wird. Der luftgekühlte Kondensator ist hierbei im oberen Teil des Wagens und die zugehörigen Schraubenventilatoren an der Wagendecke angebracht.

Das turboelektrische Aggregat kann selbstredend auch als stationäre Kraftmaschine Verwendung finden. Wie außerordentlich dabei an Gewicht, Platz und Raum gegenüber den jetzigen Anlagen gespart werden kann, selbst wenn der Kessel hierfür reichlicher bemessen bzw. weniger hoch belastet wird, geht aus dem Vorhergesagten ohne weiteres hervor. Beträgt doch z. B. das Gewicht einer modernen 1000 PS-Lokomobile samt elektr. Generator etwa 150 Tonnen, das eines normalen schnellaufenden Turbogenerators mit Kondensator und Steilrohrkessel (ohne Einmauerung) rd. 72 Tonnen, während im vorliegenden Fall für Turbine, wassergekühlten Kondensator und Kessel, selbst bei schwerer Ausführung aller Teile, einschließlich elektr. Generator nur rd. 12—13 Tonnen benötigt werden. Vergleichende Rentabilitätsrechnungen haben dabei ergeben, daß die Hochspannungsturbinenanlage wegen des wesentlich geringeren Anschaffungspreises und der hohen Ökonomie hinsichtlich der gesamten jährlichen Betriebs- und Tilgungskosten bei Ölfeuerung sogar der Dieseldynamo gleichkommt, bei Kohlenfeuerung aber diese und natürlich auch alle anderen Anlagen wesentlich unterschreitet. Selbstverständlich sollen derartige Aggregate nicht für große vieltausendpferdige Kraftanlagen, sondern nur für kleine und mittlere elektrische Zentralen oder als Spitzenaggregat bei Wasserkraftanlagen oder für schnell zu erstellende Zentralen in noch wenig erschlossenen Gegenden u. dgl. in Betracht kommen. Ferner können sie mit großem Vorteil auch als Propellermaschine für Schiffsantriebe mittlerer Dampfer dienen, bei denen bekanntlich neuerdings immer mehr die Getriebeturbinen Eingang finden.

Noch ein kurzes Wort über die Gas- oder Ölturbine. Nach den bisherigen Veröffentlichungen über die erfolgreichsten Versuchsturbinen dieser Art nach Syst. Thyssen beträgt schätzungsweise das Gewicht eines 1000 PS-Aggregats samt elektr. Generator mindestens ca. 40—50 Tonnen. Daraus geht ohne weiteres hervor, daß die Gas- oder Ölturbine, selbst wenn es möglich ist, sie noch leichter zu bauen, hinsichtlich des Gewichtes noch lange nicht an die Hochspannungsdampfturbine heranreicht, für Luftfahrzwecke also vorläufig nicht in Frage kommt. Übrigens ist die Ökonomie auch nicht besser, sondern günstigstenfalls gleichgut wie bei Hochspannungsdampfanlagen. Gegenüber deren letzter Entwicklungsphase ist eigentlich prinzipiell kein Unterschied mehr vorhanden, denn eine mit hochüberhitztem Dampf arbeitende Dampfturbine ist sozusagen bereits eine Gasturbine. Man kann daher auch hier sagen: wozu in die Ferne schweifen, wenn das Gute so nahe liegt!

Die vorstehenden Ausführungen lassen erkengen, daß der schon häufig als rückständig oder tot gesagte Dampfantrieb in seiner vollendeten Form wie ein verjüngter Phönix wieder in die erste Reihe rückt und wie aus einem Füllhorn heraus eine ganze Reihe wertvoller Gaben zu erteilen vermag. In der Luftfahrt vielleicht geradezu eine neue Etappe eröffnend oder andere Gebiete ökonomischer gestaltend oder solche neu erschließend. Die Luftfahrt kann aber jedenfalls stolz darauf sein, mit dem leichten Motor sozusagen als Schrittmacher gedient zu haben, denn ohne diesen hätte sich zweifellos auch der Dampfantrieb nicht so entwickelt. Deshalb meine ich auch, daß beide Motor und Dampfturbine, sich nicht kurzsichtig gegenseitig bekämpfen, sondern sich gegenseitig anspornen, Erfahrungen austauschend oder geeignete Gebiete dem einen und anderen überlassend usw. gemeinsam den höchsten Zielen auf dem Gebiete der Umwandlung der Brennstoffenergie in mechanische Arbeit zustreben sollen, der gesamten Technik und Wirtschaft zum Nutzen, der Allgemeinheit zur Wohlfahrt!

Zum Schluß möchte ich nicht verfehlen, der früheren Flugzeugmeisterei, die der vorliegenden Sache die ersten Wege geebnet, ferner den Kondorwerken und der Zeppelinstiftung, die in weitblickender Weise meine Bestrebungen finanziell unterstützt haben, sowie meinen früheren Mitarbeitern, insbesondere den Herren Kucharski und Schmieske für die vielfachen wertvollen Anregungen meinen verbindlichsten Dank auszusprechen. (Lebhafter Beifall).

Aussprache:

Dr. Everling: Meine Damen und Herren! Bei einem neugeborenen Kinde soll man nicht fragen: was macht man damit? sondern: was kann daraus werden? Wenn uns der Herr Vortragende bei seinem Geisteskind zu Paten bittet, wollen wir es beileibe nicht in den Laufstall theoretischer Bedenklichkeiten einsperren, sondern nur warnen, dem Kleinen zuviel zuzumuten. Wir haben in dem Vortrage eine Fülle technisch konstruktiver Neuerungen kennengelernt, von denen jede einzelne Verbesserung von großer wirtschaftlicher Bedeutung bedingen würde, so daß uns Bedenken kommen, ob man sie alle zugleich bewältigen kann, zumal im Flugbetriebe.

Ich darf einige Punkte hervorheben, an denen sich der Fortschritt besonders kennzeichnet: Der Vortragende hat dargelegt, daß sich Turbinen- und Getriebegehäuse sehr leicht ausbilden lassen, und daß trotzdem Störungen durch »Atmen« der Wände hoffentlich nicht zu befürchten sind. Er hat die Getriebeschwierigkeit offenbar überwunden, durch ein Ritzel, das länger ist als der doppelte Durchmesser oder stark genug, die großen Zahndrücke auszuhalten.

Es ist ihm ferner gelungen, eine Schaufelbefestigung zu finden, mit dem die ungeheuren Drehzahlen möglich sind.

Auch die Kondensatorfrage, den Kernpunkt der Schwierigkeiten bei dem Turbinenfahrzeug, hat er anscheinend gelöst. Es sind hier viel größere Wärmemengen zu übertragen als bei dem Motorkühler, im Augenblick des Auffliegens hat man mit hohen Temperaturen zu rechnen; mehrere Sekunden lang sind nur geringe Luftzuggeschwindigkeiten verfügbar; die Abdichtung gegen Luft ist ungleich schwieriger als die gegen Wasser. Der Herr Vortragende hat uns dargelegt, daß die Belüftung des Kondensators durch den Fahrwind dem Fahrzeug nicht zuviel Leistung wegnimmt, so daß eine gewaltige Steigfähigkeit übrig bleibt.

Wir wollen hoffen, daß bald eine betriebsichere Ausführung wenigstens eines Teiles dieser neuen Gedanken möglich wird, dann werden wir weiterkommen auf unserm Wege, vorwärts und aufwärts, dann kann die WGL auf dieses Patenkind stolz sein!

Obering. C. Schmieske: Meine Damen und Herren! In Anbetracht der vorgerückten Stunde werde ich mich kurz fassen. Was eben Herr Dr. Everling bemerkte, daß die Anlage, die heute hier vorgeführt wurde, etwas ganz besonders Neues vorstelle und vielleicht Elemente enthält, die vermuten lassen, daß das Ding im Betriebe bald explodiert, trifft nicht zu.

Die Beanspruchungen der einzelnen Konstruktionsteile sind so angenommen, wie wir sie im Dampfturbinenbau gewohnt sind. Betrachten wir zunächst einmal die Laufräder De Laval hat Umfangsgeschwindigkeiten ausgeführt, die höher sind als diejenigen, die wir zugrunde gelegt haben. Er hat 400 m/s ausgeführt, während wir uns mit 300 m/s begnügt haben. Die Drehzahl der Turbinen de Lavals beträgt bis zu 40000 U/min. Ganz abgesehen davon haben wir aber heute noch besseres Material für diese Zwecke zur Verfügung, als es de Laval vor 20 Jahren hatte.

Zu dem Getriebe möchte ich bemerken, daß wir auch da nichts Ungewöhnliches erfunden haben und die Dimensionen so gewählt sind, wie es heute üblich ist. Wir haben damit nicht riskiert, im Gegenteil, wir haben z. B. zur Sicherheit besondere Kühlmethoden herausgebracht, die vielleicht später im Schiffs- und Landturbinenbau übernommen werden können.

Ich möchte sagen, daß die Verhältnisse, wie sie hier zurzeit bei Einführung der Dampfturbine in die Luftschiffahrt herrschen, in der Seeschiffahrt auch bestanden haben. Bis vor kurzem konnte sich keine Reederei entschließen, eine Turbine in ihre Schiffe einzubauen. Heute fahren trotzdem schon viele Frachtdampfer mit Getriebeturbinen. Ein Frachtdampfer muß doch gewiß eine Maschine solidester Bauart erhalten, wird sie doch häufig von einem Maschinenpersonal bedient, von dem man nicht allzuviel Fachkenntnisse verlangen kann. Wenn es die Reedereien nun heute auf sich nehmen, solche Anlagen in Auftrag zu geben, kann dies nur möglich sein, weil die Getriebeturbine das Vertrauen hierzu ausgelöst hat.

Vielleicht ist es hier von Interesse, zu erwähnen, daß bei der ersten Probefahrt eines Frachtdampfers mit Getriebeturbinen, der 24 Stunden bei starkem Sturm in Ballastfahrt unterwegs war, die Turbinen sich anstandslos bewährt haben. Das Maschinenpersonal, das mit etwas Vorbehalt hinausgegangen war, kam mit Begeisterung zurück und sagte mir, daß sie jetzt nur noch auf Turbinenschiffen anmustern werden. In diesem Sinne, glaube ich, würden die Schmerzen, die die Motoren unseren Flugzeugführern heute noch bereiten, auch zu beseitigen sein.

Kapitän Boykow: Ich möchte nur auf ein Moment Bezug nehmen, das in dem Vortrag von Herrn Dr. Wagner nicht berührt worden ist. Das ist das Bedenken, das ich äußern muß gegen die Aufstellung solch rasch rotierender, verhältnismäßig großer Massen in einem Flugzeug. Es sind uns ja Angaben gemacht worden, welche Trägheitsmomente die Turbine hat. Ich könnte es nur schätzen und komme dabei bei der Drehzahl von 15000—20000 doch auf recht bedeutende Beträge.

Major von Parseval: Meine Damen und Herren! Vor 30 Jahren haben mein Freund v. Sigsfeld und ich einmal schon angefangen mit einer Dampfmaschine im Flugzeug. Es hat mich außerordentlich interessiert, daß die Form des Röhrenkessels, die wir damals angenommen hatten, sich anscheinend jetzt durchzusetzen vermag. Ich möchte aber feststellen, daß das nicht der Grund war, weshalb ich jetzt das Wort genommen habe. Ich wollte vor allem den Herrn Vortragenden darauf aufmerksam machen, daß es für Luftschiffe vor allem auf ein geringes Gewicht der Betriebsstoffe ankommt. Nehmen wir ein Luftschiff, sagen wir zu 100000 m³, das z. B. von Berlin nach New York fahren soll, so muß das Luftschiff rd. 30 t Betriebsstoff bei den jetzigen Motoren

haben. Es ist also größtenteils nur ein Benzinschlepper, und eine Dampfturbine, die noch mehr Betriebsstoffe braucht als Motoren, ist hier unanwendbar. Denn es kommt hauptsächlich darauf an, das variable Gewicht des Schiffs klein zu halten, damit man beim Landen nicht so große Mengen Traggas auslassen muß. Für solche Flugzeuge, die nur kurze Zeit fahren sollen, aber große Höhen erreichen müssen, mag eine Dampfturbine angezeigt sein.

Dr. Wagner (Schlußwort): Meine Damen und Herren! Zunächst möchte ich Ihnen für die freundliche Aufnahme meines Vortrags, die Sie durch Ihren Beifall zum Ausdruck brachten, ebenso Herrn Dr. Everling und anderen Herren für die meiner Arbeit erwiesene Anerkennung meinen herzlichen Dank aussprechen. Es soll dies für mich ein Ansporn sein, die vorliegenden Arbeiten trotz aller Schwierigkeiten, die für mich nicht so sehr in der Sache selbst als in verständlichen äußeren Umständen und Widerständen liegen, mit aller Energie fortzusetzen, und es sollte mich freuen, Ihnen bald von den Ergebnissen einer praktischen Ausführung berichten zu können. Ihre Anerkennung hat mir ferner gezeigt, daß erfreulicherweise das Eis allmählich gebrochen ist und die Bedenken, die anfangs meinen Vorschlägen bezüglich Verwendung des Dampfantriebs in der Luftfahrt gegenüber geäußert wurden, zu schwinden beginnen.

In sachlicher Hinsicht gestatten Sie mir noch das Folgende zu bemerken. Betreffs einiger von Herrn Dr. Everling vorgebrachten Bedenken hat sich bereits Herr Schmieske ausführlich geäußert, so daß mir nur noch übrig bleibt, auf die angeschnittene Kondensatorfrage nochmals einzugehen. Irgendeine Schwierigkeit kann ich bei der Anfahrt nicht erblicken. Selbstredend wird man die Kühlfläche möglichst so verlegen, daß sie unter Einfluß des Schraubenstrahls steht, sofern nicht, wie bereits für Luftschiffanlagen erwähnt, ein besonderes Hilfsgebläse angeordnet ist. Wenn bei der Anfahrt nur geringe Luftgeschwindigkeiten zur Verfügung stehen, so spielt es anderseits für die Ökonomie keine Rolle, wenn für diese kurze Zeit von wenigen Sekunden mit einem schlechten Vakuum, also wesentlich höherem Temperaturgefälle, ungünstigstenfalls, um keine zu hohen Drücke im Kondensator zu erhalten, sogar mit teilweisem Auspuff gefahren wird. Das Bedenken, daß die Abdichtung des Kondensators gegen Luft schwieriger sei als z. B. gegen Seewasser bei Schiffskondensatoren, kann ich ebenfalls nicht teilen. Im Gegenteil ist bei letzteren mit der bekannten Korrosionsgefahr, sowie mit dem häufigen Losewerden der zahlreichen Rohrverschraubungen zu rechnen. Der erstere Gesichtspunkt kommt hier gar nicht in Frage, während die Abdichtung der Rohre od. dgl. in den Rohrplatten in viel zuverlässigerer Weise etwa durch Einwalzen, außerdem durch Verlöten geschen kann. Überdies stehen hiefür die reichen Erfahrungen im Kühlerbau zur Verfügung.

Um Bedenken wegen eines etwaigen großen Kreiselmoments, wie es Herr Kapitän Boykow geäußert hat, vorzubeugen, bin ich auf diese Frage bereits in meinem gedruckten Vortrag eingegangen. Ich kann nur nochmals wiederholen, daß hinsichtlich dieses naheliegenden Punktes, dem wir natürlich von vornherein volle Aufmerksamkeit geschenkt hatten, keinerlei Schwierigkeiten etwa betreffs großer Lagerreaktionen oder ungünstiger Beeinflussung der Steuereigenschaften bestehen. Dies daher, weil das Trägheitsmoment des Turbinenläufers im Gegensatz z. B. bei einem Kreiselkompaß oder einem Schiffskreisel, bei denen die umlaufenden Massen bewußter Weise in einen Schwungring verlegt sind, hier zum größten Teil in der Nähe der Welle liegen, so daß auch das Kreiselmoment trotz der hohen Drehzahlen bei den in Frage kommenden schnellsten Steuerbewegungen relativ gering und für die Turbinenlager, Fundamente usw. belanglos bleibt.

Die Bemerkungen des Herrn Major v. Parseval geben mir Veranlassung, noch einmal die Frage des Betriebsmittelverbrauchs, die in etwas einseitiger Weise von Motoranhängern immer wieder gegen die Dampfturbine ins Feld geführt wird, kritisch ins Auge zu fassen. Rein ziffermäßig betrachtet ist natürlich die Dampfanlage, wie ich bereits in meinem Vortrag erwähnt habe, hinsichtlich dieses Punktes gegenüber dem Motor zur Zeit noch im Nachteil. Es wird naturgemäß das Bestreben sein müssen, den noch bestehenden Unterschied möglichst auszugleichen, wofür auch, wie ich ebenfalls bereits angedeutet habe, große Wahrscheinlichkeit besteht, weniger durch noch weitere Vergrößerung des Spannungsgefälles oder der Temperaturgrenzen, als durch die noch mögliche bessere Verarbeitung des Dampfes in der Turbine selbst. Für das von Herrn v. Parseval angezogene Beispiel eines Atlantikluftschiffes kommt aber zweifellos in erster Linie die Wirtschaftlichkeit als ausschlaggebender Faktor in Frage. Diese ist aber wesentlich beeinflußt einerseits durch die Lebensdauer der Maschinenanlage, anderseits durch die Kosten für Brennstoff und Traggas. Die größere Lebensdauer, also notwendige geringere Überholung, daher mögliche raschere Aufeinanderfolge der Fahrten braucht wohl kaum noch bewiesen zu werden, da die ausgezeichneten Erfahrungen mit Getriebeturbinen im Schiffsbetrieb dies auch im vorliegenden Fall erwarten lassen. Die kürzere Liegezeit erlaubt somit an sich schon eine bessere Ausnutzung des Schiffsparks, so daß der Mehrverbrauch an Brennstoff, d. h. Ausfall an zahlender Nutzlast pro Fahrt eine geringere Rolle spielt. Hinzu kommt, daß die größere Betriebssicherheit der Dampfanlage die regelmäßige Durchführung des Fahrprogramms eher gewährleistet als selbst bei einer Serie von Motoren (nebenbei bemerkt, wächst diese m. E. durchaus nicht entsprechend der Anzahl der Motoren). Vor allem aber sind es die Brennstoffkosten, wofür sich in Anbetracht des rd. 5—6 mal billigeren Brennstoffes die Verhältnisse völlig umkehren. Herr v. Parseval hat bei seinem Beispiel 30 t Betriebsstoff bei Motoren zugrundegelegt. Dem würde ziffernmäßig für die Dampfanlage, für diese immer noch ein Verbrauch von 0,27 kg und bei Motorbetrieb (inkl. Schmieröl) günstigstenfalls 0,20 kg/PSh zugrundegelegt, ein Vorrat von rd. 40 t entsprechen. Der Ausfall von rd. 10 t an zahlender Nutzlast bei einer größten Nutzlast von etwa 65—70 t, wie sie für ein Luftschiff vorliegender Größe in Frage kommt, dürfte jedoch — wie man sich leicht überzeugen kann — bereits größtenteils durch die enorme Ersparnis an Brennstoffkosten ausgeglichen werden. In Wirklichkeit dürfte übrigens der Ausfall an zahlender Nutzlast aus den bereits genannten Gründen geringer werden, indem eben — vielleicht etwas unwissenschaftlich ausgedrückt, aber mit der Erfahrung von mehrfacher Seite im Einklang stehend — infolge des gleichförmigen Drehmoments, Fortfalls der Erschütterungen usw. »Dampfpferde« ganz andere Pferde als »Motorpferde« sind. Die Wirtschaftlichkeit eines solchen Luftschiffbetriebes wird aber, worauf Herr v. Parseval mit Recht hinweist, in ebenso einschneidender Weise von der notwendigen Nachfüllung an Traggas beeinflußt. Gerade hinsichtlich dieses Punktes bei der Dampfanlage, worauf ich im Vortrag noch nicht eingegangen bin, noch einen wichtigen Vorzug gegenüber der Motoranlage, nämlich die bequeme und dauernd sichere Ballasterzeugung aus den Abgasen des Kessels. Bei Motoren nachgeschalteten Ballasterzeugern hat man bekanntlich große Schwierigkeiten, indem diese nach kurzer Betriebszeit durch die in den Abgasen enthaltenen Rückstände verschmutzen. Im vorliegenden Fall werden jedoch die Abgase, einerseits durch die starke Herabkühlung bereits vor Verlassen des Kessels, anderseits den langen Gasweg durch die Rohrbündel des Kessels, Überhitzers usw. sozusagen thermisch und mechanisch gefiltert, bevor sie überhaupt in den Ballasterzeuger eintreten. Eine vorzeitige Verschmutzung kann daher jetzt schon so gut als ausgeschlossen betrachtet werden, besonders da man auch bei der kontinuierlichen, gut zu überwachenden

Verbrennung des Kessels in der Lage ist, den Luftüberschuß so zu dosieren, daß eine vollkommen rauchfreie Verbrennung stattfindet. Da nun theoretisch bei Verbrennung von 1 kg Brennstoff rd. 1,3 kg Ballastwasser gewonnen wird, so kann somit das variable Gewicht des Schiffes trotz des jetzt noch erforderlichen Mehrvorrats an Brennstoff in viel engeren Grenzen gehalten werden als beim Motorluftschiff. Ein Abblasen von teurem Traggas dürfte bei normalem Betrieb daher kaum notwendig werden, so daß die Wirtschaftlichkeit weiter gesteigert wird. Die Frage der sicheren Ballasterzeugung dürfte übrigens gerade für unstarre und halbstarre Großluftschiffe ähnlich dem System von Herrn v. Parseval von ausschlaggebender Bedeutung sein, indem hierdurch die Ballonets wesentlich kleiner sein können, und damit auch der äußere Durchmesser des Ballons und dessen Widerstand geringer wird.

Alles in allem genommen, erscheint es mir, ganz objektiv gesprochen, eine viel größere Waghalsigkeit, Atlantikluftschiffe mit einer großen Serie von Motoren und unter Verwendung des hoch feuergefährlichen Benzins zu projektieren, als mit einer Dampfturbinenanlage. Als einziger entschuldigender Grund könnte vielleicht hiefür angeführt werden, daß man von seiten des Luftschiffbaues an die bisherigen Motoren gewöhnt ist. Indessen man wird auch in der Luftfahrt, ähnlich wie im Schiffbau, sich zu grundlegenden Änderungen in der Antriebsfrage entschließen müssen, falls diese nicht in eine gewisse Stagnation geraten soll. Denn m. E. steht und fällt mit der Maschinenfrage auch die Lebensfähigkeit solcher Luftschiffprojekte.

Ein kurzes Wort noch zu dem Schraubenflugzeug des Herrn Prof. Bendemann. Es war mir eine Genugtuung zu hören, daß auch er ähnliche Wege beschritten hat, als sie mich bei meinem Entwurf geleitet haben. Zweifellos dürfte in dieser Richtung die wahre Lösung des Problems zu suchen sein.

Meine Damen und Herren! Wenn ich mich auch notgedrungen in meinem Vortrag besonders hinsichtlich der vielfachen Anwendungsmöglichkeiten etwas kurz fassen mußte, so werden Sie doch erkannt haben, daß es sich im vorliegenden Fall um mehr als nur um eine interessante technische Aufgabe handelt. Ohne zuviel zu sagen, kann der neue Antrieb vielleicht dazu dienen, in erster Linie die Ziele in der Luftfahrt, die gestern abend in der Festversammlung von Herrn Geheimrat Schütte so weitblickend gekennzeichnet wurden, bald zu verwirklichen und die Luftfahrt in der Tat zu einem kulturellen, politischen und volkswirtschaftlichen Faktor ersten Ranges zu machen. Daneben aber Deutschland gerade das zu bieten, was es jetzt dringend vonnöten hat, nämlich eine verhältnismäßig billige und zuverlässige Kraftmaschine von höchster Wirtschaftlichkeit bei geringstem Materialaufwand, um so nicht nur die uns verbliebenen Bodenschätze im eigenen Lande sparsamst zu verwerten, sondern zu seiner baldigen wirtschaftlichen Erholung auch als hochwertiges Exportobjekt in seinen verschiedenen Anwendungsformen zu dienen. Sollte es mir gelungen sein oder gelingen, auch nur das Fundament in dieser Richtung gelegt zu haben, so soll mir das als gewisse Befriedigung für meine Arbeit gelten. (Beifall.)

Geheimrat Schütte: Meine Damen und Herren, ich glaube in Ihrem Sinne zu sprechen, wenn ich dem Herrn Vortragenden für seine Ausführungen den Dank der Wissenschaftlichen Gesellschaft für Luftfahrt ausspreche. Seine Ausarbeitungen betrafen sehr komplizierte und wichtige Probleme, durch deren Durcharbeitung vielleicht noch manches erreicht werden kann.

ANHANG

Ansprachen während der Tagung in Bremen.

A.
Begrüßung des Vorstandsrates der WGL
im Gebäude des Norddeutschen Lloyd.

Direktor Stadtländer: Meine sehr geehrten Herren! Ich danke dem Herrn Vorsitzenden, daß er mir Gelegenheit gab, Sie namens des Vorstandes des Norddeutschen Lloyd aufs herzlichste in unserm Gebäude willkommen zu heißen. Als unsere Delegierten nach Ihrer wohlgelungenen Tagung in München heimkehrten und berichteten, daß voraussichtlich die diesjährige Tagung in Bremen stattfinden sollte, hat das hier eitel Freude und Befriedigung hervorgerufen. Ich brauche Ihnen nicht zu sagen, welch reges Interesse Bremen immer am deutschen Flugwesen genommen hat. Sie werden sich selbst davon in den nächsten Tagen hier sowie auch in Norderney überzeugen können. Und ebensowenig brauche ich Ihnen zu sagen, meine Herren, mit welchem Eifer sich der Norddeutsche Lloyd dem deutschen Flugwesen durch unsere Tochtergesellschaft, den Lloyd-Luftdienst, gewidmet hat. Uns verbinden nicht nur gemeinsame Interessen, sondern leider auch in diesen bitterernsten Jahren, die unser geliebtes deutsches Vaterland durchzumachen hat, gemeinsame Sorgen. Ihnen wie uns hat der Versailler Schandfrieden das Handwerkzeug entrissen. Aber Sie wie wir kämpfen mit Energie, um wieder hochzukommen, und ich zweifle keinen Augenblick, daß es dem eisernen Fleiß und dem tapferen Ringen, mit dem Sie die Luftschiffahrt anpacken, gelingen wird, uns auch auf diesem Gebiete dank deutscher Fähigkeit und deutscher Zähigkeit wieder an die Spitze zu bringen. Ich hoffe zuversichtlich, meine Herren, daß Ihre diesjährige Tagung ein weitausholender Schritt vorwärts, bergan sein möge, und mit diesem Wunsche hoffe ich, daß Ihre Tagung von Erfolg gekrönt sein möge. (Beifall.)

Geheimrat Schütte: Sehr geehrter Herr Direktor! Gestatten Sie mir, Ihnen für die uns soeben übermittelten Wünsche den herzlichsten Dank der WGL auszusprechen. Der Norddeutsche Lloyd hat uns nicht nur in bekannter Gastfreundschaft seine herrlichen Räume für diese Sitzung überlassen, nein, er hat noch viel mehr getan, indem er uns in liebenswürdiger Weise einen Dampfer zur Fahrt nach Helgoland und Norderney zur Verfügung stellte.

Sie, Herr Stadtländer, haben soeben ein Band berührt, das den Norddeutschen Lloyd und unsere Gesellschaft umschlingt, die gemeinsame Not. Ihnen wie uns ist durch den Versailler Schandvertrag so ziemlich alles genommen und zerstört worden. Aber wie zäher Hanseatengeist wieder aufbauen wird, so wollen wir neben diesen Hanseatengeist unseren Luftfahrergeist setzen.

Sie wissen, wie sehr ich am Norddeutschen Lloyd hänge, am 13. Dezember ds. Js. sind es 25 Jahre her, als ich bei ihm eintrat, und ich glaube sagen zu dürfen, daß ich Ihrer Gesellschaft stets die Freundschaft gewahrt habe. Darf ich Ihnen aus diesem Freundschaftsgefühl heraus zu dem heute beabsichtigten Stapellauf Ihres großen Dampfers »Columbus« in Danzig die besten Wünsche aussprechen? Möge dieses stolze Schiff Bremens und Deutschlands Flagge in alten und allen Ehren wieder über die Meere tragen. Es soll uns, der WGL, ein leuchtendes Vorbild dafür werden, was zäher Hanseatengeist zu schaffen vermag. Nochmals herzlichsten Dank!

B.
Reden beim Begrüßungsabend
im Ratskeller zu Bremen.

Senator H. S. Meyer: Sehr geehrte Damen und Herren! Im Namen des Senats der Freien Hansestadt Bremen heiße ich die Mitglieder der Wissenschaftlichen Gesellschaft für Luftfahrt und Ihre Damen sowie alle übrigen Gäste in den altehrwürdigen Räumen unseres Bremer Ratskellers, der bald auf eine 500 jährige Geschichte zurückblicken kann, herzlichst willkommen und wünsche Ihrer 11. Tagung den besten Erfolg. Mögen Sie von Bremen nur angenehme Erinnerungen mit nach Hause nehmen. Wie auf einem Bilde, das hier im Ratskeller als Wandschmuck dient, der alte Horaz, der mit Viktor von Scheffel Brüderschaft trinkt, so hoffe ich, daß die junge deutsche Luftfahrt sich mit der alten Hansestadt Bremen in engster Brüderschaft verbinden wird. In diesem Sinne bitte ich Sie, den Ehrentrunk des Senats der deutschen Luftfahrt zu weihen. Die deutsche Luftfahrt: Hoch! Hoch! Hoch! (Bravo und Händeklatschen. Stehend wird das Lied: Deutschland, Deutschland über alles gesungen.)

Bürgermeister Dr. Buff: Meine verehrten Damen und Herren! Im Namen des Bremer Vereins für Luftfahrt heiße ich Sie alle in diesen ehrwürdigen altberühmten Räumen des Bremer Ratskellers willkommen. Ich begrüße in erster Linie den Vertreter unseres Senates, Herrn Senator Meyer; ich begrüße alle Herren der Wissenschaftlichen Gesellschaft für Luftfahrt und alle die Herren, die der Einladung dieser Gesellschaft folgend vom Deutschen Luftfahrtverband an den Strand der Weser gekommen sind. Wir haben, meine Damen und Herren, im vorigen Jahr in München die Einladung an die Wissenschaftliche Gesellschaft für Luftfahrt ergehen lassen in einer gewissen Beklommenheit, ob wir nach den Tagen, die Sie in der Isarstadt verlebt hatten, es wagen dürften, Sie hier an die Wasserkante nach Bremen zu holen. Heute bin ich beruhigt. Ich glaube, das Programm, das der Bremer Verein für Luftfahrt in Verbindung mit den rührigen Herren der Wissenschaftlichen Gesellschaft ausgearbeitet hat, ist gut; das darf ich jetzt schon sagen, wenn ich sehe, wie sich eine Völkerwanderung hierherbewegt, wie ich sie seit langem nicht erlebt habe. Wir freuen uns dessen. Wir sind hier in geweihten Hallen. Seit Jahrhunderten ist es Sitte, wenn Männer und Frauen nach Bremen kommen, um einen Kongreß abzuhalten, daß sie vor dem eigentlichen Tage, der ihnen Pflichten auferlegt, zu den alten Räumen des Bremer Ratskellers wallen. Da wollten sie sich den Mut stärken, die Kraft sammeln für den folgenden Tag. Und so gestärkt gingen sie wieder in die Oberwelt und leisteten Großartiges. Ich bin der festen Hoffnung, daß dies auch bei der Wissenschaftlichen Gesellschaft für Luftfahrt der Fall sein wird und daß alle diejenigen, die heute hier zusammensitzen, morgen in der Union mit frohem Herzen an den Ratskeller zurückdenken und freudig sich der schweren Tagung an der Oberwelt hingeben werden. Wir beginnen heute die Tagung unter den Augen des alten Herrn Bacchus, der schon seit Jahrhunderten viele Feste hier gesehen hat. Er ist froh, daß trotz der schweren Zeit, trotz der Bedrängnis unseres deutschen Volkes, trotz der Valutaverhältnisse der Besuch im Ratskeller nicht abgenommen hat. Er glaubt, im Gegenteil zu bemerken, daß mancher hierher kommt, um in stiller Stunde die schwere

Zeit zu vergessen. Ich gebe der Hoffnung Ausdruck, daß die Ergebnisse dieser Tagung glänzend sein werden. In diesem Sinne begrüße ich Sie nochmals herzlichst an der Wasserkante (Bravo und Händeklatschen.)

Geheimrat Schütte: Meine sehr verehrten Damen und Herren! In diesen altehrwürdigen Hallen des Bremer Ratskellers sind wir soeben von dem Präsidenten des Deutschen Luftfahrt-Verbandes, Herrn Bürgermeister Dr. Buff, und dem Vertreter des Staates Bremen, Herrn Senator Meyer, in liebenswürdiger Weise empfangen und begrüßt worden. Es ist nicht das erste Fest an dieser Stätte, dem beizuwohnen ich die Ehre habe und es scheint mir, wenn ich an frühere Feste zurückdenke, daß der alte tüchtige Hanseatengeist, der diesen Bau hat erstehen lassen und als guter Geist in diesen Hallen weilt und herrscht, bereits auf die Wissenschaftliche Gesellschaft für Luftfahrt und ihre Mitglieder seinen wohltuenden Einfluß auszuüben begonnen hat. Ich erkenne dies an der hoffnungsfreudigen Stimmung, die überall herrscht, und die uns der beginnenden Tagung froh entgegenblicken läßt.

Und welch furchtbarer Gegensatz zu dieser Stimmung außerhalb dieser Stätte im Deutschen Reich!

Wir flaggen heute Halbmast! Oberschlesien ist uns endgültig genommen.

Genommen ist uns unsere stolze deutsche Handelsflotte! — Von 5 Mill. Bruttoregistertonnen sind nur 500000 geblieben, und davon kaum 100000 in seegehenden Schiffen.

Unsere junge, stolze Luftflotte ist restlos durch den Versailler Schandvertrag zerstört worden. 27000 Motoren und 14000 Flugzeuge mußten dem Haß und Neid unserer Feinde geopfert werden.

Und dennoch!

Heute ist das größte deutsche Schiff, der »Columbus« des Norddeutschen Lloyd, in der uns geraubten Stadt Danzig vom Stapel gelaufen. (Bravo!) Das ist der beste Beweis, daß man den deutschen Geist nicht bändigen, nicht töten kann, wenn wir einig sind. (Bravo!) Ich bin der festen Überzeugung, daß der zähe Hanseatengeist, der schon manchen deutschen Mann in diesen Hallen gepackt hat, nicht nur den Norddeutschen Lloyd und die Flotte der Hanseaten wieder aufbauen hilft, sondern daß dieser Hanseatengeist auch übergreift auf unsere deutsche Luftfahrt und auf die Mitglieder der Wissenschaftlichen Gesellschaft für Luftfahrt.

Angeregt durch die herzlichen Begrüßungsworte glaube ich Ihrem Wunsche zu entsprechen, wenn ich Sie bitte, mit mir in den Ruf einzustimmen: Senat und Bürgerschaft der freien Hansestadt Bremen, der Deutsche Luftfahrt-Verband und der Norddeutsche Lloyd Hurra, Hurra, Hurra! (Bravo und Händeklatschen!)

C.
Begrüßung der Gäste und Mitglieder
in der „Union" zu Bremen.

Geheimrat Schütte: Hochverehrte Festversammlung! Kraft meines Amtes eröffne ich die XI. ordentliche Mitgliederversammlung der Wissenschaftlichen Gesellschaft für Luftfahrt anläßlich ihres zehnjährigen Bestehens.

Als am 3. April 1912 unsere Gesellschaft im Herrenhaus zu Berlin gegründet wurde, knüpfte man an sie Hoffnungen und Wünsche, die, so glaube ich doch wohl behaupten zu dürfen, voll und ganz in Erfüllung gegangen sind.

Ich möchte daher den heutigen Tag dazu benutzen, allen denjenigen Herren, die in Göttingen im Jahre 1911 und später bemüht waren, die Wissenschaftliche Gesellschaft für Luftfahrt ins Leben zu rufen, den aufrichtigsten Dank für ihre erfolgreiche Mühewaltung auszusprechen.

Ich benutze ferner die Gelegenheit, denjenigen, die die diesjährige Tagung mit uns begehen wollen, für ihr Erscheinen und das damit bekundete Interesse zu danken. Aber auch den nicht unter uns weilenden Mitgliedern und Freunden, die die Not der Zeit von Bremen fernhält, darf ich unsere Grüße senden und sie in den Dank für ihre Mitarbeit einschließen.

Insbesondere begrüße ich die Vertreter der hohen Staats- und Kommunalbehörden, der verschiedenen Vereine, der Presse und alle Freunde, die der Luftfahrt nahestehen.

Sie alle bitte ich, auch die diesjährige Tagung in alter Weise mit uns durchzuführen und sie so ausklingen zu lassen, wie sie gestern begonnen hat. Dann werden sicher alle mit großer Befriedigung heimfahren, für uns werben und im nächsten Jahre zur XII. Tagung wiederkehren.

Das Wort hat Herr Senator Meyer, der Vertreter der Freien und Hansestadt Bremen

Senator H. S. Meyer: Meine Damen und Herren! Den herzlichen Willkommensgruß, den ich gestern abend Ihnen im Namen des Senats der Freien und Hansestadt Bremen beim frohen Becherklange übermitteln konnte, möchte ich heute vor Beginn Ihrer ernsten Arbeit wiederholen. Gleichzeitig möchte ich Ihnen verbindlichst danken für die freundliche Einladung, an der 11. Tagung der Wissenschaftlichen Gesellschaft für Luftfahrt teilzunehmen. Es hat uns eine besondere Freude bereitet, als wir hörten, daß Sie auf ihrer letztjährigen Tagung in München beschlossen haben, in Anbetracht der rührigen Tätigkeit Bremens auf dem Gebiet der Luftfahrt ihr 10 jähriges Jubiläum in unseren Mauern zu feiern.

Wenn unser Stadtstaat nach Gebietsumfang und Einwohnerzahl auch zu den kleinsten deutschen Ländern gehört, so gibt ihm seine natürliche Lage an der Wesermündung und seine geschichtliche Entwicklung doch eine überragende Bedeutung für den Wiederaufbau der deutschen Wirtschaftskraft, besonders nachdem unser Weser-Strom infolge des unglücklichen Vertrages von Versailles der einzige rein deutsche Strom von der Quelle bis zur Mündung geblieben ist.

Da der Schwerpunkt aller Interessen in unserem Wirtschaftsgebiet nach Übersee orientiert ist, haben von alters her die Verkehrsfragen hier die größte Rolle gespielt. Das Heranschaffen von Personen und Handelsgütern aus dem Binnenlande und die Weiterbeförderung über die Meere und umgekehrt zwingt alle daran Beteiligten, den Fortschritten des Verkehrs ihre dauernde Aufmerksamkeit zu widmen. Waren es zunächst die Postkutschen und Segelschiffe und später die Eisenbahnen im Verein mit den Dampf- und Motorschiffen, die diese Aufgaben mit ständig steigender Vollkommenheit lösten, so richten sich in neuester Zeit die Hoffnungen auch auf die Luftfahrt. Wären uns nicht auch auf diesem Gebiet die schweren Fesseln von Versailles auferlegt, so führen vielleicht schon heute unsere Luftschiffe übers Meer. Aber auf die Dauer wird sich die Welt diese Schädigung nicht gefallen lassen und deshalb dürfen wir hoffen, daß allen Hindernissen zum Trotz die deutsche Wissenschaft im Verein mit der deutschen Industrie bald neue Beweise ihrer Tüchtigkeit auf dem Gebiete der praktischen Luftfahrt erbringen werden.

Meine sehr geehrten Damen und Herren! Sie befinden sich hier in der zweitgrößten Seehafenstadt Deutschlands, im Hauptquartier des weltbekannten Norddeutschen Lloyd, dessen Schiffe für lange Zeit das blaue Band des Ozeans besaßen. Sie werden begreifen, daß wir den Ehrgeiz haben, auch auf dem Gebiete der Luftfahrt eine führende Rolle zu spielen, denn wir betrachten diese jüngste Tochter des Verkehrs nicht als Konkurrenz, sondern als natürliche Ergänzung der von uns gepflegten Seeschiffahrt. Wir haben deshalb keine Mühe und keine Kosten gescheut, um uns in Bremen neben unseren großen Seeschiff-Häfen auch einen Landflug-Hafen zu schaffen, der den modernsten Anforderungen entspricht und der in direkter Verbindung mit dem ebenfalls uns anvertrauten Seeflughafen Norderney hoffentlich schon bald als völkerverbindende Brücke dienen wird.

Wir begrüßen es als ein besonders günstiges Vorzeichen, daß es uns vergönnt ist, vor einem so auserwählten Kreise von Sachverständigen am heutigen Tage unseren Bremer Flughafen der zum Zwecke seiner wirtschaftlichen Ausnutzung gebildeten Bremer Flughafen-Betriebsgesellschaft übergeben zu können. Hoffentlich wird auch in Ihren Augen »Das Werk den Meister loben«!

Neben diesem unmittelbaren Interesse am Luftverkehr ist Bremen als große Handels- und Industriestadt auch mittelbar aufs stärkste an den schnellsten Verkehrsverbindungen interessiert, denn auch diese Zweige unseres Wirtschaftslebens haben ihre Hauptverbindungen in fernen Ländern und begrüßen daher jede Abkürzung der Vermittlung aufs lebhafteste.

Aus meinen kurzen Ausführungen bitte ich zu ersehen, wie eng sich Bremen mit dem Gedeihen der Luftfahrt verbunden fühlt und wie dankbar wir Ihnen sein müssen, daß Sie in so uneigennütziger Weise den großen Zielen dienen. Mögen Ihre Verhandlungen der Forschung und der Praxis neue Anregungen geben im Interesse der wichtigen Kulturaufgaben, an deren Lösung mitzuarbeiten, Ihre Gesellschaft an erster Stelle berufen ist. In diesem Sinne wünsche ich Ihrer Tagung vollen Erfolg. (Bravo!)

Bürgermeister Dr. Buff: Meine hochverehrten Damen und Herren! Als Präsident des deutschen Luftfahrverbandes habe ich eine doppelte Aufgabe zu erfüllen, einmal der Leitung der Wissenschaftlichen Gesellschaft für Luftfahrt Dank zu sagen für die Aufforderung, an ihrer Tagung teilzunehmen, dann namens des Deutschen Luftfahrverbandes und aller der Vereine, die ihm durch die Entschließung von Berlin am 18. Februar angeschlossen sind, auf das herzlichste die Wissenschaftliche Gesellschaft für Luftfahrt zu ihrer heutigen Jubiläumssitzung zu begrüßen.

Ich tue das besonders auch im Namen des Bremer Vereins für Luftfahrt, unter dessen Ägide Sie in der alten Hansestadt Bremen tagen. Wir sind erfreut über diese Jubiläumstagung, die auf eine 10jährige Wirksamkeit Sie zurückblicken läßt Zehn Jahre, ein Nichts im großen Lauf der Zeit, und zehn Jahre, doch eine Spanne von erheblicher Bedeutung für einen Verein, der auf eine reiche Zahl an Erfolgen zurückblicken kann Es ist selbstverständlich und bedarf keiner Ausführungen, daß der Deutsche Luftfahrtverband, der auch den Bund deutscher Flieger in sich schließt, gleich wie sein Rechtsvorgänger die lebhaftesten Sympathien für die Wissenschaftliche Gesellschaft für Luftfahrt haben muß Denn wir gehören zusammen Sie sorgen dafür, daß durch Ihre wissenschaftliche Arbeit der Boden bereitet wird für eine gedeihliche Entwicklung der Luftfahrtindustrie. Die industrielle Tätigkeit und ihre Ausbeute ist ja die Grundlage für die Ziele, die wir im deutschen Luftfahrverband verfolgen. Ohne Sie ist die Industrie nichts und ohne Industrie sind wir nichts. Deshalb ist es ein festes inniges Band, das uns mit der Wissenschaftlichen Gesellschaft für Luftfahrt verbindet, und wir freuen uns, daß es gelungen ist, eine engere Verbindung zwischen den beiden Gesellschaften herbeizuführen (Bravo!) Es ist schon oft, auch am 3 April in Berlin, hervorgehoben worden, wie schwierig jetzt die Verhältnisse gegen früher sind. Damals, als im Jahre 1912 Ihre Gesellschaft gegründet wurde, sind Sie mit großen Hoffnungen und großem Eifer an Ihre Aufgabe herangegangen. 1914 kam der Krieg, da mußten Sie sich umstellen. Sie mußten dafür sorgen, daß unseren heldenmütigen Fliegern die Apparate zur Verfügung standen und Sie haben zu ihren Erfolgen Großes und Gewaltiges beigetragen. Und dann kam nach dem unglücklichen Ausgang des Krieges der Versailler Vertrag. Es ist nun die Notwendigkeit des Wiederaufbaues an uns herangetreten und die große Aufgabe, alles zu tun, damit wir von den Fesseln dieses Vertrages befreit werden. Wir sind momentan tatsächlich geknechtet. Aber einst wird der Tag kommen, wo wir die Fessel zerschlagen und wir die Freiheit auch auf dem Gebiet der Luftfahrt uns wieder erobern. Ich habe mit großem Interesse die Verhandlungen vom 3 April gelesen und dort ein Wort gefunden von dem Ministerialdirektor Bredow, das er am Schlusse seiner Ausführungen gesagt hatte: »Ich kann meine Ausführungen nicht besser zusammenfassen Wissenschaftliche Gesellschaft für Luftfahrt, das deutsche Vaterland bedarf deiner mehr denn je. Stehe mit aller Schaffenskraft, selbstlos und unverzagt zu deinen Zielen zum Besten des deutschen Vaterlandes.« Diese Worte möchte ich aufnehmen und zu den meinen machen. Ich wünsche Ihnen das Allerbeste und hoffe, daß Ihre Arbeit dazu dienen wird, dem großen Ziele näher und näher zu kommen zum Besten unseres Vaterlandes. (Bravo!)

D.
Reden bei der Einweihung des Flughafens in Bremen.

Senator H. S. Meyer: Im Namen des Verkehrs-Ausschusses der Deputation für Häfen und Eisenbahnen heiße ich alle hier versammelten Gäste auf dem neuen Gelände des Bremer Flughafens herzlichst willkommen.

Wenn unser Hafen auch noch nicht bis zum letzten Spatenstich fertiggestellt ist, so erschien uns die Anwesenheit so vieler bedeutender Männer aus Wissenschaft und Praxis der Luftfahrt doch als geeigneter Zeitpunkt, unseren Hafen nunmehr offiziell der Bremer Flughafenbetriebsgesellschaft zu übergeben und damit die eigentlich Bauperiode als beendet anzusehen.

Mit den Empfindungen dankbarer Freude stelle ich fest, daß hier mit seltener Einmütigkeit aller Kreise Bremens etwas geschaffen ist, das hoffentlich für die Entwicklung unserer Heimatstadt und darüber hinaus für den gesamten deutschen und internationalen Luftverkehr von größter Bedeutung ist.

Die besonders günstige Lage Bremens in der nordwestdeutschen Bucht sowie seine alte Tradition als zweitgrößter Seehafen Deutschlands brachten es mit sich, daß hier schon bald nach Beendigung des Krieges von den führenden Männern unseres Vereins für Luftfahrt angeregt wurde, einen allen modernen Anforderungen entsprechenden Flughafen zu schaffen

Hinzu kam, daß auf Grund des Versailler Vertrages alle militärischen Flugplätze in Deutschland zerstört werden mußten.

Schon im März 1920 baute der Bremer Verein für Luftfahrt auf eigenes Risiko auf dem Neuenlander Exerzierplatz, der jetzt mit in unseren Flughafen einbezogen ist, einen Flugzeugschuppen und stellte ihn dem öffentlichen Verkehr zur Verfügung

Im Juni 1920 wurde dann vom Lloyd-Luftdienst der Flugverkehr zwischen Berlin und Bremen und Bremen—Wangeroog aufgenommen. Dazu kam im September 1920 von der deutschen Luftreederei der Verkehr Hamburg—Bremen—Amsterdam.

Inzwischen hatten sich auch die Behörden eingehend mit der Frage der Schaffung eines großen Flugstützpunktes beschäftigt Alle Vorarbeiten wurden mit größter Beschleunigung durchgeführt, so daß schon im September 1920 von Senat und Bürgerschaft die nötigen Mittel für den Ausbau eines modernen Flughafens bewilligt wurden. — Am 27. Oktober 1920 wurde mit den Arbeiten auf dem Flugplatz begonnen, und heute dürfen wir den Hauptteil der Arbeiten als erledigt ansehen.

Ich halte mich für verpflichtet, allen denjenigen, die bei der Schaffung dieses Flughafens in hervorragendem Maße mitgearbeitet haben, bei dieser Gelegenheit herzlichst zu danken.

An erster Stelle muß ich hier den Bremer Verein für Luftfahrt mit seinen rührigen Vorstandsmitgliedern erwähnen, die im Verein mit den Herren des Lloyd-Luftdienstes für die gute Sache mit unermüdlicher Ausdauer gearbeitet haben. Des ferneren fanden wir volles Verständnis für unsere Bestrebungen bei den örtlichen militärischen Stellen, die ihren Exerzierplatz in den neuen Flughafen einbringen mußten, und bei den zuständigen Reichsstellen. Schließlich, und nicht am wenigsten, verdient die Baudeputation Erwähnung, die uns in Gestalt des Herrn Oberbaurat Elfers einen ebenso eifrigen wie sachkundigen Förderer unseres Flughafens gestellt hat.

Möge, wie ich mir schon gestern zu sagen erlaubte, »Das Werk den Meister loben!!« und möge der von uns geschaffene Bremer Flughafen dazu beitragen, daß Bremen nicht nur im Reich der Meere, sondern auch im Reich der Lüfte eine Achtung gebietende Stellung sich erringt.

Ihnen, sehr geehrter Herr Bürgermeister Buff, als Vorsitzenden des Verwaltungsrates der Bremer Flughafen-Betriebs-Gesellschaft übergebe ich hiermit den Flughafen in der Hoffnung, daß es Ihrer Gesellschaft gelingen möge, den Flughafen zum Segen Bremens und unseres gesamten deutschen Vaterlandes zu betreiben.

Bürgermeister Dr. Buff: Meine sehr verehrten Damen und Herren! Ich freue mich, daß jetzt in diesem Augenblick der Flughafen, wie Senator Meyer ausgeführt hat, wenn auch gewissermaßen verspätet, in unsere Hände gelegt wird. Ich begrüße es, daß wir die Freude haben, ihn einzuweihen in Anwesenheit der Mitglieder der Wissenschaftlichen Gesellschaft für Luftfahrt Die verspätete Ablieferung des Hafens an uns beruht in den wirtschaftlichen Verhältnissen. Die Behörden haben tatsächlich alles getan, was in ihren Kräften stand, um die Schwierigkeiten aus dem Wege zu räumen. Ich möchte aus der Geschichte des Flughafens, die Herr Senator Meyer die Güte hatte, Ihnen vorzutragen, ein Moment hervorheben, was für mich immer von größter Bedeutung gewesen ist. Das war, meine Damen und Herren, der 24 September 1920, als die erste

Anforderung des Senats an die Bürgerschaft erging, die nötigen Mittel für den Ausbau dieses schönen Hafens zu bewilligen. Da waren es alle Parteien, von der äußersten Rechten bis zur äußersten Linken, welche ohne jeden Widerspruch in Anerkennung der ungemein großen Wichtigkeit dieses Flughafens für Bremen diese Mittel bewilligt haben. Das war keine Sache der Partei, das war die Sache von Männern, die alle, wie sie in der Bürgerschaft saßen, bestrebt waren, etwas für unser Bremen zu tun. Und nun nehme ich den Flughafen namens der Flughafenbetriebsgesellschaft in Verwaltung. Wir haben mit dem Staat einen Vertrag geschlossen, der uns verpflichtet, die vom Staat aufgewandten Baukosten diesem zu verzinsen. Wir sind gewissermaßen die Pächter. Wir haben aber in der Erkenntnis, daß uns die Möglichkeit, den Betrieb praktisch zu leiten, nicht zusteht, unsererseits einen Untervertrag gemacht mit dem Lloyd-Luftdienst, der die lebhafteste Förderung des Norddeutschen Lloyd genießt, einem Institut, dem wir von seiten der Flughafenbetriebsgesellschaft mit dem größten Vertrauen entgegenkommen. Wir sind der Überzeugung, daß der Lloyd-Luftdienst alles tun wird, um dem Unternehmen die beste Förderung angedeihen zu lassen. Dieser Flughafen ist eine bedeutsame Sache für Bremen. Sie werden alle anerkennen, was wir geschaffen haben und mit uns der Hoffnung sein, daß diese Stadt sich aus den Zerrissenheiten der Zeit wiedererheben werde zum alten Glanze. Ich bitte Sie, mit einzustimmen in den Ruf: Unsere alte Stadt Bremen: Hoch! Hoch! Hoch! (Bravo und Händeklatschen!)

Direktor Jordan: Meine Damen und Herren! Gestatten Sie mir, daß ich in Vertretung meiner Firma, des Lloyd-Luftdienstes, einige Worte an Sie richte:

Vor knapp zwei Jahren flackerte in Bremen wiederum der alte Hanseatengeist blitzschnell auf und erfaßte die Notwendigkeit, in Ergänzung der Schiffahrt auch die Luftfahrt zu protegieren. So schnell wie damals die Erkenntnis kam, folgte auch die Tat. Wir durchstreiften die Fluren Bremens und fanden endlich, nach vieler Mühe ein brauchbares Gelände. Bald darauf schon wurde der erste Spatenstich getan und heute sehen wir das vollendete Werk vor uns.

Die Bedeutung Bremens als Flughafen braucht nicht mehr eingehend geschildert zu werden. Wir wissen heute, daß Bremen an mehreren internationalen Linien liegt. Der Weg von London nach Berlin führt über Bremen, vom wirtschaftlich bedeutenden Westen nach dem Osten und Orient, vom Norden nach Süden gleichfalls über unsere Stadt. In Gemeinschaft mit Norderney wird vom Flughafen Bremen deutscher Luftverkehr seinen Ausgang nehmen über See. Es kommt also immer wieder Bremen als nationaler Angelpunkt in Frage.

Neben der verkehrspolitischen hat dieser Hafen aber noch eine andere Bedeutung von besonderem Werte, eine solche in wirtschaftlicher Hinsicht. Sie haben in den Vorträgen heute Vormittag gehört, von welchem Einfluß es für die Wirtschaftlichkeit des Betriebes, beim Flugdienst die Sicherheit bei Start und Landung gewährleisten zu können. Wir sind heute bereits zu einer fast absoluten Sicherheit gelangt; Unfälle in der Luft sind kaum noch zu beobachten. Zwischenfälle kommen nur auf der Erde vereinzelt vor, und diese sind meist zurückzuführen auf auftretende Mängel in der Bodenorganisation. Die erste Grundlage für diese bilden gute Flughäfen. Ein Flughafen, der gut durchgearbeitet und zweckmäßig eingerichtet ist, bildet einen Fleck Erde, auf den jeder Flieger gern zurückkehrt.

Für das Kleinod, das uns hier zu treuen Händen übertragen worden ist, möchte ich die Versicherung abgeben, daß es von uns treu behütet und gefördert werden wird. Unseren Dank möchte ich allen denen gegenüber zum Ausdruck bringen, die an diesem Werke mitgearbeitet haben: dem Senat und der Bürgerschaft, der opferfreudigen Bevölkerung Bremens und nicht zuletzt der Flughafenbetriebsgesellschaft, sie alle leben Hoch! Hoch! Hoch! (Bravo und Händeklatschen.)

Direktor Rasch: Die Wissenschaftliche Gesellschaft für Luftfahrt, deren Vorstandsrat anzugehören ich die Ehre habe, hat mich beauftragt, der Stadt Bremen, dem Bremer Verein für Luftfahrt und der Flughafenbetriebsgesellschaft unseren herzlichsten Dank auszusprechen dafür, daß wir im Rahmen der Gesamtveranstaltungen der überaus gastlichen Aufnahme, die wir hier gefunden haben, auch heute der Einweihung des

Bremer Flughafens beiwohnen dürfen. Ich darf dabei eine kurze persönliche Bemerkung machen, daß ich, selbst ein Bremer Kind, diese Aufgabe mit besonderer Freude übernommen habe. Es sind schon viele Worte gesprochen, aber ich meine, es entspricht nicht dem Wesen der Luftfahrt, viele Worte zu machen; damit will ich keineswegs eine Kritik an den Vorträgen und Diskussionen der Tagung üben, meine Damen und Herren, das war wissenschaftliche Luftfahrt, die einer eingehenden Aussprache bedarf. Hier aber stehen wir an der Stelle der praktischen Luftfahrt und praktische Luftfahrt bedeutet straffste Konzentration, äußerste Zusammendrängung von Raum und Zeit und ihre Überwindung durch Geschwindigkeit. Und so will ich mich hier darauf beschränken, mit einem kurzen Wort die Bedeutung des heutigen Tages zu beleuchten, und dieses Wort heißt: Flughafen! In diesem Ausdruck liegt unser ganzes Zukunftshoffen und unser Zukunftswille, er kennzeichnet mit einem einzigen Wort den großen Unterschied und Fortschritt, den wir seit der Zeit der Eröffnung des ersten deutschen Flugplatzes in Johannisthal bis zum heutigen Tage erreicht haben. Der Flugplatz von damals war eine Übungsstelle für die ersten Versuche der unerschrockenen Vorkämpfer der Fliegerei, dann die Arena für Schauflüge mancher Art von Flugzeugen, die für andere Zwecke noch nicht geeignet waren. Dagegen ist der Flughafen von heute die Basis, die Vorbedingung und der Ausgangspunkt eines neuen, des schnellsten Verkehrsmittels von unabsehbarer wirtschaftlicher und kultureller Bedeutung. Und, meine Damen und Herren, daß die Stadt Bremen in hoffnungsfreudigem Glauben an die Zukunftswerte der Luftfahrt mit altem frischem Eifer unter großen Opfern diese mustergültige Anlage geschaffen hat, dafür spreche ich ihr im Namen der Wissenschaftlichen Gesellschaft für Luftfahrt den herzlichsten Glückwunsch aus. Das war und ist der alte, echte Hanseatengeist und für die Luftfahrenbetriebsgesellschaft hegen wir die Hoffnung, daß dieser Geist auch über ihr walten möge, so daß sich der Flughafen Bremen dereinst in der Zukunft zu der gleichen Bedeutung, zu dem gleichen hohen Ansehen entwickeln möge, wie sein großes Vorbild, der Seehafen Bremen, zum Ruhme der Stadt Bremen, zum Nutzen der deutschen Luftfahrt und zur Wohlfahrt unseres deutschen Vaterlandes. (Bravo und Händeklatschen.)

E.
Trinksprüche, gehalten beim Festmahl
im „Parkhaus" zu Bremen.

Geheimrat Schütte: Meine sehr verehrten Damen und Herren! Gestatten Sie mir, dem Präsidenten der Wissenschaftlichen Gesellschaft für Luftfahrt, Sie in diesen festlichen Räumen herzlich willkommen zu heißen und dem Wunsche Ausdruck zu verleihen, daß wir einige recht anregende Stunden in dieser schweren Zeit miteinander verleben möchten.

Ich begrüße insbesondere die Vertreter der hohen Reichsbehörden und des Staates Bremen, die sich trotz dringender Dienstgeschäfte für uns frei gemacht haben, ferner die Vertreter der Presse und alle lieben alten und neuen Freunde der Luftfahrt.

Aber auch Vertreter fremder Staaten habe ich die Ehre für ihr Erscheinen danken zu können, ist doch gerade ihre Anwesenheit ein Zeichen werdenden gegenseitigen Verstehens. Unter uns weilen Vertreter Amerikas, Schwedens, Deutsch-Österreichs, Ungarns, Dänemarks und der Schweiz.

Als die ersten Beratungen 1919 im Reichsamt für Luft- und Kraftfahrwesen über das neue deutsche Luftfahrt-Gesetz stattfanden, wurde der Hoffnung Ausdruck gegeben, daß die durch dieses Gesetz zu regelnde Luftfahrt die Brücke werden könne, über die sich die haßerfüllten Völker wiederum die Hände reichen.

Meine Damen und Herren! Eine der vornehmsten Pflichten ist die Dankespflicht. Ihr unterwirft sich die Wissenschaftliche Gesellschaft für Luftfahrt gern, indem sie durch mich ihren Dank abstattet dem Senat und der Bürgerschaft der Freien und Hansestadt Bremen für den überaus liebenswürdigen Empfang am gestrigen Abend im Bremer Ratskeller, dem Norddeutschen Lloyd, in dessen Gebäude wir tagen durften, und der in entgegenkommender Weise sich bereit erklärt hat, uns übermorgen auf einem seiner schmucken

Schiffe nach Helgoland und Norderney zu fahren, Herrn Bürgermeister Dr. Buff, dem Vorsitzenden des Deutschen Luftfahrt-Verbandes und dem Bremer Verein für Luftfahrt, sowie dem Festausschuß und seinem rührigen Mitglied, Herrn Voß. Alle diese haben sich besonders verdient gemacht um die Vorbereitungen der diesjährigen Tagung und um die Unterbringung der vielen zugereisten Gäste. Besonders hat dies unser tüchtiger Geschäftsführer, Herr Hauptmann Krupp, empfunden, dem die Wissenschaftliche Gesellschaft für Luftfahrt, wie stets, auch für die Inbetriebsetzung der diesjährigen Tagung aufrichtigen Dank weiß.

Die Flughafen-Betriebsgesellschaft und der Lloyd-Luftdienst haben unsere Gegenwart durch die Eröffnung ihres Hafens geehrt und es sich nicht nehmen lassen, für eine Reihe von Mitgliedern Flüge zu veranstalten. Hierfür meinen besonderen Dank!

Verehrte Festversammlung! In der altehrwürdigen Stadt Bremen wurde ein Haus, das Haus »Schiffahrt«, erbaut. Über seinem Eingang steht zu lesen: »Navigare necesse est, vivere non est necesse.« Dies galt seinerzeit für die Seefahrt. Wer weiß, ob die Zeiten nicht fern sind, wo dieser Spruch auch für die Luftfahrt gelten wird. Heute müssen wir leider sagen, daß Deutschlands Seefahrt und Luftfahrt beide in Not sind! — Aber diese Not verbindet sie! — Beide sind geknechtet durch den Vernichtungswillen unserer Feinde. Aber Not bricht Eisen, und auch die diesjährige Tagung hat den Beweis dafür erbracht, daß, wie die Seefahrt, sich auch die Luftfahrt nicht knechten lassen will und wird!

Sie alle wissen, daß im ersten Drittel des 13. Jahrhunderts die Hansa gegründet wurde, ein deutscher Städtebund, in dem über 90 See- und Binnen-, Reichs- und Landstädte vereinigt waren. In Nord und Süd, in Ost und West! Dieser Bund verkörperte eine ungeheure Macht und in dieser Macht war Bremen lange Zeit führend. Die Schiffe der Hansa beherrschten über zwei Jahrhunderte die Meere und auf dem Stahlhof in London konnte sie über Krieg und Frieden entscheiden, — bis Uneinigkeit ihre Macht brach. Ein allmählicher Zerfall, eine Auflösung trat ein. Nur Bremen, Hamburg und Lübeck bewahrten ihre Reichsfreiheit und Selbständigkeit durch alle Fährnisse der damaligen Zeit bis auf den heutigen Tag.

Weiter dürfte bekannt sein, daß das 16. und 17. Jahrhundert besonders durch den Verfall des Bürgertums gekennzeichnet sind. Es war zu mächtig geworden, es ging ihm zu gut! So mußte auch hier allmählich der Niedergang eintreten. Aber auch in dieser Zeit behielt Bremen den Kopf oben. Bremer Hanseatengeist, Bremer Kaufleute, kurzum das Bremer Bürgertum vermochten sich zu behaupten.

Im Jahre 1882 wurde der deutsche Kolonial-Verein gegründet. Ermutigt durch diese Gründung waren es wieder Bremer Kaufleute, die im fernen Afrika und in der Südsee mit den dort wohnenden Stämmen Verträge abschlossen. Dieses kühne Vorgehen anerkannte des Deutschen Reiches erster und größter Kanzler voll und ganz. denn als an ihn die Bitte gerichtet wurde, den deutschen Gründungen und den Deutschen im Auslande Schutz zu gewähren, entsprach Bismarck diesem Ersuchen schnell und gern. In einer Reichstagsrede vom 26. Juni 1884 führte er aus: »Unsere Absicht ist nicht, Provinzen zu gründen, sondern kaufmännische Unternehmungen.« Er wollte das Kolonialgeschäft nicht mit einem Heer von Beamten führen, sondern im Geist der freien Hansestadt, im Geiste Bremens, und so konnte er im November 1885 in einer Reichstagsrede versichern: »Mein Ziel ist der regierende Kaufmann, nicht der regierende Bürokrat, nicht der regierende Militär- oder preußische Beamte.« Und so ist es der regierende Kaufmann gewesen, der Bremens Weltruf gegründet hat — und derselbe wird es sein, der Bremer Hanseatengeist trotz des Versailler Vertrages wieder über das Weltmeer trägt.

Als der Ostgotenkönig Witiches durch den schnöden Verrat des byzantinischen Feldherrn Belisar und des römischen Präfekten Cetegus, welch letzterer in der Weltgeschichte nur in einem Northcliffe seinen Meister gefunden haben dürfte, gefangen genommen wurde, schrieb der Geschichtsschreiber des großen Kaisers Justinian Prokop in sein Tagebuch: »Nicht Tugend, oder Zahl, oder Verdienst entscheidet den Erfolg in der Geschichte. Es gibt eine höhere Gewalt, die unentrinn-bare Notwendigkeit. In heldenmütiger Anstrengung kann ein Mann, kann ein Volk doch unterliegen, wenn übermächtige Gewalten entgegentreten, die durchaus nicht immer das bessere Recht für sich haben. Nicht die Gerechtigkeit, eine unserem Denken undurchdringbare Notwendigkeit beherrscht die Geschicke der Menschen und der Völker. Aber den rechten Mann macht das nicht irre. Denn nicht was wir ertragen, erleben und erleiden, — wie wir es tragen, das macht den Mann zum Helden. Ehrenvoller ist der Goten Untergang, denn unser Sieg.«

Meine Damen und Herren! Ehrenvoller ist unser Kriegsverlust, denn der andern Sieg! (Lebhaftes Bravo!) In diesem Gedanken wollen wir alles kleinliche Verzagen von uns abschütteln und tatkräftig mitarbeiten an der Wiederaufrichtung unseres geliebten Vaterlandes. Hierzu tut uns in erster Linie Bremer Hanseatengeist not. Vorausblickend, weitschauend und danach tapfer das eigene Geschick zu lenken versuchend!

Ich bitte Sie, unseren aufrichtigen Dank der Freien und Hansestadt Bremen durch den Ruf zum Ausdruck zu bringen: Die alte ehrwürdige Stadt Bremen, sie lebe Hoch, Hoch, Hoch! (Bravo und Händeklatschen.)

Im Anschluß daran wird »Deutschland, Deutschland über alles« gesungen.

Präses der Handelskammer Bremen Joh. D. Volkmann: Meine Damen und Herren! Gestatten Sie mir, daß ich im Namen der bremischen Kaufmannschaft einige Worte an Sie richte und Ihnen unseren herzlichsten Glückwunsch ausspreche zu dem festlichen Tage, der uns heute hier vereinigt. Wir freuen uns, daß Sie nach Bremen gekommen sind, und hoffen, daß nicht nur die Tagung recht fruchtbringend sein werde, sondern daß diese Tage auch eine schöne Erinnerung für Sie bleiben werden. In dieser schweren Zeit tut eine Atempause not, und ich hoffe, daß Sie dazu in diesen Tagen Gelegenheit haben werden. Daß wir Bremer stets großes Interesse für die Luftfahrt gehabt haben, wissen Sie. Der beste Beweis ist die Eröffnung des Flughafens heute nachmittag, und es ist uns eine große Freude gewesen, daß Sie dieser feierlichen Eröffnung beigewohnt haben. Schon zu Zeiten eines Schneiders von Ulm versuchten die Menschen zu fliegen. Aber erst in diesem Jahrhundert ist die Luftfahrt zu dem gebracht worden, was sie heute ist. Mit großem Interesse habe ich Ihre Festschrift gelesen und dabei gelesen, daß man die Luftfahrt aus dem Reich der Phantasie in das Reich der Wirklichkeit verlegt hat. Ich möchte wünschen, daß wir das, was die kommende Zeit uns bringen wird, mit der gleichen Großartigkeit erledigen werden, wie die Aufgabe, die Sie bisher erledigt haben. Gewaltig ist der Fortschritt gewesen und am glücklichsten ist die Verbindung zwischen Wissenschaft und Praxis. Gerade diese Verbindung ist es gewesen, die es ermöglichte, das dürfen wir heute nicht vergessen, daß unsere Flieger ihre Großtaten haben vollbringen können. Ihrer wollen wir dankbar gedenken. Wenn wir auch heute unter den schweren Bedingungen unserer Feinde nach allen Richtungen hin gehemmt sind, so soll dies ein Ansporn sein, weiter auf dem vorgeschriebenen Weg zu gehen, weiter zu prüfen und das Beste zu halten. Ihr verehrter Herr Präsident hat davon gesprochen, daß hier an dem Hause Seefahrt der Spruch steht: Navigare necesse est.... Wir sind heute schon so weit, daß wir auch die Luftschiffahrt damit meinen. Ich gebe dem Wunsche Ausdruck, daß es der Wissenschaftlichen Gesellschaft gelingen möge, weiter zum Heile Deutschlands und zum Wohle der Luftfahrt tätig zu sein. In diesem Sinne bitte ich Sie einzustimmen: Die Wissenschaftliche Gesellschaft für Luftfahrt: Hoch! Hoch! Hoch!

Geheimer Regierungsrat Dr. Müller: Meine Damen und Herren! Der Herr Reichsverkehrsminister, zu seinem Bedauern am Erscheinen verhindert, hat mich beauftragt, der Wissenschaftlichen Gesellschaft für Luftfahrt mit seinem Dank für die Einladung seine Grüße und besten Wünsche für einen gedeihlichen Verlauf und erfolgreichen Abschluß der Tagung zu überbringen. Herr Ministerialdirektor Bredow, ebenfalls verhindert, hat mir den gleichen Auftrag erteilt. Er hatte erst kürzlich, bei der Festsitzung aus Anlaß des zehnjährigen Bestehens, Gelegenheit genommen zum Ausdruck zu bringen, in wie hohem Maße er das Wirken der Wissenschaftlichen Gesellschaft für Luftfahrt wertet, um so lebhafter ist sein Bedauern, heute nicht unter Ihnen weilen zu können. Ich habe es ferner gern übernommen, Dank, Gruß und beste Wünsche der anderen Reichs- und Staatsbehörden zu übermitteln, des Reichspostministeriums, des Auswärtigen Amts, des Reichsschatzministeriums, des Reichsarbeitsministeriums, des Reichswehrministeriums, von preußischen Behörden des Ministeriums des Innern und des Herrn Oberpräsidenten von Niederschlesien, und ich darf schließlich bitten, mich dem im eigenen Namen anschließen zu dürfen.

Meine Damen und Herren! Als ich vor mehr als Jahresfrist, Herrn Ministerialdirektor Bredow begleitend, zum ersten Male den Flughafen Bremen anflog, da hatten sich am deutschen Fliegerhimmel schwerste Wolken zusammengeballt. Die Entwaffnungsnote vom Januar 1921 lag vor, und der Eingang des Ultimatums vom Mai war nur noch eine Frage von Tagen. Es stand also die Erlassung des Bauverbots unmittelbar bevor. Die Reichsregierung, insonderheit das Auswärtige Amt und das Ministerium, das hier zu vertreten ich die Ehre habe, richteten ihre ernstesten Bestrebungen darauf, diese Maßnahmen nach Möglichkeit zu mildern. Es gelang trotz aller Gegenwirkungen, unsere deutsche Luftfahrt über schwerste Zeit hinweg zu erhalten, ja sogar sie auszubauen. Inzwischen ist das Bauverbot aufgehoben und die Bestimmungen für den Luftfahrzeugbau sind erlassen worden. Diese Bestimmungen sind äußerst schwer. Jedoch, meine Damen und Herren, man kann unserer Betätigung Beschränkungen auferlegen, nicht aber kann man deutsche wissenschaftliche Forschung, nicht kann man deutschen Erfindergeist hindern, rastlos am Werke zu sein, um trotz der Beschränkungen Gutes, dem uneingeengten Wettbewerb Gleichwertiges, ja ihn Überflügelndes zu leisten. Wissenschaft und Praxis, mehr vielleicht denn je auf engste Zusammenarbeit angewiesen, werden ihr Bestes hergeben und, wie niemand zweifelt, auch leisten, um die der deutschen Luftfahrt zugedachten Schläge zu parieren. Zu diesem Ziel beizutragen, würden der zähe Forschergeist und der frische Wagemut berufen sein, die der Wissenschaftlichen Gesellschaft für Luftfahrt seit ihrer Gründung das Gepräge gaben, im Verein nicht zuletzt mit dem idealen Streben und der opferfreudigen Begeisterung der deutschen Jugend, wie sie in dem des Ehrenschutzes der Wissenschaftlichen Gesellschaft sich erfreuenden Segelflug zum Ausdruck kommen. Wissenschaftliche Gesellschaft für Luftfahrt, W. G. f. L., das bedeutet deutscher Wagemut, deutsche Gründlichkeit, deutsche Forschung und als letztes, aber wahrlich nicht als schlechtestes, deutsche Liebe zur Luftfahrt, kurz gesagt: Deutscher Luftfahrergeist, die werden sich den Platz zu erringen und zu erhalten wissen, der ihnen zukommt, hier im deutschen Vaterland und draußen im Ausland. Buten und binnen, wagen und winnen. Deutscher Luftfahrergeist, er lebe hoch! hoch! hoch! (Bravo und Händeklatschen.)

Direktor H. Wagenführ: Meine verehrten Damen und Herren! Der Herr Präsident denkt, da wir uns hier nicht auf dem Vorderperron einer elektrischen Bahn befinden, wo dem Wagenführer die Unterhaltung mit dem Publikum verboten ist, müßte er mir als gänzlich Unvorbereitetem das Wort erteilen. Ich wundere mich, daß gerade ich das Lob der Damen preisen soll; denn ich habe eigentlich ein schlechtes Gewissen. Die Butter, die ich den Damen beim Besuch der Meierei heute Morgen das Pfund zu 6 Mark versprochen habe, soll ja nicht angeliefert sein. Warum hat der Herr Präsident gerade mich, als alten Junggesellen, mit der Damen-Rede betraut? Er hat sich wohl gesagt, die Junggesellen sind keineswegs befangen (Heiterkeit). Diese Unbefangenheit verliert sich durch die Heirat. Deshalb gab mir der Präsident den Rat: Heiraten Sie auch! Für Sie ist es noch nicht zu spät. Nehmen Sie sich eine 40 jährige oder meinetwegen zwei zu zwanzig. (Große Heiterkeit.) Im übrigen sehen Sie zu, daß Sie die vorhergehenden Redner nicht unterbieten.

Es hieße Eulen nach Eutin tragen, wenn man in diesen zerrütteten Zeiten noch neue Gedanken für eine Damen-Rede finden wollte. Die beliebte Methode der Damen-Redner mit Vergleichen zu arbeiten, scheitert heute fast stets am Kostenpunkt. Am billigsten sind noch Vergleiche der Damen mit B l u m e n , aber hier kommen auch nur noch wenige preiswerte Kinder Floras in Frage, wie Margeriten, Kornblumen u. dgl.

Vollständig unmöglich hat die Valuta den früher so beliebten Vergleich mit Edelsteinen gemacht. Es war immer schön, die strahlenden Augen der Damen mit Diamanten, Saphiren, Topasen, Smaragden usw. zu vergleichen. Dann wurden die verschiedenen H i m m e l s k ö r p e r heruntergeholt. Ich erinnere an die strahlende goldne Sonne, die holde Venus, an den traulichen Mond; wie oft mußten dieselben zu Vergleichen herhalten. Ich habe es immer unverantwortlich gefunden, das Planetensystem und den Sternhimmel, das einzige, was heute noch einigermaßen ordnungsgemäß funktioniert, in Unordnung zu bringen.

Der nächstliegendste Vergleich am heutigen Abend wäre das L u f t s c h i f f . Aber hier begebe ich mich auf das allergefährlichste Gebiet. Das Luftschiff besteht aus einem Gestell und aus einer seidenen Hülle. (Große Heiterkeit.) Alles, was für das Luftschiff charakteristisch ist, würde für unsere Damen nie in Frage kommen. Ich erwähne die Unpünktlichkeit des Luftschiffes, die vielen Reparaturen und Erneuerungen der seidenen Hülle. (Große Heiterkeit) Gar nicht zu reden von den teuren Unterhaltungskosten

Ich stehe hier vor einem nicht zu lösenden Dilemma und muß den Herrn Präsidenten bitten, schon selbst einen passenden Vergleich vorzuschlagen. — Sie sehen, auch von dieser Stelle kommt keine Rettung. — Sie sind eben unvergleichlich, meine verehrten Damen. Diese Unvergleichlichkeit ist für uns das Erhabenste und Schönste, was wir dankbar anerkennen müssen. Ihnen danken wir es, daß wir eine wirklich feierliche und fröhliche Feststimmung genießen können. In Dankbarkeit bitte ich Sie, meine Herren, sich zu erheben und den Damen Ihr Glas zu weihen. (Bravo und Händeklatschen)

Druck von R. Oldenbourg in München.

www.ingramcontent.com/pod-product-compliance
Lightning Source LLC
Chambersburg PA
CBHW081430190326
41458CB00020B/6164